“蒙”字标认证产品品质研究与团体标准应用指南

内蒙古自治区标准化院
内蒙古标准发展促进会　编著

中国质量标准出版传媒有限公司
中　国　标　准　出　版　社

北　京

图书在版编目（CIP）数据

“蒙”字标认证产品品质研究与团体标准应用指南/内蒙古自治区标准化院，内蒙古标准发展促进会编著．—北京：中国标准出版社，2020.9

ISBN 978-7-5066-9718-7

Ⅰ.①蒙…　Ⅱ.①内…②内…　Ⅲ.①产品质量认证—地方标准—内蒙古—指南　Ⅳ.①F279.272.6-65

中国版本图书馆CIP数据核字（2020）第111815号

中国质量标准出版传媒有限公司
中　国　标　准　出　版　社　出版发行

北京市朝阳区和平里西街甲2号（100029）

北京市西城区三里河北街16号（100045）

网址：www.spc.net.cn

总编室：（010）68533533　发行中心：（010）51780238

读者服务部：（010）68523946

中国标准出版社秦皇岛印刷厂印刷

各地新华书店经销

*

开本　787×1092　1/16　印张23.25　字数430千字

2020年9月第一版　　2020年9月第一次印刷

*

定价　95.00　元

本书编委会

序

标准化引领质量提升，标准化助力品牌建设。品牌是全社会的共同追求，是供给侧和需求侧升级的方向，是企业乃至区域竞争力的综合体现，也是消费者追求高品质生活的必然要求。为深入贯彻落实习近平总书记考察内蒙古自治区重要讲话精神，探索实践以“生态优先、绿色发展”为战略定位的高质量发展新路子，解决内蒙古自治区农畜产品“养在深闺人未识，好东西卖不上好价钱”的问题，内蒙古自治区市场监督管理局组建后，发挥职能优势，着力推进品牌建设工作，开展“蒙”字标认证、打造内蒙古自治区品牌行动，为世界甄选草原尚品，助力全区经济高质量发展。

内蒙古自治区地处祖国北疆，具有重要的战略地位。自然资源丰富，民族文化多姿多彩，产品“原”字号特征突出，造就了内蒙古自治区农畜产品“高品质、纯天然、绿色有机、生态环保”的品牌形象。“蒙”字标认证就是立足内蒙古农畜产品大区、绿色产业大区、草原文化大区等重点、特色产业资源，结合内蒙古自治区主席质量奖、地理标志产品、有机产品认证等，深度挖掘具有民族特色和原产地属性的、区域示范作用强和带动效果潜力大的绿色产品。“蒙”字标认证以“高标准+严认证”为基石，坚持政府引导、标准引领、市场运作的原则，运用国际通行的第三方认证方式，培育打造“蒙”字标区域品牌产品集群，树立“蒙”字标金字招牌，形成市场公认的、体现“上乘品质、权威保障、草原特色、世界一流”特征的具有国际竞争力的高端区域农畜产品公共品牌，真正意义上将“蒙”字标打造成内蒙古自治区优质产品的“身份证”、市场经济的“信用证”及国际贸易的“通行证”。

自“蒙”字标认证行动开展以来，内蒙古自治区市场监督管理局制定了“1+N”模式的“蒙”字标团体标准，即1项认证通用要求地方标准+N项先进的认证产品团体标准，第一批“蒙”字标团体标准包括兴安盟大米、赤峰小米、乌兰察布马铃薯、河套小麦粉、锡林郭勒羊肉、科尔沁牛肉、呼伦贝尔牛肉、呼伦贝尔羊肉以及内蒙古大兴安岭黑木耳9类。同时，建立了“五大体系”，即标准体系、制度体系、产业体系、质量链体系、推广体系，涉及从环境、品种、生产、加工、包装、仓储到物流、销售、食用、追溯、评价的全产业链体系构建。依托“蒙”字标团体标准先行完成了9类产品认证，后续将拓展医药、制造、科技、服务、文旅等领域，持续扩大“蒙”字标品牌在各行各业的知名度和影响力。“蒙”字标认证具有“五大价值”，是贯彻落实习近平总书记关于内蒙古自治区“探索以生态优先、绿色发展为导向的高质量发展新路子”，助力脱贫攻坚和乡村振兴，推进农牧业供给侧结构性改革，扶优打假、培育区域品牌，实现市场监管方式现代化的有力举措。

标准是认证的前提和依据，“蒙”字标团体标准不是国家标准、行业标准，也不是所有内蒙古自治区制定的标准都是“蒙”字标团体标准，只有处于金字塔顶端的内蒙古自治区部分标准，才能成为“蒙”字标团体标准，从而发挥标准引领作用。“蒙”字标团体标准的制定以高于绿色标准为前提，通过“蒙”字标认证的内蒙古自治区农畜产品在品质上处于国内领先水平，优于同类产品。依托“蒙”字标团体标准的认证行动作为一项创新机制，在技术、管理和社会责任等方面对企业提出追求卓越的通用要求和管理要求，在技术性能、生命周期、标杆定位等方面对产品品质提出创新性、引领性要求，是企业品牌建设的里程碑，释放了内蒙古自治区优势农畜产品的活力，提升了优势农畜产品的产业价值链。

《“蒙”字标认证产品品质研究与团体标准应用指南》将第一批“蒙”字标认证团体标准、高品质指标分析及标准应用指南结集成册，对“蒙”字标产品进行了具体介绍，将产品的技术性指标与国内外同类优质产品进行比对，充分展示了内蒙古自治区区域品牌高品质优势，推动行业高质量发展。同时，本书详细地阐述了团体标准的认证实施过程，为国内外研究团体标准的同行和相关企业的认证工作提供了技术参考。本书凝聚了内蒙古自治区标准化院、内蒙古标准发展促进会、农牧行业专家、相关企业等多方的力量和智慧，为打造“蒙”字标成为具有国际竞争力的区域公共品牌提供了坚实的基础。希望这一创新的做法和成果在今后的实践中能够得以广泛应用，从而带动产品质量提升，促进产业结构调整，推动区域经济发展。

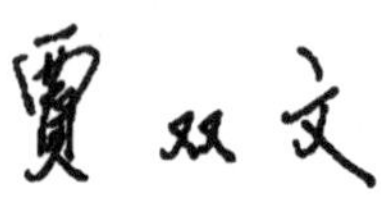

2020年5月

前言

标准决定质量，只有高标准才有高质量。我国经济正处在转变发展方式、优化经济结构、转换增长动力的攻关期，必须坚持质量第一、效益优先，提高全要素生产率，以先进的、符合国情和市场环境的标准引领消费品质量提升，倒逼行业升级，推进供给侧结构性改革。根据《中共中央 国务院关于推动高质量发展的意见》，大力实施标准化战略，大幅提高标准化水平，以高标准推动高质量发展。研究建立促进农业绿色发展的标准，着力构建农业全产业链标准体系。2019 年初，组建后的内蒙古自治区市场监督管理局发挥职能优势，深入贯彻落实习近平总书记考察内蒙古自治区重要指示精神，以立足自治区资源禀赋、体现自治区产品特色、符合自治区发展战略为主旨，围绕“生态优先、绿色发展”战略定位，制定“‘蒙’字标全产业链高标准体系”，运用国际通用的第三方评价模式，开展“蒙”字标产品认证行动，提升内蒙古自治区优质产品核心竞争力及市场认可度，探索内蒙古自治区区域公共品牌发展新路径，让高标准成为高质量发展的“引擎”。

新修订的《中华人民共和国标准化法》明确了团体标准的法律地位，这表明我国政府主导制定标准的局面逐渐向开放标准制定权、提高市场化程度的方向转变。团体标准是以社会团体为主体制定的标准，在我国的标准化体系中占有重要地位，也是最能体现中国特色社会主义市场经济新型标准体系特征的标准类型，由于其根据市场需求而制定，因此具有“自下而上”的特点——制定速度快、标准推广效率高，有更高的先进性和创新性，能有效激发市场活力，同时也是国家标准、行业标准的重要补充。

“蒙”字标认证行动是引导内蒙古自治区开展团体标准化活动、提升工作水平的有力探索和实践。认证行动选择市场化程度高、技术创新活跃的领域，制定满足市场需求的先进团体标准，树立内蒙古自治区产品“高品质、纯天然、生态环保”的品牌形象；建立了国家标准、行业标准、地方标准与企业标准、团体标准协同发展、协调配套的新型标准体系；健全了协调统一、运行高效、政府与市场共治的标准化管理体制；形成了政府引导、标准引领、市场运作的工作格局；开展了以“遇见‘蒙’字标，爱上内蒙古”为主题，凸显了在独特地理、气候条件孕育下的“内蒙古味道”的品牌形象宣介活动。这种以先进团体标准为基础的认证行动，有助于激发市场主体活力、提升产品质量、调整产业结构、增强品牌竞争力，助推“蒙”字标成为区域农畜产品公共品牌；也有助于实现政府“简政放权”的目标，优化资源配置；更有助于推动标准质量提升，完善标准供给结构。“蒙”字标认证行动营造了行业水平进步、企业效益提升、消费者需求得以满足的“多赢”局面。

为进一步加大“蒙”字标产品品牌的引领和带动作用，全面提升内蒙古自治区优质产品的知名度、美誉度和影响力，在内蒙古自治区市场监督管理局的主导下，内蒙古自治区标准化院与内蒙古标准发展促进会编著的《“蒙”字标认证产品品质研究与团体标准应用指南》一书，将第一批“蒙”字标认证产品的团体标准、高品质指标分析及标准应用指南结集成册。全书共有三篇，第一篇为内蒙古自治区“蒙”字标农产品，包括兴安盟大米、赤峰小米、乌兰察布马铃薯和河套小麦粉；第二篇为内蒙古自治区“蒙”字标畜产品，包括锡林郭勒羊肉、科尔沁牛肉、呼伦贝尔牛肉和呼伦贝尔羊肉；第三篇为内蒙古自治区“蒙”字标林草产品，包括内蒙古大兴安岭黑木耳。本书的出版为内蒙古自治区优质品牌“走出去”提供帮助，也为国内外研究团体标准的同行和相关企业的认证工作提供一定参考。

本书在编写过程中得到了相关部门、企业和多位专家的大力支持，在此表示衷心感谢。由于作者写作水平和时间有限，瑕疵和纰漏在所难免，敬请读者予以指正并提出宝贵意见，以便我们继续探究，并不断完善。

编　者

2020 年 5 月

目录

第二篇 内蒙古自治区"蒙"字标畜产品 // 189

第三篇 内蒙古自治区"蒙"字标林草产品 // 327

附 件　主要政策性文件 // 351

第一篇

内蒙古自治区“蒙”字标农产品

第一章 兴安盟大米

第一节 兴安盟大米概述

兴安盟位于内蒙古自治区东北部，地处大兴安岭向松嫩平原过渡带。全盟有大小河流200多条、水库25座，水资源总量50亿立方米，居自治区第二位。经水质分析，兴安盟地下水水质优良，为碳酸盐类水，属于软水，pH接近中性，矿化度均小于500mg/L，地下水埋深一般2m～3m，有利于水稻生长。地表水水质为Ⅱ类标准，成为水稻极好的灌溉水源，全盟7大灌区为百万亩①良田提供灌溉自流天然纯净水，赋予了“兴安盟大米”非凡的品质。兴安盟属中温带半干旱大陆性季风气候，多年平均降水量300mm～500mm，全年降水多集中在6～8月，约占全年降水量的70%以上。水稻主产区年平均日照时数2800h左右，年日照率大于60%，活动积温2200℃～3300℃，无霜期90～150天，尤其在水稻灌浆季节昼夜温差较大，有利于水稻的生长发育。全盟几大主要河流沿岸地带均土地平整、土层深厚、土壤肥沃，土壤类型大部分属于草甸土、黑土，特别是水田区地块平整、地形平坦、土体构造良好，土层厚度大于30cm，耕作土层20cm～30cm，土壤有机质含量大于3.5%以上，达到国家一级水平，为水稻生长提供了最佳营养成分。土壤成分含量丰富，抗御自然灾害能力强，既发小苗又发大苗，适合绿色有机水稻生产。兴安盟地处北纬44°大兴安岭南麓生态圈，是世界公认的寒地水稻黄金种植带，全年空气质量优良天数超过97%，农业生产区域未受到工业污染，空气、水源、土壤环境十分

①1亩≈666.7m^2。

纯净，具备生产优质农产品的三大关键要素，兴安盟是生产高品质稻米的最佳地区。

优质的大兴安岭水源、良好的生态环境、肥沃的土壤和科学的种植方法造就了“兴安盟大米”的独特品质。“兴安盟大米”含有丰富的蛋白质、维生素、矿物质等营养物质，米粒纤长饱满、晶莹透亮，米饭口感弹柔、食味香甜、糯而不腻，自带清新稻香味，享有“一家煮饭十家香，百家煮饭香满庄”美誉。

2015 年，“兴安盟大米”获得了国家地理标志专用标志保护。通过冠以“兴安盟”地理标志商标，兴安盟统一“兴安盟大米”品牌，增强品牌知名度，运用法律和行政手段使“兴安盟大米”品牌得到有效保护。2018 年，全盟水稻种植面积共计 120 万亩；全盟大米加工企业共 52 家，总产能为 136 万吨。兴安盟坚持生态优先、绿色发展之路，持续加强“兴安盟大米”品牌建设力度，加大政策倾斜和资金投入，全力推进大米种植、加工、销售全产业链发展。

第二节　T/NMSP. MZB 01. 1—2019《“蒙”字标农产品认证要求　兴安盟大米》

通过广泛调研分析、研讨及与专家咨询、广泛征求意见完成了 T/NMSP. MZB 01. 1—2019《“蒙”字标农产品认证要求　兴安盟大米》的制定工作，确保标准制定的规范性，适应产业发展。T/NMSP. MZB 01. 1—2019《“蒙”字标农产品认证要求　兴安盟大米》的制定旨在对“蒙”字标产品的认证，进一步提高兴安盟大米品质和市场竞争力，促进兴安盟大米产业经济稳定持续增长，提高企业产品质量，使内蒙古自治区的优势特色产品经过“蒙”字标认证走向全国、走向国际。

ICS 67.060
B 22

团 体 标 准

T/NMSP. MZB 01.1—2019

“蒙”字标农产品认证要求 兴安盟大米

“Nei Meng Gu Brand” certification requirements of agricultural products—Hinggan league rice

2019-10-16 发布 2019-11-01 实施

内蒙古标准发展促进会 发布

前　言

本标准按照 GB/T 1.1—2009 给出的规则起草。

本标准由内蒙古标准发展促进会提出并归口。

本标准主要起草单位：内蒙古自治区标准化院、兴安盟农牧业局、兴安盟市场监督管理局、兴安盟产品质量计量检测所、兴安盟农业技术推广站、兴安盟食品药品检验检测中心、兴安盟农牧业科学研究所、兴安盟农业广播电视学校、兴安盟隆华农业科技有限公司、扎赉特旗绰勒银珠米业有限公司。

本标准主要起草人：刘保华、张福君、朱晓春、贾向春、侯敏、史梅生、张喜权、胡军、田淑华、朴成奎、李秀芳、杨佳慧、刘世栋、韩绪言、李洋、李天乐、牟泽明、王欣亮、闫庆琦、张文胜、高雅文、郑红霞、刘文明、朴哲君、赵炳营、王伟东、曹艳秋、王淑霞、孙乌日娜、海日汗、宝宏。

引　言

本标准是“蒙”字标产品认证标准之一。

本标准相关条款采用标准如下：

——第3章“产地环境”主要技术指标采纳内蒙古自治区地方标准《“兴安盟大米”产地环境要求》；

——第4章“生产要求”主要技术指标采纳内蒙古自治区地方标准《“兴安盟大米”原料水稻生产技术规程》和《“兴安盟大米”水稻加工企业操作规程》；

——第5章“品质要求”主要技术指标采纳内蒙古自治区地方标准《兴安盟大米》；

——第6章“包装、标识、储运、销售”主要技术指标采纳内蒙古自治区地方标准《“兴安盟大米”产品包装规范》《“兴安盟大米”原料水稻贮存运输规程》和《“兴安盟大米”产品储运销售管理规范》；

——附录A“育种要求”主要技术指标采纳内蒙古自治区地方标准《“兴安盟大米”原料水稻育种技术规程》；

——附录B“品种要求”主要技术指标采纳内蒙古自治区地方标准《“兴安盟大米”原料水稻品种选择要求》。

“蒙”字标农产品认证要求
兴安盟大米

1　范围

本标准规定了兴安盟大米“蒙”字标认证的产地环境、生产、品质、包装、标识、储运和销售要求。

本标准适用于兴安盟大米“蒙”字标认证。

2　规范性引用文件

下列文件对于本文件的应用是必不可少的。凡是注日期的引用文件，仅注日期的版本适用于本文件。凡是不注日期的引用文件，其最新版本（包括所有的修改单）适用于本文件。

GB/T 191　包装储运图示标志

GB 1350　稻谷

GB/T 1354—2018　大米

GB 2715　食品安全国家标准　粮食

GB 4404.1　粮食作物种子　第1部分：禾谷类

GB 5009.3　食品安全国家标准　食品中水分的测定

GB 5009.11　食品安全国家标准　食品中总砷及无机砷的测定

GB 5009.12　食品安全国家标准　食品中铅的测定

GB 5009.15　食品安全国家标准　食品中镉的测定

GB 5009.17　食品安全国家标准　食品中总汞及有机汞的测定

GB/T 5009.20　食品中有机磷农药残留量的测定

GB 5009.22　食品安全国家标准　食品中黄曲霉毒素B族和G族的测定

GB/T 5009.36　粮食卫生标准的分析方法

GB/T 5009.103　植物性食品中甲胺磷和乙酰甲胺磷农药残留量的测定

GB/T 5009.104　植物性食品中氨基甲酸酯类农药残留量的测定

GB/T 5009.110　植物性食品中氯氰菊酯、氰戊菊酯和溴氰菊酯残留量的测定

GB/T 5009.114　大米中杀虫双残留量的测定

GB/T 5009.115　稻谷中三环唑残留量的测定

GB/T 5009.145　植物性食品中有机磷和氨基甲酸酯类农药多种残留的测定
GB/T 5009.155　大米中稻瘟灵残留量的测定
GB/T 5009.184　粮食、蔬菜中噻嗪酮残留量的测定
GB/T 5492　粮油检验　粮食、油料的色泽、气味、口味鉴定
GB/T 5493　粮油检验　类型及互混检验
GB/T 5494　粮油检验　粮食、油料的杂质、不完善粒检验
GB/T 5496　粮食、油料检验　黄粒米及裂纹粒检验法
GB/T 5502　粮油检验　大米加工精度检验
GB/T 5503　粮油检验　碎米检验法
GB 5749　生活饮用水卫生标准
GB 6920　水质　pH 值的测定　玻璃电极法
GB 7467　水质　六价铬的测定　二苯碳酰二肼分光光度法
GB 7475　水质　铜、锌、铅、镉的测定　原子吸收分光光度法
GB 7484　水质　氟化物的测定　离子选择电极法
GB 7718　食品安全国家标准　预包装食品标签通则
GB 7485　水质　总砷的测定　二乙基二硫代氨基甲酸银分光光度法
GB/T 8321（所有部分）　农药合理使用准则
GB 9683　复合食品包装袋卫生标准
GB 9685　食品安全国家标准　食品接触材料及制品用添加剂使用标准
GB 13122　食品安全国家标准　谷物加工卫生规范
GB 14881　食品安全国家标准　食品生产通用卫生规范
GB/T 15432　环境空气　总悬浮颗粒物的测定　重量法
GB/T 15682　粮油检验　稻谷、大米蒸煮食用品质感官评价方法
GB/T 15683　大米　直链淀粉含量的测定
GB/T 15790　稻瘟病测报调查规范
GB/T 17109　粮食销售包装
GB/T 17138　土壤质量　铜、锌的测定　火焰原子吸收分光光度法
GB/T 17141　土壤质量　铅、镉的测定　石墨炉原子吸收分光光度法
GB/T 17316　水稻原种生产技术操作规程
GB/T 17891—2017　优质稻谷
GB/T 20569　稻谷储存品质判定规则

GB/T 20770　粮谷中486种农药及相关化学品残留量的测定　液相色谱-串联质谱法

GB/T 22105.1　土壤质量　总汞、总砷、总铅的测定　原子荧光法　第1部分：土壤中总汞的测定

GB/T 22105.2　土壤质量　总汞、总砷、总铅的测定　原子荧光法　第2部分：土壤中总砷的测定

GB/T 22294　粮油检验　大米胶稠度的测定

GB/T 26882（所有部分）　粮油储藏　粮情测控系统

GB 28050　食品安全国家标准　预包装食品营养标签通则

GB/T 29890　粮油储藏技术规范

JJF 1070　定量包装商品净含量计量检验规则

HJ/T 399　水质　化学需氧量的测定　快速消解分光光度法

HJ 479　环境空气　氮氧化物（一氧化氮和二氧化氮）的测定　盐酸萘乙二胺分光光度法

HJ 481　环境空气氟化物的测定　石灰滤纸采样氟离子选择电极法

HJ 482　环境空气　二氧化硫的测定　甲醛吸收-副玫瑰苯胺分光光度法

HJ 491　土壤和沉积物　铜、锌、铅、镍、铬的测定　火焰原子吸收分光光度法

HJ 597　水质　总汞的测定　冷原子吸收分光光度法

HJ 637　水质　石油类和动植物油类的测定　红外分光光度法

LY/T 1232　森林土壤磷的测定

LY/T 1234　森林土壤钾的测定

LY/T 1243　森林土壤阳离子交换量的测定

LS/T 1202　储粮机械通风技术规程

NY/T 53　土壤全氮测定法（半微量开氏法）

NY/T 83　米质测定方法

NY/T 393　绿色食品　农药使用准则

NY/T 1090　农作物品种审定规范　稻

NY/T 1121.6　土壤检测　第6部分：土壤有机质的测定

NY/T 1300　农作物品种区域试验技术规范　水稻

3 产地环境

3.1 地域要求

内蒙古自治区兴安盟现辖行政区域内独具大兴安岭生态圈水稻种植区气候特色的稻作区，主要分布在淖尔河、归流河、洮儿河、蛟流河、霍林河等流域。

3.2 种植环境要求

3.2.1 兴安盟大米原料种植基地应选择环境良好、无污染的稻作区，远离矿区和公路、铁路，避开污染源。

3.2.2 应在兴安盟大米生产区和常规水稻生产区域设置有效的缓冲带，以防止兴安盟大米原料种植基地受到污染。

3.2.3 建立生物栖息地，保护基因多样性、物种多样性和生态系统多样性，以维持生态平衡。

3.2.4 应保证兴安盟大米原料种植基地具有可持续生产能力，不应对环境或周边其他生物产生污染。

3.3 气候要求

水稻主产区气温≥10℃，活动积温2300℃～2900℃，昼夜温差10℃～20℃，无霜期120d～145d；年平均日照时数2800h左右，年日照率58%～70%；年平均降水量300mm～500mm。

3.4 空气质量要求

空气质量要求应符合表1的规定。

表1 “兴安盟大米”空气质量要求（标准状态）

项目	指标		检测方法
	日平均[a]	1小时[b]	
总悬浮颗粒物/(mg/m³)	≤0.25	—	GB/T 15432
二氧化硫/(mg/m³)	≤0.05	≤0.40	HJ 482
二氧化氮/(mg/m³)	≤0.06	≤0.15	HJ 479
氟化物/(μg/m³)	≤3	≤10	HJ 481
[a] 日平均指任何一日的平均指标。 [b] 1小时指任何一小时的指标。			

3.5　灌溉水质要求

灌溉水质要求应符合表2的规定。

表2　“兴安盟大米”灌溉水质要求

项目	指标	检测方法
pH	6.5~8.5	GB 6920
总汞/(mg/L)	≤0.0008	HJ 597
总镉/(mg/L)	≤0.002	GB 7475
总砷/(mg/L)	≤0.01	GB 7485
总铅/(mg/L)	≤0.03	GB 7475
六价铬/(mg/L)	≤0.05	GB 7467
氟化物/(mg/L)	≤1.5	GB 7484
化学需氧量（CODcr)/(mg/L)	≤40	HJ/T 399
石油类/(mg/L)	≤0.1	HJ 637

3.6　土壤质量要求

3.6.1　土壤环境质量要求

土壤环境质量应符合表3的规定。

表3　“兴安盟大米”土壤环境质量要求

项目	指标	检测方法
pH	6.0~7.8	GB 6920
总镉/(mg/kg)	≤0.3	GB/T 17141
总汞（mg/kg)	≤0.3	GB/T 22105.1
总砷/(mg/kg)	≤15	GB/T 22105.2
总铅/(mg/kg)	≤30	GB/T 17141
总铬/(mg/kg)	≤110	HJ 491
总铜/(mg/kg)	≤30	GB/T 17138

3.6.2　土壤肥力要求

土壤肥力要求应符合表4的规定。

表 4 “兴安盟大米”土壤肥力要求

项目	指标	检测方法
有机质/(g/kg)	>20	NY/T 1121.6
全氮/(g/kg)	>1	NY/T 53
有效磷/(mg/kg)	>10	LY/T 1232
速效钾/(mg/kg)	>100	LY/T 1234
阳离子交换量/(cmol/kg)	>20	LY/T 1243

4 生产要求

4.1 育种要求

育种要求应符合附录 A 的规定。

4.2 品种要求

品种要求应符合附录 B 的规定。

4.3 种植要求

4.3.1 育苗技术

4.3.1.1 壮苗标准

秧龄 30d~35d；叶龄 3.5~4 片；苗高 12cm~14cm；根数 9~10 条。苗形敦实，叶身挺，叶色正，根系发达，无弱小病苗，生长整齐，大小均匀一致，百株苗干重 3g 以上。

4.3.1.2 育苗前准备

秧田地应选择无污染、地势平坦、背风向阳、排水良好、水源方便、土质肥沃的中性、偏酸性旱田地，秧田长期固定，连年培肥、耕整地表平整，无残茬，消灭杂草。

4.3.1.3 营养床土配制

选用疏松、肥沃、富含有机质、偏酸、无草籽的腐殖土或旱田土，风干过筛，最好加 15%~20% 草碳土，按照每平方米苗床需要 20kg 原土（每钵盘需要 4kg）的指标要求，用壮秧调理剂与过筛细土按照说明和比例进行一次性配制，pH 达到 5.5 左右，制成营养土后备用。也可用育秧基质土按说明使用直接育苗。

4.3.1.4 整地作床

4.3.1.4.1 苗床可采用大、中棚及地棚育苗，可根据条件确定苗床的长、宽度。一般大棚育苗以喷灌设施为准和管理方便为宜。

4.3.1.4.2　秧、本田比例 1∶60～1∶70，每公顷本田需育秧 120m²～150m²。

4.3.1.4.3　育苗前整地做床，秋整地、秋打床，秋施农肥。春打床的要早春浅耕 10cm～15cm，清除茬根，打碎坷垃，每平方米施过筛腐熟有机肥 5kg，也可按说明用育秧基质土，平整压实床面，提前扣膜升温。

4.3.1.4.4　浇足苗床底水。播种前 3d 先将置床浇透水，待水渗下后，用敌克松 800 倍液或用精甲-恶霉灵按说明使用进行床土消毒，消毒后使床土达到饱和状态。摆放秧盘，装满盘土，浇透清水。

4.3.2　种子选择和种子处理

4.3.2.1　种子选择

4.3.2.1.1　选用审（认）定推广的熟期适宜的优质、安全成熟、抗逆性强的高产品种，严防越区种植。不应使用转基因品种。

4.3.2.1.2　种子质量符合 GB 4404.1 的规定，纯度≥99%、净度≥98%、发芽率≥90%、水分≥14%。

4.3.2.1.3　稳产性：在 70%以上种植区域产量稳定。

4.3.2.1.4　品质：达到 GB/T 17891—2017 中优质稻谷品种品质指标 2 级及以上的水稻品种。

4.3.2.1.5　抗病性：选择抗稻瘟病（包括苗瘟、叶瘟、穗瘟）的品种。

4.3.2.1.6　熟期适中：在种植区内能够安全成熟的品种。

4.3.2.1.7　抗倒伏：倒伏率≤10%。

4.3.2.2　种子处理

浸种前 3d～5d，选择晴朗无风的天气，在背阴通风处摊开种子，晒种 1d～3d，每天翻动 3～4 次。筛选出种子中掺杂的草籽和杂质，然后利用盐水清选，去除瘪粒和杂质，捞出剩余种子用清水冲洗干净。

4.3.2.3　浸种消毒

将选好的种子在室温下进行药剂浸种，可选用氰烯菌酯，每天搅拌 1～2 次，浸种天数与水温的乘积约等于 100。

4.3.2.4　催芽

4.3.2.4.1　将浸泡好的种子在温度 30℃～32℃条件下破胸，当破胸种子达到 80%左右时，将温度降低至 25℃催芽，经常翻动，当芽长超过 0.5mm 时，降温 15℃～20℃晾芽，6h 左右即可播种。

4.3.2.4.2　催芽器催芽：晒种 2d～3d，定时翻动，不需要浸种，直接放入具有臭氧和紫外线杀菌功能的催芽器杀菌催芽 42h，可预防苗期立枯病、恶苗病等，种芽露白即可播种。

4.3.3 播种

4.3.3.1 播期

日平均气温稳定通过 5℃~6℃时即可播种，一般在 4 月 10 日~20 日播种。

4.3.3.2 播量

每盘播芽种 100g~125g，播种要均匀。播后压一遍，使种子三面入地，然后覆土 0.5cm，再进行苗床封闭，扣棚覆膜。

4.3.3.3 封闭灭草

全棚播种摆盘结束后，用 19%丁·扑可湿性粉剂进行封闭除草。

4.3.3.4 平铺地膜

在封闭后的床面上平铺地膜，压实盖严。也可用水稻育秧专用无纺布铺盖秧盘上，均起到保温、保湿的作用。

4.3.3.5 秧田管理

4.3.3.5.1 温度管理（大、中棚育苗苗期管理）

播种到出苗期，要密封保温，防止冻害，晚上可用防寒帘覆盖。出苗率达到 80%时揭去地膜或无纺布。出苗后开始通风炼苗，一叶一心前棚内温度不超过 28℃，严防烧苗和秧苗徒长。秧苗 1.5~2.5 叶期，逐渐增加通风量，棚温降到 25℃。秧苗 2.5~3 叶期，棚温控制到 20℃。通风炼苗要视天气情况，循序渐进，温度高时大口通风，温度低时小口通风或不通风。移栽前不全撤膜，把大棚膜卷在大棚顶上，炼苗 5d~6d。移栽前棚内温度控制在 20℃。遇到低温冷害可覆膜或加防寒帘。

4.3.3.5.2 水分管理

水分管理原则是“不干不浇水”，保持土壤湿润，当早晨叶尖无水珠或床面干裂时，应及时补水至湿润即可。床面有积水可晾床。秧苗 2 叶后，若床土干旱要早、晚浇水，一次浇足、浇透。揭膜后，可适当增加浇水次数，但不能灌水上床。基质土育苗缺水即浇透水。

4.3.3.5.3 苗床灭草

在苗床封闭灭草基础上进行人工灭草，封闭灭草效果不好的，可在稗草 1.5 叶期用“敌稗”或“千金”按说明进行灭草。

4.3.3.5.4 预防立枯病

秧苗 1.5 叶期，用 30%恶霉灵 200mL 和 35%甲霜灵 40g 兑水 1000 倍液喷施 200m^2

苗床，如果苗床土 pH 高于 5.5，可浇酸化水或均匀撒施壮秧剂后浇水清洗降低 pH 到 5.5，达到标准要求。

4.3.3.5.5　苗床追肥

秧苗 1.5 叶期，用水稻壮秧剂撒施后立即浇水清洗。秧苗 2.5 叶期，若发现脱肥，用水稻苗床专用肥追施，喷施后清水冲洗。移栽前 1d~2d 施送嫁肥，带肥下地，随秧苗一起栽到本田里。

4.3.3.5.6　防治潜叶蝇

为了防止插秧后发生潜叶蝇，可在起秧前 1d~2d，用 10%吡虫啉粉剂按说明使用防治潜叶蝇。

4.3.4　插秧技术

4.3.4.1　本田整地

4.3.4.1.1　整地前清理好排、灌水渠。春翻地或秋翻地，最好实行秋翻地，2~3 年深翻 1 次，翻深 15cm~18cm。

4.3.4.1.2　秋翻地块，四月中下旬开始进行旱耙地，整平耙细，平好垡沟，打好池埂，旋耕地块直接进水耙地。

4.3.4.1.3　要用好头茬水，早放水、早泡田，每年 5 月上旬开始放水泡田。

4.3.4.1.4　在插秧前 5d~7d 进行水整地，一个池子内“高低不过寸、寸水不露泥”，做到肥水不排出，达到单排、单灌的要求。

4.3.4.1.5　坚持增施农家肥、少施化肥的原则，每 667m^2 需施用发酵腐熟的农家肥 1000kg，结合旱耕一次施入；或结合水整地，根据地力，按要求施用有机肥，配合水稻专用复合肥做底肥，均匀撒施。

4.3.4.1.6　“三泡两耙”整地除草法：插秧前 12d~15d，一般 5 月 1 日~2 日进行第一次浅水泡田，不排不进，晒田提温，促进杂草萌发；5d~7d 杂草出芽后，一般 5 月 8 日~9 日进行第二次浅水泡田，耙地除草，然后排水保持田间湿润状态，继续促进杂草萌发；插秧前 1d~2d 进行第三次浅水泡田和第二次水耙地。

4.3.4.1.7　耙地结束后、插秧前 5d~7d 使用水稻封闭灭草药剂，按说明进行封闭灭草。

4.3.4.2　插秧

4.3.4.2.1　插秧期：日平均温度稳定通过 12℃时开始插秧。一般 5 月中旬开始，5 月末结束，不插 6 月秧。

4.3.4.2.2　插秧规格：插秧行距 30cm，穴距 10cm~12cm，每穴 4 株~6 株，每

$667m^2$1. 8 万~2. 2 万穴。

4. 3. 4. 2. 3 插秧方式：插秧深度不超过 2cm，深浅一致，行直穴匀，不伤苗，不窝根。插后及时查缺，人工补苗，扶立倒苗。人工手插秧，插秧深度不超过 1. 5cm，有条件的要拉线插秧，做到行直、穴匀、棵准，以灌浅水不漂秧为准。

4. 3. 5 本田管理

4. 3. 5. 1 科学灌水

严禁工厂排放的污水及未处理的生活用水流进稻田。采用浅水灌溉技术，提高地温，促进生长。因此，水稻插秧时灌花达水，水层 1cm~3cm；返青至有效分蘖期，浅水灌溉 3cm~5cm；有效分蘖期末，洒水晒田，控制无效分蘖，至田面有龟裂见白根复水；拔节孕穗至抽穗扬花期，深水 5cm~10cm 灌溉；灌浆蜡熟期，间歇灌水，干湿交替，以湿为主。蜡熟末期洒水，洼地适当早排水。

4. 3. 5. 2 追肥

返青后追施返青分蘖肥，每 $667m^2$ 追施尿素 5kg、硫酸钾 5kg。抽穗期追施穗肥，每 $667m^2$ 追施尿素 4kg、硫酸钾 4kg。部分脱肥地块可喷施叶面肥进行调节。

4. 3. 5. 3 水稻病害防治

选用抗病水稻品种，发挥品种自身免疫抗病能力，减少个体感染发病概率，控制病害发生。防治稻瘟病符合 GB/T 15790 的规定。水稻稻瘟病应以预防为主，坚持始穗、齐穗期两次用药。选用符合国家标准、规范的允许使用的药剂如春雷霉素、枯草芽孢杆菌等，按说明喷雾防治。

4. 3. 5. 4 细菌性褐斑病的防治

出穗前 7d~10d 用宁南霉素等生物制剂，按说明书推荐方法施药。

4. 3. 6 水稻虫害防治

4. 3. 6. 1 水稻虫害生物防治

选用符合 NY/T 393 规定使用的药剂，如苏云金杆菌、苦参碱等防治潜叶蝇和负泥虫。按标签说明使用喷雾处理，防虫害药剂用药时期应在害虫孵化高峰期。

4. 3. 6. 2 虫害物理防控技术

4. 3. 6. 2. 1 频振式杀虫灯诱杀

用频振式杀虫灯诱杀潜叶蝇、负泥虫等害虫。使用方法是将杀虫灯吊挂在牢固的物体上，距地面 1. 3m~1. 5m，灯罩固定，在田中成棋盘式布局，单灯辐射半径 50m，在害虫发生前安装使用，每日开灯时间为 20：00 至次日凌晨 6：00。每天上午收集诱杀的昆虫，并进行分类鉴定，记载种类和数量。

4.3.6.2.2　诱虫板诱杀

用诱虫板防治潜叶蝇成虫等，使用方法是用细棍支撑固定，棋盘式分布，每 $667m^2$ 插挂 20～25 块色板，高度高出水稻 20cm～30cm，板面悬挂方向以东西方向为宜。

4.3.6.2.3　性诱剂诱杀

根据防治对象选择相应的专用诱芯和配套诱捕器；根据防治对象的习性选择成虫活动场所进行释放，一般放置在稻田或周边害虫栖息场所。

4.3.7　草害防控技术

4.3.7.1　水整地除草

“三泡两耙”水整地除草，方法同 4.3.4.1.6。

4.3.7.2　药剂除草

本田除草符合 GB/T 8321（所有部分）的规定。水稻本田除草宜选用安全性好的除草剂。插秧前封闭除草，在水耙地结束后，用恶草酮或丁草胺按剂量要求施用，用药后保持水层 3cm～5cm，5d～7d 后插秧。后期防治稗草宜选用二氯喹啉酸、“稻杰”等，兑水均匀喷雾；防治阔叶杂草和莎草科杂草宜选用吡嘧磺隆、灭草松等。

4.3.7.3　人工除草

育秧期及时清除杂草。分蘖后期、抽穗后期，分别进行人工拔除大草，灌浆期对稗草等杂草进行人工掐穗带出本田处理。

4.3.8　收获、脱粒

完熟达 90%即可收获。做到单品种收获、单品种拉运、单品种脱谷、单品种保管和单品种销售，产品应符合国家农业行业农产品二级以上标准。

4.3.9　建立档案

基地农户要对水稻种植的全过程建立档案，全面记载种、肥、药的使用种类、使用时间、使用数量以及在育苗和本田管理上采取的技术措施，存档备查。

4.4　加工要求

4.4.1　通则

4.4.1.1　加工企业应获得《食品生产许可证》。

4.4.1.2　加工过程应保持产品的营养成分和原有属性。

4.4.1.3　兴安盟大米加工及后续过程和其他大米产品加工及后续过程相互间应在时间或空间上分开。

4.4.2 选址及厂区环境与厂房和车间、设备和设施

4.4.2.1 应符合 GB 14881 和 GB 13122 的规定。

4.4.2.2 厂区内不应饲养动物。

4.4.2.3 厂区内不应吸烟。

4.4.2.4 应建立检验室，并配备相应的检验仪器设备，检验室与生产区应分隔。

4.4.2.5 用于堆放、晾晒水稻、半成品、成品的地面不得铺设含有沥青等有害物质的材料。

4.4.3 工艺和设备

4.4.3.1 工艺

应采用清理、砻谷、碾米、白米分级、抛光、色选、包装等工艺。

4.4.3.2 加工用水

加工用水的水质应符合 GB 5749 的规定。

4.4.3.3 设备

4.4.3.3.1 应配备与大米生产和加工工艺设计规模（能力）相适应的生产设备。其中，清理设备包括清理筛、去石机、磁选器、金属检查器等。

4.4.3.3.2 生产设备布局应符合稻谷加工工艺要求，保证生产顺畅有序进行。

4.4.3.3.3 用于监测、控制、记录、检验的设备应定期校准维护。

4.4.3.3.4 应有通风设施，并满足干燥、输送、冷却和吹扫等工序的正常用风，且通风设施应装有防止虫害侵入措施。

4.4.4 卫生管理

4.4.4.1 管理制度

厂区管理制度、环境卫生、设施卫生、食品加工人员健康应符合 GB 13122 的规定。

4.4.4.2 厂区人员其他规定

4.4.4.2.1 大米生产操作人员应勤理发、勤剪指甲、勤洗澡、勤换衣服。

4.4.4.2.2 进入生产车间前应穿戴干净的工作服、工作帽、工作鞋靴。工作服应盖住外衣，头发不应露在帽外，必要时需戴口罩。不应穿工作服、工作鞋靴进入厕所或离开车间。

4.4.4.2.3 进入车间前，上厕所后、处理被污染的原料和物品之后、从事与生产无关的其他活动之后应洗手。

4.4.4.2.4 生产车间员工不应使用指甲油、口红、粉饼等化妆品，不应佩戴手表、戒指、项链、耳环等饰物。

4.4.4.2.5　员工上班前不应酗酒，生产场所不应吸烟，工作中不应做其他有碍产品卫生的行为。

4.4.4.2.6　操作人员手部受到外伤时，不应直接接触成品或原料。

4.4.4.2.7　员工个人衣物与工作服应分开存放。个人衣物（鞋、包、帽）应存放在更衣室个人更衣柜内，其他物品不应带入车间。

4.4.4.2.8　参观人员出入生产作业场所应符合现场工作人员的卫生要求。

4.4.4.3　虫害控制

4.4.4.3.1　除虫灭害管理应符合 GB 13122 和 GB/T 19630.2 的规定。

4.4.4.3.2　厂区应定期或在必要时进行除虫灭害工作，应采取有效措施防止鼠类、昆虫等聚集和滋生。对已有有害动物产生的场所，应采取紧急措施加以控制和消灭，防止蔓延和对大米污染。

4.4.4.3.3　企业应设置捕鼠图，配备相应的捕鼠设施，每天有专人进行检查并记录。捕鼠应使用黏鼠贴、捕鼠笼、捕鼠夹，不应使用鼠药。

4.4.4.3.4　生产车间及仓库应采取有效措施（如设置纱帘、纱网、防鼠板）防止鼠类、昆虫等侵入。可使用机械类、信息素类、气味类、黏着性的捕害工具，以及物理障碍、硅藻土、声光电器具，作为防治有害生物的设施或材料。

4.4.4.4　废弃物处理

废弃物处理应符合 GB 13122 的规定。

4.4.4.5　工作服

4.4.4.5.1　工作服应符合 GB 13122 的规定。

4.4.4.5.2　工作服的设计和面料材质应符合卫生要求。工作服包括工作衣、裤、帽、鞋靴等。某些工序（种）还应配备口罩、套袖等防护用品。

4.4.4.5.3　直接接触产品的工作人员应每日更换工作服，其他人员也应定期更换，保持清洁。

4.4.4.5.4　清理车间与加工车间及免淘米包装车间工作服、帽应区分开。

4.4.4.5.5　严管作业区与其他作业区工作服分开清洗，清理车间工作服单独清洗。

4.4.4.5.6　大米包装车间管理要严于一般作业区。

4.4.4.5.7　车间门口应设有洗手设施，车间内应设更衣室设施。

4.4.5　原料和食品相关产品、食品添加剂

4.4.5.1　一般要求

原料和食品相关产品、食品添加剂应符合 GB 13122 的规定。

4.4.5.2　**原料**

4.4.5.2.1　应是内蒙古自治区兴安盟境内生产的兴安盟大米原料。

4.4.5.2.2　原料应有记录，记录内容包括基地名称、品种、数量、收获日期、收获方式、生产批号等。

4.4.5.2.3　原料稻谷整精米率应达到63%。

4.4.5.2.4　应使用当年原料。

4.4.5.2.5　应制定原料水稻采购制度，包括供应商评价、认证类型、品种、质量规格、检验项目、验收标准和检验方法。制定过磅、取样、检验、判定、审核、处理、领用等作业程序。

4.4.5.2.6　每批原料需经验收合格后方可使用。经验收不合格的原料应在指定区域与合格品分开放置并明显标记，并应及时进行退货等处理。

4.4.5.2.7　原料加工前进行感官检验，必要时应进行实验室检验；检验发现涉及食品安全指标异常的，不应使用。

4.4.5.2.8　对贮存时间较长，质量有可能发生变化的原辅料，在使用前应抽样检验，不符合质量要求的不应投入生产。

4.4.5.2.9　经判定合格的原料，应按“先进先出”的原则使用。

4.4.5.2.10　原料进厂后应根据其品种类型、生产基地、生产日期等编制批号，并一直沿用至生产记录表，以便于事后追溯。

4.4.5.3　**食品相关产品**

应符合GB 13122的规定。

4.4.5.4　**食品添加剂**

不应使用食品添加剂。

4.4.6　**生产过程管理**

4.4.6.1　**总体要求**

4.4.6.1.1　应通过危害分析方法明确大米生产过程的食品安全关键环节的控制措施。在关键环节所在区域应配备相关的文件以落实控制措施，如投料表、岗位操作规程等。

4.4.6.1.2　鼓励企业采用危害分析与关键控制点（HACCP）体系对生产过程进行食品安全控制。

4.4.6.1.3　应采取必要措施，防止兴安盟大米与其他大米产品混合或被禁用物质污染。

4.4.6.2　**生产操作规程**

4.4.6.2.1　企业应制定《生产操作规程》。

4.4.6.2.2　《生产操作规程》应包括如下内容：

a）生产作业程序；

b）生产管理制度，包括生产作业流程、管理对象、监控项目、监控限值、监控标准及注意事项等；

c）原料采购程序和要求；

d）机器设备操作和维护程序及要求。

4.4.6.3　生产过程

4.4.6.3.1　生产操作应符合安全、卫生原则，应严格控制生产条件，避免大米污染。

4.4.6.3.2　应采取有效措施，防止在生产过程或储存时产生二次污染。

4.4.6.3.3　输送、装载和贮存的设备、设施、容器具应避免在加工、运输或贮存过程中造成污染。

4.4.6.3.4　应采取有效措施防止金属或其他外来杂质混入大米中。原料清理应除去杂质及霉变粒。

4.4.6.3.5　不应在生产过程中进行生产设备的维修。

4.4.6.3.6　不应在生产过程中进行除虫灭害工作。

4.4.6.3.7　生产时，免淘米包装车间不应打开窗户。

4.4.6.3.8　所有生产设备应建立日常维护和保养制度，定期进行检修并做好维修记录。应保持设备清洁卫生。生产前应检查设备是否处于正常状态，出现故障应及时排除，防止影响产品质量。

4.4.6.4　生产过程的食品安全控制

4.4.6.4.1　严格执行生产操作规程，其配方及工艺条件不经过批准不应随意更改。生产中如发现质量问题应迅速追查并纠正。

4.4.6.4.2　企业应在生产过程控制点抽检在制品，并做好质量记录，掌握生产过程的质量情况及便于事后追溯。

4.4.6.4.3　不合格的在制品不应进入下一道工序，应予以适当处理，并做好处理记录。

4.4.6.4.4　每批成品入库前应有检验记录，不合格的产品应予以适当处理，并做好处理记录。

4.4.7　质量手册

应编制兴安盟大米生产、加工、经营质量管理手册，应至少包含以下内容：

a）生产、加工、经营者简介；

b） 管理方针和目标；

c） 组织机构图及其相关岗位的责任和权限；

d） 标识管理；

e） 可追溯体系与产品召回制度；

f） 内部检查；

g） 文件和记录管理；

h） 客户投诉处理；

i） 持续改进体系。

4.4.8 人员及机构

4.4.8.1 人员

4.4.8.1.1 企业负责人应了解绿色食品、有机产品等方面的法律、法规以及相关要求，企业负责人需具有一定的食品安全卫生和生产加工等专业知识。

4.4.8.1.2 生产管理负责人应具有相应的工艺及生产技术与卫生知识。

4.4.8.1.3 质量管理负责人应具有发现、鉴别各生产环节、产品中不良状况的能力。

4.4.8.1.4 企业负责人应熟悉并掌握农业生产和（或）加工、经营的技术知识或经验；熟悉本单位的有机生产、加工或经营管理体系及生产和（或）加工、经营过程。

4.4.8.1.5 检验人员应经专业培训后，取得相关专业检验资格方可上岗。

4.4.8.2 机构及职责

4.4.8.2.1 企业负责人对企业质量管理全面负责。

4.4.8.2.2 企业应设立质量管理部门，负责质量管理、卫生管理、“蒙”字标管理。

4.4.8.2.3 企业应设立内部检查员，负责本标准规定的体系的内部检查工作。一般应由质量管理负责人兼任。

4.4.8.2.4 质量管理部门应设检验室，负责原料、在制品、成品的质量、卫生检验分析工作。

4.4.8.2.5 质量管理部门应根据检验结果，有执行临时停止生产和产品出厂的权力。

4.4.8.3 教育培训

企业应制定培训计划，组织各部门负责人和从业人员参加各种职前、在职培训和学习，以增加员工的相关知识与技能。

4.4.9 文件与记录

4.4.9.1 文件与记录应符合 GB 13122 的规定。

4.4.9.2 加工企业应具备有害生物防治记录和加工、贮存、运输设施清洁记录。

4.4.9.3　加工企业应具备原料水稻收获记录，包括品种、数量、收获日期、收获方式、生产批号等。

4.4.10　内部检查

4.4.10.1　应建立内部检查制度，以保证兴安盟大米生产、加工、经营管理体系及生产过程符合本标准的规定。

4.4.10.2　内部检查应由内部检查员来承担。

4.4.10.3　内部检查员的职责包括以下方面：

a）对本企业管理体系进行检查；

b）对本企业生产、加工过程实施内部检查，并形成记录；

c）配合“蒙”字标认证机构的检查和认证。

5　品质要求

5.1　感官指标

5.1.1　形态、色泽

米粒饱满，米粒半透明或透明，色泽青白色有光泽。

5.1.2　气味

应有大米固有的气味，没有异味。蒸熟时应有特有的米香味，饭粒表面有油光。

5.1.3　口感

蒸熟时大米绵软略黏、微甜、略有韧性，冷却后仍能保持优良口感。

5.2　质量指标

质量指标应符合表5的规定。

表5　质量指标

项目		指标	检测方法
碎米	总量/%	≤7.5	GB/T 5503
	其中：小碎米含量/%	≤0.3	GB/T 5503
加工精度		精碾	GB/T 5502
垩白度/%		≤4.0	GB/T 1354—2018
不完善粒含量/%		≤3.0	GB/T 5494
杂质限量	总量/%	≤0.25	GB/T 5494
	其中：无机杂质/%	≤0.02	GB/T 5494

表5（续）

项目	指标	检测方法
黄粒米含量/%	≤0.5	GB/T 5496
水分含量/%	≤15.5	GB 5009.3
互混率/%	≤5.0	GB/T 5493
直链淀粉含量/%	14.0~20.0	GB/T 15683
品尝评分值/分	≥80	GB/T 15682、GB/T 1354
胶稠度/mm	≥70	GB/T 22294
色泽、气味	正常	GB/T 5492

5.3 污染物、农药残留、真菌毒素限量

污染物、农药残留、真菌毒素限量应符合相关食品安全国家标准及规定，同时应符合表6的规定。

表6 污染物、农药残留、真菌毒素限量

序号	项目	指标/(mg/kg)	检测方法
1	无机砷	≤0.15	GB/T 5009.11
2	总汞	≤0.01	GB/T 5009.17
3	磷化物	≤0.01	GB/T 5009.36
4	乐果	≤0.01	GB/T 5009.20
5	敌敌畏	≤0.01	GB/T 5009.20
6	马拉硫磷	≤0.01	GB/T 5009.20
7	杀螟硫磷	≤0.01	GB/T 5009.20
8	三唑磷	≤0.01	GB/T 20770
9	克百威	≤0.01	GB/T 5009.104
10	甲胺磷	≤0.01	GB/T 5009.103
11	杀虫双	≤0.01	GB/T 5009.114
12	溴氰菊酯	≤0.01	GB/T 5009.110
13	水胺硫磷	≤0.01	GB/T 20770
14	稻瘟灵	≤0.01	GB/T 5009.155
15	三环唑	≤0.01	GB/T 5009.115
16	丁草胺	≤0.01	GB/T 20770

表6（续）

序号	项目	指标/(mg/kg)	检测方法
17	铅	≤0.2	GB/T 5009.12
18	镉	≤0.2	GB/T 5009.15
19	吡虫啉	≤0.05	GB/T 20770
20	噻嗪酮	≤0.3	GB/T 5009.184
21	毒死蜱	≤0.1	GB/T 5009.145
22	黄曲霉毒素 B_1	≤5.0	GB/T 5009.22
注：如食品安全国家标准及规定中上述项目和指标有调整，且严于本标准规定，则按最新国家标准及规定执行。			

5.4　产品质量检验

5.4.1　原粮检验

原粮检验应符合 GB/T 17891—2017 的规定。

5.4.2　出厂检验项目

产品出厂前须进行质量检验，检验项目包括色泽气味、加工精度、杂质总量、无机杂质含量、水分。

5.4.3　检验要求

5.4.3.1　应设置一定规模的检验室和必备的出厂检验设备，满足出厂检验的要求。

5.4.3.2　应由经过专业培训的检验员从事检验检测工作。检验所用仪器设备，应按期校准、及时维护，保证检验数据的准确性。

5.4.3.3　检验过程中，应严格按照国家规定的检验方法进行检验，出具《检验报告单》。

5.4.4　净含量

净含量应参考《定量包装商品计量监督管理办法》的规定，检验方法应符合 JJF 1070 的规定。

5.5　出厂质量把关

工厂质量管理部门要严把产品出厂质量关，做到产品出厂要批批检验，出厂检验合格后方允许出厂销售，不合格产品不应放行。产品等级分明，不应以低等级产品冒充高等级产品，要确保兴安盟大米的质量，维护兴安盟大米的声誉，不应以次充好。

6　包装、标识、贮存、运输、销售

6.1　包装

6.1.1　包装环境

6.1.1.1　包装车间应是独立的车间，建立在无有害气体、烟尘、灰尘、放射性物质及其他扩散性污染源的地区，设计合理，满足包装工艺流程要求，并保持洁净卫生。

6.1.1.2　包装车间与包装设备严格防止鼠、蝇及其他害虫的侵入和隐匿，应完全达到国家规定的大米包装车间和包装设备要求。

6.1.1.3　包装时应在良好的环境状况下进行，防止带入异物。

6.1.2　人员要求

6.1.2.1　包装车间应建立安全卫生管理制度，工作人员应遵守安全卫生操作规定，建立健全包装车间的生产档案记录、安全记录。

6.1.2.2　包装车间工作人员应熟悉相应的食品安全知识，保持良好的个人卫生，上岗前应进行卫生培训和食品安全知识培训。

6.1.2.3　工作人员进入包装车间应穿着符合规定的工作服，并进行定期卫生清洁，包装车间不应带入或存放个人生活用品，非工作人员不应进入。

6.1.3　包装材料

6.1.3.1　包装材料应符合 GB/T 17109 的规定和相关食品安全要求，并经验收合格后方可使用。

6.1.3.2　大米的包装袋应符合 GB 9683 的规定，要求安全、卫生、无毒、无污染；有足够的强度，不易破损；不与大米发生任何的物理和化学反应；并具有防潮、防霉、防虫的作用。

6.1.3.3　包装容器应便于消费者开启、使用、搬运、贮存，应能保护产品安全、卫生，符合相关包装容器的卫生标准。

6.1.3.4　与食品接触的包装容器、材料用添加剂应符合 GB 9685 及相关规定。

6.1.3.5　产品包装完毕后按批次入库，保存包装过程中的各项原始记录。

6.1.4　包装方式

可以采用不同的包装方式，如袋装、桶装等。为保证兴安盟大米在销售过程中的品质不受影响，本标准建议优先采用真空包装方式。

6.2　标识

6.2.1　包装大米的标签应符合 GB 7718 的规定；营养标签应符合 GB 28050 的规定，并获得“蒙”字标商标的使用许可，具体标志应符合“蒙”字标专用标志规定的要求。

6.2.2　外包装物包装储运标识应符合 GB/T 191 的规定。

6.2.3　标注的净含量应为产品最大允许水分状况下的质量。

6.2.4　优质大米建议标注最佳食用期（品尝评分值为最佳食用期内数值）。

6.2.5　大米外包装标识应标注的内容包括净含量、配料表、产品名称、执行标准号、食品生产许可证编号、质量等级、生产者（经销者）名称、地址、联系方式、商标、生产日期、保质期、营养标签、存放注意事项及专用大米的食用方法说明、特殊说明、条形码及必要的防伪标识。

6.2.6　大米外包装的图案、文字或符号的印刷应清晰、端正、不褪色。图案符号应直观、规范，颜色与背景或底色为对比色。外包装所用的胶水、胶带和染料等应符合相关国家卫生要求，不得对所包装的大米产生任何的物理或化学的污染。

6.2.7　标识的文字应使用国家规定的规范汉字，可同时使用相应的汉语拼音、外文或少数民族文字，但汉语拼音、外文或少数民族文字的字体大小应不大于相应的汉字。

6.2.8　包装上有关认证标志和商标等的印刷、加贴应符合相关法规及标准的要求。

6.2.9　包装容器表面装潢与印刷应符合《中华人民共和国商标法》的规定。

6.3　贮存

6.3.1　基本内容

6.3.1.1　田间收割运输：散装和罐装车辆要进行异味污染检查。对运具如车斗、车厢四周夹角易残留处认真检查害虫及虫卵，运具启用前应在阳光下晾晒 1d~2d，确保运具无污染、异味、害虫等。

6.3.1.2　从生产单位采购的原稻，应检验原稻品种纯度、水分、杂质、害虫等，把出米率作为原稻定级主要指标。

6.3.1.3　应按照同品种、同地块、相同成熟度来进行收割，为运输、晾晒、贮存做好基础工作。

6.3.1.4　稻谷宜采用低温贮存技术，以延缓其品质劣变。

6.3.1.5　根据储粮生态区域的特点和贮存条件，控制安全水分，防止霉变发生。

6.3.1.6　应加强谷蠹（注音：gǔ dù，贮存谷物时易患的重要害虫）等稻谷易患害虫的防治。

6.3.2　粮仓

6.3.2.1　在砖混高大平房仓、浅圆仓和立筒仓等大型粮仓中长期贮存稻谷时，应配备符合规定的粮情检测系统、机械通风系统及采样设备。单层铁皮仓、无双层隔湿仓不宜做长期储存用。粮情检测系统应符合 GB/T 26882（所有部分）的规定。

6.3.2.2　粮仓的维护结构能安全承载粮堆及环境的动、静荷载。其性能应满足储粮通风、气密、隔热、防潮的要求。

6.3.2.3　仓内地坪应完好平整，具有一定的承载动、静负荷能力和良好的防潮性能。

6.3.2.4　仓房墙体无裂缝和孔洞。内侧墙面应完好、光滑并设防潮层，应按设计仓容量标明装粮线和设置密封槽，外表面应为浅色。

6.3.2.5　仓盖应完好，有隔热层和防水层，外表面应为浅色（或用高反射率的材料），仓内尽量避免使用支承柱。仓内宜设隔热吊顶，吊顶与仓盖的间距应在 0.3m 以上。仓体、仓盖传热系数应符合 GB/T 29890 的规定。

6.3.2.6　门窗、通风口结构要严紧并有隔热、密封措施。门窗、孔洞处应设防虫线和防灭鼠、雀设施。

6.3.2.7　立筒仓、浅圆仓配备的除尘、防爆设施应符合相关国家规定。

6.3.3　入仓前的准备

6.3.3.1　对仓房、设备、器材和用具进行检查。

6.3.3.2　粮仓应清扫干净，清除仓内的残留粮粒、灰尘和杂物，填堵孔、洞、缝隙。

6.3.3.3　仓房、包装器材、装粮用具和输送设备等感染有害虫时，应使用空仓杀虫剂或熏蒸剂进行杀虫处理，并做好隔离防护工作。

6.3.3.4　包装粮用的麻袋应符合国家规定的质量要求。

6.3.4　入仓稻谷的质量要求

6.3.4.1　粳稻谷的杂质≤1.0%、水分≤14.5%。入库稻谷应籽粒干燥、籽粒饱满、无病害、无未成熟粒、干净、无杂质。

6.3.4.2　不应高水、高杂、高不完善粒。

6.3.4.3　入库稻谷水分不宜超过本地安全水分（14.5%），稻谷入仓时要过风或过筛，以除去稗粒、杂草、糠灰等杂质和瘪粒，将杂质降到 0.5% 以下，入库时要做到“五分开”，即品种、等级、水分、新陈、有无害虫，分别存放，提高储粮的稳定性。

6.3.4.4　各类稻谷、各等级稻谷的其他质量要求应高于 GB 1350 的规定。

6.3.4.5　储备稻谷的质量应符合 GB/T 20569 规定的宜存要求。

6.3.4.6　稻谷的卫生质量应符合 GB 2715 的规定。

6.3.4.7　对不符合入仓质量要求的稻谷应进行处理，达到要求后方可入仓贮存。

6.3.5　贮存要求

6.3.5.1　做好贮存管理，保持仓内干燥，采取有效降水、降温等保粮措施，确保贮存安全。合理安置粮食测温、测湿检测设备，合理布置害虫检测点，做好粮情检测记录、检测对比分析，建立“一囤、一货位、一卡”制度。

6.3.5.2　应按品种、等级、生产年度分开贮存，安全水分、半安全水分、危险水分的稻谷应分开贮存。严格填写品种、质量、数量标签，标签与保管账一致。

6.3.5.3　已感染害虫的稻谷应单独存放，发现稻谷带有我国进境植物检疫性病虫或杂草种子，应立即向当地粮食行政管理部门和检验检疫部门报告，按国家有关规定处理。

6.3.5.4　入仓过程中应采取有效措施减少破损、降低自动分级，避免杂质聚集。

6.3.5.5　散装粮贮存时，粮面应平整，粮堆高度不应超过设计装粮线。

6.3.5.6　包装粮贮存时，堆码要合理交错，整齐、牢靠，避免歪斜；围垛应距墙、柱 0.6m 以上；高水分稻谷堆码高度不应超过 3m，并应尽快进行降水处理。

6.3.6　贮存期间的粮情检测与品质检验

6.3.6.1　采用粮情测控系统时，房式仓、筒式仓测温点的设置应符合相关国家规定；人工检测时，测温点的设置应符合 GB/T 29890 的规定。处于后熟期、水分和杂质分布不均匀、局部有害虫的稻谷，应设置机动检测点。仓温检测点应设在粮堆表面中部、距粮面 1m 处的空间；机动检测要随机变更检测点，做好记录和比对。

6.3.6.2　温度检测的时间间隔按照 GB/T 29890 的规定执行。新收获的稻谷入仓后，3 个月内适当增加检测次数。对易堆聚杂质部位要做重点检测点。

6.3.6.3　温度检测结束后，应立即对检测结果进行分析，发现有粮温异常升高或发热现象时应及时采取相应的降温措施。粮堆局部发热应按 LS/T 1202 的规定执行，可采取局部机械通风；整仓发热可采取整仓机械通风、机械倒仓或用谷物冷却机冷却等措施降低粮温。因害虫活动引起的粮堆局部发热，应先熏蒸杀灭害虫，再通风降温。若因整仓粮温条件限制无法进行熏蒸时，应先采用机械通风或谷物冷却机等措施将粮温降至 15℃以下，以控制害虫的发展，待条件适合时再进行熏蒸杀虫。捣仓机械降温要与清杂同时进行。

6.3.7　相对湿度检测

6.3.7.1　采用湿度传感器、干湿球温度计或其他湿度计检测仓内空间和仓外空气的相对湿度。粮堆内的检测点可按需设置，宜设在距粮堆表层 0.3m 处和距阴面墙壁 0.3m 处，检测点应勤变更。

6.3.7.2　仓内空间相对湿度检测点应设在粮堆表面中部，距粮面 1m 处的空间。当外界相对湿度较大时，应及时关闭仓房的门、窗。

6.3.8 粮食水分检测

6.3.8.1 检测点的设置

粮堆水分检测采样点参照粮堆体形来设定，中间部位检测点可适当减少。锥形体从上至下分 1∶2∶3 比例采样，方体、长方体按 3∶3∶3 和 3∶3∶4 比例采样。

6.3.8.2 检测时间间隔

水分检测的时间间隔按照 GB/T 29890 的规定执行，发现温度异常点应及时采样检测，粮食散堆深采样要以行业标准或高于行业标准设置采样点。

6.3.8.3 分析与处理

水分检测结束后，应立即对检测结果进行分析，发现有粮食水分异常升高现象应及时查明原因，并采取相应的降水措施。宜先采用机械通风降低粮食水分，若粮食水分超过当地安全储藏水分 3% 以上时，应及时晾晒或烘干降水。

6.3.9 害虫检测

6.3.9.1 检测时间间隔

不同粮温时，检查害虫的时间间隔按相关要求执行。危险虫粮处理后的 3 个月内，每 7d 至少检测 1 次。

6.3.9.2 采样方法

散装粮和包装粮的采样方法按 GB/T 29890 的规定执行。

6.3.9.3 检测方法

将各采样点的粮食样品 1kg 分别过筛，检查筛下物中活虫的种类和数量，必要时应检测粮粒内部害虫。

6.3.9.4 分析与处理

按各采样点分别计算害虫密度（检测内部害虫时，计算粮粒内部和外部活的害虫数之和），以每千克粮样中活的害虫头数表示，以数值最大点的害虫密度代表全仓（囤、垛）的害虫密度，确定虫粮等级。根据虫粮等级，确定害虫处理时机。可采用低温控制、气调控制和熏蒸杀虫等技术处理害虫。

6.3.9.5 微生物检测

结合粮温和水分的检测，监测储粮中微生物的活动情况。及时发现粮堆的结露、发热现象。若粮堆出现结露或局部粮食发热现象时，应采取通风、降温、均温、气调等措施消除。当储粮出现发霉、发热迹象或粮食不能及时干燥时，可采用向粮堆通入较高浓度的臭氧或高浓度磷化氢熏蒸处理的应急措施（主要用于普通稻谷）。

6.3.10 出仓要求

6.3.10.1 出仓应合理使用输送设备，减少破损、降低扬尘。

6.3.10.2　平房仓出仓时，应均匀出仓，相邻廊间无伸缩缝的隔墙要保持两侧压力平衡，以免损坏仓房；浅圆仓出仓时，应注意从出粮口均衡出仓，避免从一侧出仓，同时应保持仓储设施完好。

6.3.10.3　出仓粮食应进行质量检验，出具检验报告，及时更改标签信息内容，及时冲减保管账。

6.3.10.4　配备专职商品保管员，建立相应的规章制度和完善的商品保管账目，严格执行商品进出库制度，严密进出库手续，及时增加冲减商品库存账目，确保账物相符。做到商品流转的依据性和可追溯性。

6.3.11　贮存

6.3.11.1　贮存设施的设计、建造和建筑材料

用于贮存兴安盟大米的仓库，其设施结构和质量应符合相关规定。不应使用对产品产生污染或潜在污染的建筑材料与物品。仓库应设置防鼠板或捕鼠笼，应安装纱窗，悬挂蚊蝇捕捉器，通风口应有防雀纱网等，保证其具有防鼠、防虫、防雀的功能，并能保证库房的阴凉干燥。成品库房其容量应与其生产能力相适应。

6.3.11.2　贮存设施周围环境

周围环境应清洁、卫生，并远离污染源。

6.3.11.3　贮存设施的卫生要求

贮存设施及其四周要定期进行卫生清洁，贮存设备及使用工具在使用前后均应进行清理。

6.3.11.4　出入库

经检验合格的原料及产品才能出入库，并保存出入库记录，以便于产品追溯。

6.3.11.5　堆放

堆放应符合如下要求：

a）按产品种类、等级要求选择相应的贮存设施存放，存放产品应整齐，分区存放，标识清楚，留出运输通道，保证产品的“先入先出”，贮存的物品还应与墙壁、地面保持相当距离；

b）堆放方式应保证产品质量不受影响；

c）不应和有毒、有害、有异味、易污染的物品同库存放；

d）保证产品批次清楚，不应超期积压，并及时剔除不符合质量和卫生要求的产品。

6.3.11.6　贮存条件

应符合本产品的温度、湿度和通风等贮存要求。

6.3.11.7 保质处理

应优先采用紫外线光消毒等物理与机械方法和措施。

6.3.11.8 管理和工作人员

管理和工作人员应符合如下要求：

a） 仓库应设专人管理，定期检查产品质量和库房卫生，定期清理、消毒和通风换气，保持洁净卫生；

b） 工作人员应保持良好的个人卫生；

c） 应建立适当的仓储贮存制度和卫生管理制度，管理人员应当遵守并执行有关制度，发现异常及时处理。

6.3.11.9 记录

应建立如下贮存设施管理记录程序：

a） 应保留所有搬运设备、贮存设施和容器的使用登记表或核查记录；

b） 应保留贮存记录。详细记载进入库产品的名称、入库日期、种类、等级、批次、数量、质量、包装情况、运输方式，并保留相应的记录。

6.4 运输

6.4.1 应使用符合食品安全要求的运输工具和容器运输产品，运输工具的铺垫物、遮盖物等应清洁、无毒、无害。

6.4.2 应使用专用运输工具，如果使用非专用的运输工具，应在装载产品前对其进行清洁，避免常规产品混杂和禁用物质污染。必要时进行灭菌消毒，防止虫害感染。

6.5 销售

6.5.1 装运前应对产品进行检查，在产品、标签与单据三者相符合的情况下，才能装运。

6.5.2 应防止产品受到不良影响。运输过程中应轻装、轻卸，防止挤压和剧烈震动。桶状容器在运输中应避免碰撞和滚动，袋类容器应防止日晒、雨淋和污染。

6.5.3 在运输、装卸过程中，外包装及产品标签等有关“蒙”字标的标志，不应被弄脏和销毁。

6.5.4 在产品出厂销售时，应当查验出厂产品的《检验合格证》和安全状况，记录产品名称、规格、数量、生产日期或者生产批号、销售日期以及购货者名称、地址、联系方式等信息，保存相关记录和凭证，以便能及时追溯。

附录 A
（规范性附录）
育种要求

A. 1　育种技术

A. 1. 1　选择原则

A. 1. 1. 1　在大面积推广品种中选择。

A. 1. 1. 2　在相对一致环境下种植的品种当中选择。

A. 1. 1. 3　选择适宜的单株数量，一般一个品种选择 50 株～100 株，进行田间调查、室内考种、鉴定。

A. 1. 2　选择程序

A. 1. 2. 1　优良单株（穗）的选择

选择出一定数量的优良单株（穗），按单株（穗）的后代分系，种植并鉴定。

A. 1. 2. 2　分系鉴定

A. 1. 2. 2. 1　按穗行进行播种，并设置对照（原品种或当地推广品种），通过田间观察、室内考种，鉴定和选择。当株（穗）系内植株的目标性状表现一致时，可作为定型的品系参与之后的产量试验。如不稳定可淘汰或再进行单次或多次的系统选育。

A. 1. 2. 2. 2　一般 3～4 年可以完成一个品种的选育程序。

A. 2　育种方法

A. 2. 1　根据育种目标选择亲本进行配组

一个育种单位应当选定几个当地推广的优良品种或一般配合力好的品种作为核心亲本，并要有几套具有不同目标性状的常用亲本，同时，注意引进新的种质资源，扩大拥有的遗传材料数目，根据一定的育种目标制定如下配组方案：

a）　杂交亲本双方必须具有较多的优点、较少的缺点，且双亲的优缺点互补，不能有共同缺点；

b）　亲本之一最好为适应当地条件的推广良种；

c）　亲本具有良好的配合力；

d）　选用生态类型或亲缘关系或地理距离相差较大的品种配组；

e）　亲本之一的目标性状应有足够的强度。

A. 2. 2　去雄

A. 2. 2. 1　剪颖法：花期柱头存活时间为 5d 左右，在一株母本上选一穗前 1d 午后剪除上部已开花的穗粒和最下端的穗粒，留中间部的 10 个～20 个穗粒，每个穗粒剪去外颖上端的 1/3，然后，用镊子摘除 6 根雄蕊，待所留穗粒全部去雄完毕并套袋。

A. 2. 2. 2　温汤去雄法：先将母本种在盆钵内，杂交时用热水瓶灌满温水，其温度一般在 43℃～45℃，43℃水浸泡稻穗 5min，45℃水浸泡稻穗 3min～4min，套袋等待授粉。

A. 2. 2. 3　真空吸雄法：将剪掉 1/3 颖壳后的穗粒用电动吸引机将花粉吸出，套袋后等待授粉。该方法虽然效率非常高，但适宜用在盆栽上。也可将发电机放在地头，将真空吸引机抬入稻田里，放在架子上，用防水的电线拉入电源进行大量去雄工作。

A. 2. 3　**授粉**

A. 2. 3. 1　将待开花的稻穗父本放入清水中，放在母本植株旁边等待其开花。

A. 2. 3. 2　将花粉撒入授粉袋中进行授粉，袋子标明亲本名称、授粉日期。

A. 3　育种流程

A. 3. 1　要求

在整个水稻选种过程中，从原始材料研究开始到育成新品种为止，一般需要采用的试验程序有以下几个试验圃，并符合 GB/T 17316 的规定。

A. 3. 2　原始材料圃

主要种植国内外搜集来的原始材料。每年不断地引入新种子，丰富基因库。通过系统观察、细致研究，筛选符合育种目标要求的具有单一或综合的优良性状的亲本。种植的方法按类型种植。每份种 20 株～30 株，重点材料应每年种植，严防机械混杂，严格保纯，一般材料室内贮藏能保持其发芽力的情况下，每年分批轮流种植。每年从原始材料圃选出若干材料作亲本的种植成亲本圃，亲本圃应根据需要分期播种调节花期，加大行距，便于操作。

A. 3. 3　选种圃

种植杂交后代为选种圃。

A. 3. 4　杂交一代（F_1）

A. 3. 4. 1　F_1 的播种：由于杂交所得种子数量少，为了便于每粒种子都能长成苗，一般将杂交所得种子放在发芽皿进行室内发芽，待苗长到 3. 33cm 左右，再移植试验棚育秧盘内进行育苗，然后插于试验田。每一组合栽成一区，一般 F_1 种 20 株～100 株。在每一个杂交种附近应种亲本和对照品种，以便根据育种目标淘汰有严重缺陷的组合和去除伪杂种。

A. 3. 4. 2　观察记载：记载各重要性状、特殊性状以及有无及杂种优势。

A. 3. 4. 3　去杂收获：F_1 代一般不作单株选择，在去杂的基础上混收种子。如果亲本不纯、F_1 株间有差异，可以分类型收种或选单株留种。从 F_1 开始必须对各杂交组合编排系统号。F_1 杂交种在浸种催芽和播种、出苗期应细心管理，保证成苗率。

A. 3. 5　杂交二代（F_2）

A. 3. 5. 1　F_2 的种植规模：F_2 是分离最严重的世代，群体要大。品种间杂交、双亲遗传差异（表型和系谱来看）和生态型差异较小的情况下，F_2 一般最好种植 2000 株左右；如果双亲遗传差异和生态差别较大或是亚种间杂交，F_2 群体可适当提高到 5000 株~10000 株。以组合为单位种植，种植行数依组合要求总株数而定。每 20 行或 50 行加入两个亲本或对照品种。一律采用单株插秧。

A. 3. 5. 2　观察记载：F_2 的分离现象是必然存在的，如某一组合没有出现分离现象则可能是假杂种，应淘汰。对株型、生育期、穗部性状、抗病性等重要性状的分离进行描述和评价，作为组合取舍和个体选择的依据。

A. 3. 5. 3　选择：对 F_2 进行个体选择时，应与亲本和对照品种比较鉴定，对遗传力高的性状如穗型、株高、抗病性、株型和子粒大小与形状等可较严格地选择。而对一些遗传力较低的性状如穗数，每穗粒数等受环境条件影响大。选择标准适当放宽，当选单株需做标志，一般每个组合入选率约为种植株数的 5%，不超过 10%，视组合优劣而定。不良组合全部淘汰，当选单株或单穗分别脱粒。

A. 3. 6　杂交三代（F_3）

A. 3. 6. 1　F_3 的种植：F_3 入选的各株系一般种植 20 株~100 株（视土地面积允许情况而定），称为一个系统（株系）。如 F_2 入选 100 株，则 F_3 成为 100 个系统（株系）。每系统栽培植 20 株~50 株，栽成单行或多行区，都应单株插秧，所有系统按成熟期分类后顺序排列。每隔 20 行~50 行加入亲本或对照种各一行，作为比较和选择标准。

A. 3. 6. 2　选择：F_3 以上的世代是由分离到逐步稳定的世代，从 F_3 开始除对质量性状进行选择外，要逐步加强对数量性状，特别是产量性状的选择。从低世代至高世代，选择由松到严，以系为基础，首先选优良株系，然后在优良株系中选优良个体，即选择出优良个体较多的系统，再从中选择 2 个~5 个优良单株。

A. 3. 7　杂交四代（F_4）及以后各代

从 F_3 各当选系统中选出的 2 个~5 个单株，每株的后代又各成一个系统，称系统群或姊妹系。种植方法同 A. 3. 6. 1，选择以系统群为基础，群间相互比较。在优良群内选择优系，所有选择应以田间目测综合评判为主，室内考种为辅，性状基本一致的株系，而且表现优良的系统，可以上升到鉴定圃。

A.3.8 鉴定圃

A.3.8.1 选种圃中入选的优良一致的株系进入鉴定圃。参加鉴定的系统或株系可改称品系。其任务是对这些材料进行产量比较，并鉴定其一致性及各种性状的表现。

A.3.8.2 种植方法采用间比法，即每5行或10行设一个对照品种计算产量，每个品系试验1~2年。优良品系升入品种比较试验，劣系淘汰。

A.3.9 抗性鉴定和品质分析

在申请参加自治区级生态测试试验前，可由育种单位自行进行抗性鉴定和品质分析，稻瘟病鉴定所涉及指标符合GB/T 15790的规定；品质分析所涉指标符合NY/T 83的规定，以确保参试品系达到育种目标要求。

A.3.10 品种比较试验

可采用随机区组试验设计（组合较少，设重复），以生产推广种子为对照品种，栽插规格与大田生产一致。比对照增产显著的可先参加自治区级生态测试试验。

A.4 品种的审定步骤

A.4.1 总体要求

A.4.1.1 应符合NY/T 1090的规定或按照内蒙古自治区相关方案要求执行。

A.4.1.2 按照农业自然区划，选择自然栽培条件具有代表性的点，对选育的新品系（通过品系比较试验2~3年）和丰产性、抗病性、适应性以及品质和熟期等进行多点、多年试验，试验区较大，重复次数多，常采用随机区组排列。对参加试验品系的利用价值做出客观的、科学的评价。区域较优的品系还要进行生产示范，经品种审定委员会审定后才能推广。

A.4.2 生态测试试验

育成的品系经过品种比较试验后，表现优良可进行多点生态测试，确定其抗逆性、稳定性及适应性。

A.4.3 品种区域试验

A.4.3.1 符合NY/T 1300的规定或按照内蒙古自治区品种试验要求执行。

A.4.3.2 在生态测试试验当中表现突出的品种可以申报翌年的自治区级生态测试试验，自治区级生态测试试验一般为2年。

A.4.3.3 试验目的：根据《中华人民共和国种子法》和《主要农作物品种审定办法》有关规定，客观、科学、公正地鉴定评价参试新品种的丰产性、稳产性、适应性、抗逆性、品质及其他重要特征特性表现，为内蒙古自治区水稻品种审定提供科学依据。

A.4.3.4 试验设计方法及要求：按照国家及内蒙古自治区水稻品种试验实施方案严

格要求执行。

A. 4. 4 品种生产试验

在品种区域试验当中表现突出的品种可以申报翌年的品种生产试验，同一试验组应在同一田块进行。严格按照生产试验方案执行。

A. 4. 5 品种区域试验及生产试验栽培管理要求

A. 4. 5. 1 播种：种子催芽前应进行消毒处理，秧田播种量按当地生产习惯。参试所有品种同期播种。

A. 4. 5. 2 移栽：同组试验所有品种同期移栽，每穴插秧苗数按当地生产习惯。定植株行距为 13cm×30cm 左右。

A. 4. 5. 3 其他要求：施肥水平略高于当地生产水平；不使用植物生长调节剂；及时防虫；因地制宜采取有效措施防止鸟、鼠、禽、畜等对试验的危害，以保证试验安全有效；其他栽培管理措施按当地大田生产习惯；每一项田间管理技术措施和测定在同一天内完成。

A. 4. 6 品种鉴定、审定

按照国家或内蒙古自治区品种试验要求，育成的品系要进行转基因检测后方可参加自治区级及以上区域试验，进入区试的品系要经过 3 年及以上的 DUS 检测，进入生产试验的品系要到指定单位进行抗性鉴定和品质分析，综合表现优的品系方可在区级以上品种审定委员会进行审定。

附录 B
（规范性附录）
品种要求

B.1 总体要求

品种经过省级以上品种审定委员会审定，种植品种种子质量达到 GB 4404.1 的规定。品种整精米率不低于 63%，品质达到 GB/T 1354—2018 中二级优质粳米及以上的粳稻品种。

B.2 品种选择

B.2.1 品种指向

B.2.1.1 大于或等于 10℃ 活动积温 2300℃～2500℃ 的地区，选择主茎 11～12 片叶，生育期在 122d～130d 的品种，种植品种主要有绥粳 18、绥粳 26 等。

B.2.1.2 大于或等于 10℃ 活动积温 2500℃～2700℃ 的地区，选择主茎 12～13 片叶，生育期在 130d～138d 的品种，种植品种主要有龙洋 16、苗稻 2、北稻 7 等。

B.2.1.3 大于或等于 10℃ 活动积温 2700℃～2900℃ 的地区，选择主茎 13～14 片叶，生育期在 138d～145d 的品种，种植品种主要有龙洋 16、五优稻 4 号、苗香粳 1 号、松粳 22 等。

B.2.2 品种抗性

抗病、抗倒、耐寒、灌浆快，活秆成熟。

B.2.3 品种稳产丰产性

引进、培育品种示范种植 2～3 年，品种经济性状稳定，每 667m^2 产 500kg～650kg。

B.2.4 品种质量

B.2.4.1 感官指标

B.2.4.1.1 形态、色泽

米粒饱满，米粒半透明或透明，色泽青白色有光泽。

B.2.4.1.2 气味

应有大米固有的气味，没有异味。蒸熟时应有特有的米香味，饭粒表面有油光。

B.2.4.1.3 口感

蒸熟时大米绵软略黏、微甜、略有韧性，冷却后仍能保持优良口感。

B.2.4.2 质量指标

质量指标应符合表 B.1 的规定。

表 B.1　质量指标

项目		指标	检测方法
碎米	总量/%	≤7.5	GB/T 5503
	其中：小碎米含量/%	≤0.3	GB/T 5503
加工精度		精碾	GB/T 5502
垩白度/%		≤4.0	GB/T 1354
不完善粒含量/%		≤3.0	GB/T 5494
杂质限量	总量/%	≤0.25	GB/T 5494
	其中：无机杂质/%	≤0.02	GB/T 5494
黄粒米含量/%		≤0.5	GB/T 5496
水分含量/%		≤15.5	GB 5009.3
互混率/%		≤5.0	GB/T 5493
直链淀粉含量/%		14.0~20.0	GB/T 15683
品尝评分值/分		≥80	GB/T 15682、GB/T 1354
胶稠度/mm		≥70	GB/T 22294
色泽、气味		正常	GB/T 5492

参考文献

[1]《定量包装商品计量监督管理办法》（国家质量监督检验检疫总局令 2005 年第 75 号）

第三节　兴安盟大米品质分析研究

一、国内先进标准比对分析情况

（一）空气质量要求

在空气质量要求方面，T/NMSP. MZB 01. 1—2019《"蒙"字标农产品认证要求　兴安盟大米》与 GB 3095—2012《环境空气质量标准》、NY/T 391—2013《绿色食品　产地环境质量》各项指标比对情况见表 1-1。

表 1-1　兴安盟大米产地环境空气质量要求指标比对

项目	GB 3095—2012		NY/T 391—2013		T/NMSP. MZB 01. 1—2019		质量指标比对结果
	日平均	1 小时	日平均	1 小时	日平均	1 小时	
总悬浮颗粒物/（mg/m^3）	—	—	≤0. 30	—	≤0. 25	—	领先水平
二氧化硫/（mg/m^3）	0. 05	0. 15	≤0. 15	≤0. 50	≤0. 05	≤0. 40	领先水平
二氧化氮/（mg/m^3）	0. 08	0. 2	≤0. 08	≤0. 20	≤0. 06	≤0. 15	领先水平
氟化物/（$\mu g/m^3$）	7	20	≤7	≤20	≤3	≤10	领先水平

空气质量对稻米的品质起重要作用，主要原因在于大气污染物中的二氧化硫、氟化物、臭氧、氮氧化物等化学物质会伤害农作物。常见和熟知的是空气中二氧化硫的污染，即"酸雨"，二氧化硫对水稻的危害，以幼穗形成期至无花期最为严重，轻则叶片伤斑呈褐色条状，谷粒失去固有金黄色而略呈褐色，稻米品质下降；重则叶片变成淡绿色或灰绿色，随后全叶变白，叶尖卷曲萎蔫，茎秆稻粒变白，形成枯熟，甚至全株死亡。如表 1-1 所示，T/NMSP. MZB 01. 1 中二氧化硫日平均限值≤0. 05mg/m^3，仅为NY/T 391的 1/3，处于行业领先水平。高标准的二氧化硫指标为兴安盟大米的生长奠定了良好基础。

空气中大气尘埃及漂浮物在一定时期内沉积到土壤中，日积月累会使土壤中重金属元素增加，从而影响稻米的品质。T/NMSP. MZB 01. 1 中总悬浮颗粒物日平均含量在 0. 25mg/m^3 以下，领先于 NY/T 391；二氧化氮、氟化物 2 项指标也领先于 NY/T 391；氟化物 1 小时和日平均限值仅为 NY/T 391 的 1/2。良好的空气质量为兴安盟大米的生产提供了优质条件。

（二）灌溉水质要求

在灌溉水质要求方面，T/NMSP. MZB 01. 1—2019《"蒙"字标农产品认证要求　兴安盟大米》与 GB 3838—2002《地表水环境质量标准》、NY/T 391—2013《绿色食品　产地环境质量》各项指标比对情况见表 1-2。

表 1-2　兴安盟大米产地环境灌溉水质要求指标比对

项目	GB 3838—2002	NY/T 391—2013	T/NMSP. MZB 01. 1—2019	质量指标比对结果
总汞/(mg/L)	≤0. 001	≤0. 001	≤0. 0008	领先水平
总镉/(mg/L)	≤0. 005	≤0. 005	≤0. 002	领先水平
总铅/(mg/L)	≤0. 05	≤0. 1	≤0. 03	领先水平
六价铬/(mg/L)	≤0. 05	≤0. 1	≤0. 05	领先水平
氟化物/(mg/L)	≤1. 0	≤2. 0	≤1. 5	领先水平
pH	6~9	5. 5~8. 5	6. 5~8. 5	—

水稻以水为生，水是影响水稻质量和安全的重要因素。水质差会阻碍植株的透气性和透水性，从而对根系产生直接危害；导致水稻对某种元素的中毒症或缺素症，如高锌、低钙等；改变植株 pH，会降低其对肥料的吸收能力，缺乏营养，从而导致植株生长不良、枯黄萎蔫；招致和传播真菌、细菌病害，对水稻品质产生根本性影响。如表 1-2所示，T/NMSP. MZB 01. 1 中总汞、总镉、总铅、六价铬、氟化物 5 项指标均领先于 NY/T 391，总汞限值最高仅为 0. 0008mg/L，总镉限值较 NY/T 391 降低 2. 5 倍、总铅限值降低 3. 3 倍、六价铬限值降低 2 倍。可见，T/NMSP. MZB 01. 1 对灌溉水质要求较高。

（三）土壤环境质量要求

在土壤环境质量要求方面，T/NMSP. MZB 01. 1—2019《"蒙"字标农产品认证要求　兴安盟大米》与 GB 15618—2018《土壤环境质量　农用地土壤污染风险管控标准（试行）》、NY/T 391—2013《绿色食品　产地环境质量》各项指标比对情况见表 1-3。

表 1-3　兴安盟大米产地环境土壤质量要求指标比对

项目	GB 15618—2018	NY/T 391—2013	T/NMSP. MZB 01. 1—2019	质量指标比对结果
pH	6. 5~7. 5	6. 5~7. 5	6. 0~7. 8	—
总汞/(mg/kg)	2. 4	≤0. 4	≤0. 3	领先水平
总砷/(mg/kg)	30	≤20	≤20	达到绿色食品标准
总镉/(mg/kg)	0. 3	≤0. 3	≤0. 3	达到绿色食品标准
总铅/(mg/kg)	120	≤50	≤30	领先水平
总铬/(mg/kg)	200	≤120	≤110	领先水平
总铜/(mg/kg)	100	≤60	≤30	领先水平

水稻种植过程中，水稻对土壤重金属元素有较强的吸附作用，这是导致大米重金属污染的重要原因之一，也是大米质量安全控制的难点。我国相关规定，稻田土壤环境质量应符合 GB 15618 中Ⅱ级的要求。T/NMSP. MZB 01. 1 中各项重金属指标均领先于 GB 15618；总汞、总铅、总铬、总铜 4 项指标均领先于 NY/T 391，其中，总铜的最高限值仅为 NY/T 391 的 1/2。研究表明，土壤中铅含量超标会造成植物生长受损、土壤肥力退化，人体内铅过量会造成大脑、脾脏等部位的损伤，T/NMSP. MZB 01. 1中总铅的限值为 30mg/kg，远低于 NY/T 391，确保了兴安盟大米食用的安全性。镉易被人体所吸收，并产生严重的毒害作用，摄入过剩会引发肾功能障碍、软骨病等，T/NMSP. MZB 01. 1 中总镉的含量等于 NY/T 391，达到了绿色食品标准的要求。兴安盟大米生产区土壤重金属含量低，主要由于水稻种植基地选择环境良好、无污染的稻作区，远离矿区、公路和铁路，避开污染源，因此，该地区的土壤基本无“工业三废（废水、废气、废渣）”污染，土体结构良好，土壤肥沃，有机质含量较高，加之水稻种植过程中施用有机肥，土壤有机质对重金属产生络合作用和吸附作用，降低了重金属的活性，减少了水稻对重金属的吸收，保证了兴安盟大米的品质。另外，水稻生长期采用农业措施综合防治病虫害，土壤中的农药残留物较少，这均为生产优质的兴安盟大米奠定了扎实的基础。

土壤有机质是影响土壤可持续利用的重要物质基础，也是植物所需各种营养元素的主要来源。在一定范围内，土壤有机质含量越高，土壤肥力越高，植物所需的营养物质越多；反之，土壤肥力越低，植物所需的营养物质越匮乏。如表 1-4 所示，T/NMSP. MZB 01. 1中有机质含量大于 20g/kg，达到绿色食品标准Ⅱ级水平。兴安盟地区土壤肥力较高，为兴安盟大米生长提供了最佳营养成分。

表 1-4 兴安盟大米产地环境土壤肥力要求指标比对

项目	GB 15618—2018	NY/T 391—2013	T/NMSP. MZB 01. 1—2019	质量指标比对结果
有机质/(g/kg)	—	Ⅰ级>25 Ⅱ级 20~25	>20	达到绿色食品标准Ⅱ级水平
全氮/(g/kg)	—	Ⅰ级>1. 2 Ⅱ级 1. 0~1. 2	>1	达到绿色食品标准Ⅱ级水平
有效磷/(mg/kg)	—	Ⅰ级>15 Ⅱ级 10~15	>10	达到绿色食品标准Ⅱ级水平
速效钾/(mg/kg)	—	Ⅰ级>100 Ⅱ级 50~100	>100	达到绿色食品标准Ⅰ级水平
阳离子交换量/(cmol/kg)	—	Ⅰ级>20 Ⅱ级 15~20	>20	达到绿色食品标准Ⅰ级水平

土壤全氮含量直接决定土壤速效氮的含量，而速效氮反映土壤氮素的有效性，速效氮可被植物直接吸收转化，对植株生长具有极其重要的作用。磷是植物体内重要化合物的组成成分，并以多种途径参与植物体内的各种代谢过程。T/NMSP. MZB 01. 1 中全氮、有效磷 2 项指标均达到绿色食品标准Ⅱ级水平，速效钾含量达到绿色食品标准Ⅰ级水平。丰富的土壤养分，极大地促进了兴安盟地区水稻的生长，增加了水稻产量，提高了兴安盟大米的品质。

阳离子交换量指土壤所能吸附和交换的阳离子的容量，它直接反映了土壤的保肥、供肥性能和缓冲能力。一般认为，阳离子交换量在 20cmol/kg 以上为保肥力强的土壤；20cmol/kg~10cmol/kg 为保肥力中等的土壤；小于 10cmol/kg 为保肥力弱的土壤。T/NMSP. MZB 01. 1中阳离子交换量大于 20cmol/kg，达到绿色食品标准Ⅰ级水平。兴安盟地区优越的土壤保肥能力，为生产高品质的兴安盟大米提供有力保障。

二、兴安盟大米品质研究

通过对兴安盟地区广泛种植的6个主栽水稻品种（金稻1号、龙洋、白稻八、稻花香2号、银珠1号和绰勒银珠）进行品质分析，重点考察了外观品质、蒸煮食味品质和营养品质。外观品质包括粒形、垩白度、垩白粒率、透明度；蒸煮食味品质包括胶稠度、碱消值和直链淀粉含量；营养品质包括碳水化合物含量、蛋白质以及钙、锌等元素含量。同时，选取国家水稻数据中心数据库①及相关文献中的大米品质数据，与兴安盟大米品质相比较。

（一）外观品质

兴安盟大米属粳稻，圆粒形，长宽比都在3.0以下，介于2.1~2.8（见表1-5）。透明度方面，兴安盟大米“金稻1号”“龙洋”“白稻八”“稻花香2号“银珠1号”“绰勒银珠”6个品种的大米透明度整体表现一致，都为1级。垩白度方面，6个品种垩白度为0.4%~2.0%，垩白度最低的为“银珠1号”，为0.4%；垩白度最高的为“金稻1号”，为2.0%。与2018年全国主推的10大水稻品种（含3个粳稻品种和7个籼稻品种）相比，这6个品种的垩白度普遍低于籼稻，与“龙粳31”相当。虽然，“金稻1号”的垩白度偏高，但也优于其他大多数籼稻品种，尤其是优于杂交籼稻（见图1-1）。垩白粒率方面，因为，垩白粒率与垩白度正相关，所以，兴安盟大米的垩白粒率整体表现与其垩白度相似，垩白粒率最低为2.1%（“银珠1号”），最高为10.6%（“金稻1号”）。垩白粒率4%以下的品种有4个，而全国主推的粳稻品种“龙粳46”和“绥粳18”垩白粒率都在10%左右，杂交籼稻品种垩白粒率普遍在10%以上，最高的达到90%以上（见图1-2）。通过透明度、垩白度和垩白粒率3项指标的表现，说明兴安盟大米的外观品质整体上优于全国主推品种，虽然全国主推品种中粳稻品种外观尚可，但是籼稻品种的外观品质则参差不齐。

①国家水稻数据中心数据库是国内最权威的水稻品种数据库，该数据库收录的品种信息来自国家和各地方区域实验的实验结果，是品种审定的主要依据。

表 1-5　兴安盟大米品质分析数据

样品名称	加工品质						能量/(kJ/100g)	碳水化合物/(g/100g)	水分/%	蛋白质/(g/100g)	脂肪/(g/100g)	微量元素/(mg/100g)						灰分	蒸煮品质		
	米粒长/mm	米粒宽/mm	粒型长宽比	垩白粒率/%	垩白度/%	透明度						钙	钠	铁	锌	锰	维生素 B_2		直链淀粉/%	碱消值	胶稠度/mm
金稻1号	6.0	2.3	2.7	10.6	2.0	1	1458	78.6	14.9	6.3	0.8	4.71	未检出	0.25	0.83	0.64	未检出	0.4	15.2	7.0	82
龙洋	6.3	2.3	2.8	4.0	0.9	1	1446	76.5	15.6	8.1	0.8	6.13	未检出	0.29	1.21	0.93	未检出	0.4	13.9	6.8	47
白稻八	5.2	2.5	2.1	2.9	1.0	1	1463	78.5	14.5	6.8	0.8	5.90	未检出	0.24	1.05	0.64	未检出	0.4	13.9	6.2	92
稻花香2号	6.2	2.4	2.6	9.4	1.5	1	1454	78.8	15.0	6.1	0.7	4.56	未检出	0.19	1.07	1.32	未检出	0.4	15.4	6.7	75
银珠1号	6.2	2.3	2.7	2.1	0.4	1	1469	78.2	14.1	7.8	0.7	6.26	0.9	0.30	1.22	0.62	未检出	0.4	13.6	6.7	74
绰勒银珠	6.2	2.2	2.8	2.6	0.5	1	1474	78.6	13.7	7.9	0.6	6.68	未检出	0.29	1.32	0.86	未检出	0.3	15.4	6.9	81

注：数据由农业农村部农产品质量与营养功能风险评估实验室测定。

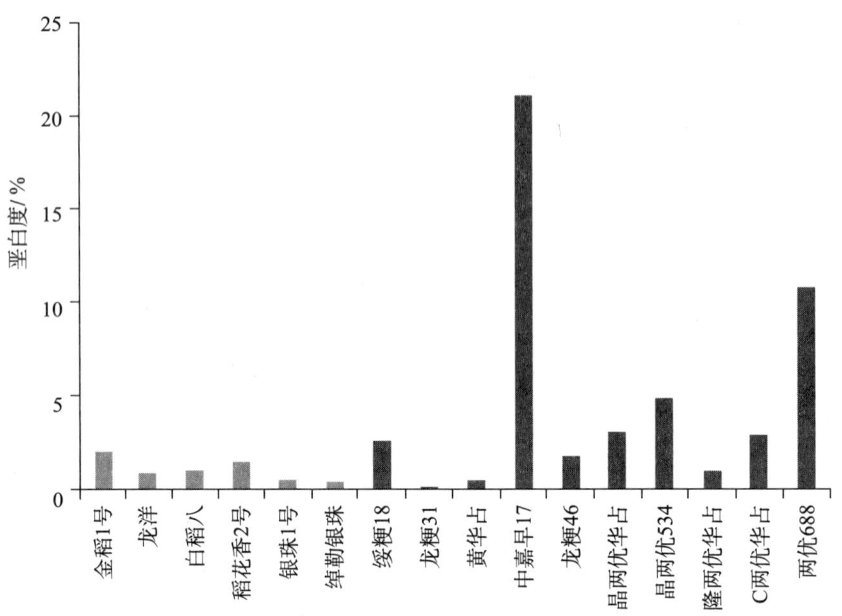

图 1-1　兴安盟大米品种垩白度与全国主推水稻品种比较

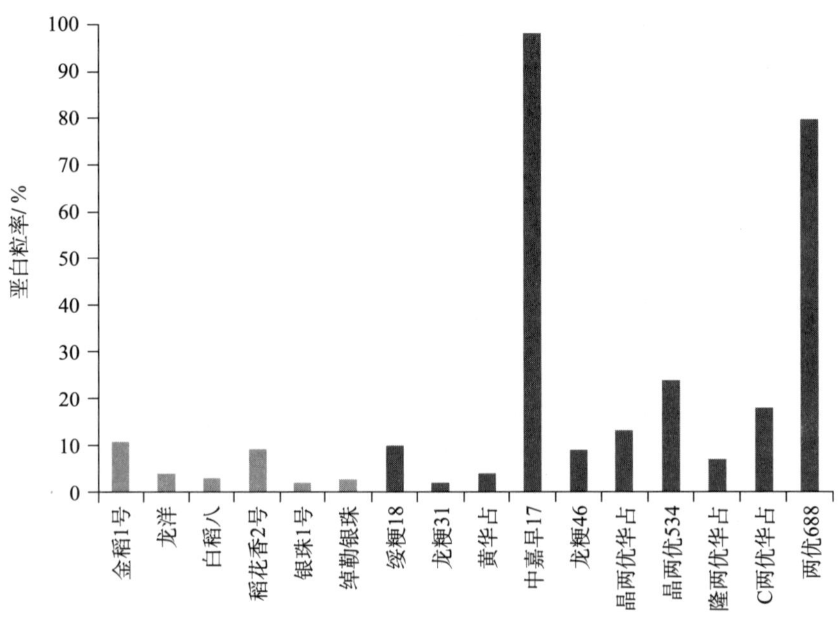

图 1-2　兴安盟大米品种垩白粒率与全国主推水稻品种比较

注：兴安盟大米数据由农业农村部农产品质量与营养功能风险评估实验室测定，全国主推水稻品种品质数据来源于国家水稻数据中心。

（二）蒸煮食味品质

直链淀粉含量是影响蒸煮食味品质的首要因素。直链淀粉含量与米饭软硬和黏度直接相关，直链淀粉含量越高米饭越硬，含量太低则太黏。兴安盟大米的直链淀粉含量在15%左右，介于13.6%～15.4%，因此，兴安盟大米变异幅度较小。与之相比，全国主推的3个粳稻品种直链淀粉含量都在17%以上，最高达到19%。籼稻品种中这一指标变异幅度较大，如常规籼稻“中嘉早17”和杂交籼稻“两优688”直链淀粉含量达到或超过了25%，而“C两优华占”的直链淀粉含量最低，只有12.8%（见图1-3）。综合来看，兴安盟大米质地介于籼稻和粳稻，属于软硬适中的米质类型。

大米的糊化温度由碱消值来衡量，二者呈负相关。兴安盟大米6个品种的大米碱消值非常接近，介于6.2~7。其中，“白稻八”碱消值最低，其他5个品种碱消值差别不大。根据对国内外533份核心水稻种质资源和品种进行的普查，大部分水稻品种的碱消值在2~6。兴安盟大米6个品种的碱消值都在7左右，表明其糊化温度低于绝大部分水稻品种。与直链淀粉含量和糊化温度不同，兴安盟大米6个品种的胶稠度变异较大，如“龙洋”的胶稠度不到50mm，而“白稻八”则超过了90mm，说明，兴安盟大米6个品种在口感方面存在一定的差异，因此，兴安盟大米能满足更多的消费者群体。兴安盟大米品种胶稠度与全国主推水稻品种比较如图1-4所示。

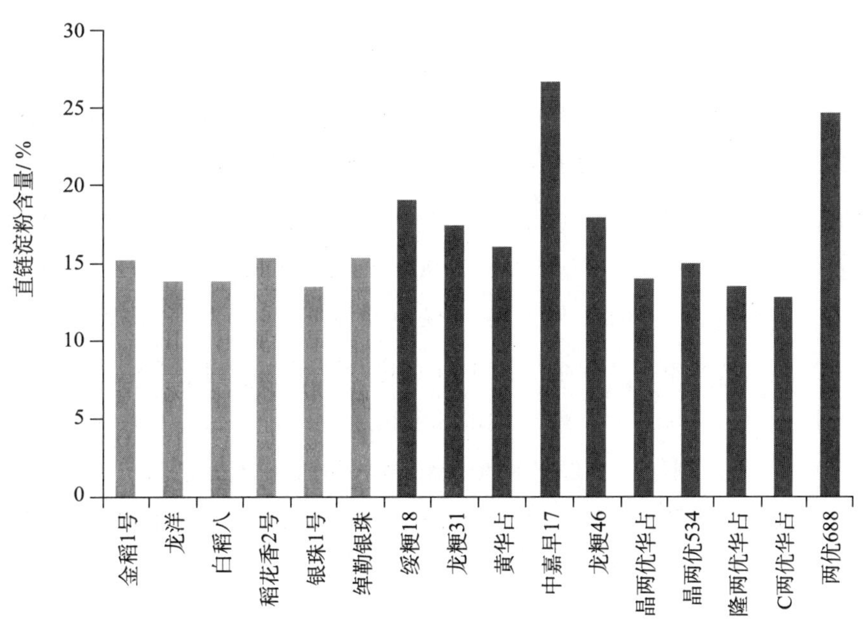

图1-3　兴安盟大米品种直链淀粉含量与全国主推水稻品种比较

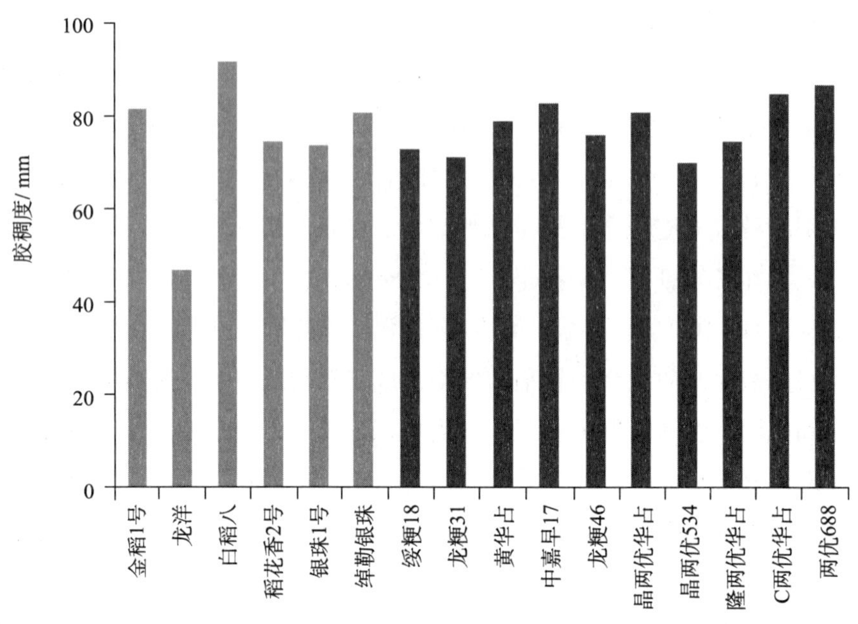

图 1-4 兴安盟大米品种胶稠度与全国主推水稻品种比较

注：兴安盟大米数据由农业农村部农产品质量与营养功能风险评估实验室测定，全国主推水稻品种品质数据来源于国家水稻数据中心。

（三）营养品质

稻米的营养物质主要包括蛋白质、碳水化合物以及锰等元素。根据《谷物营养成分表》，发现大部分谷类都不同程度地含有这些营养物质。通过将兴安盟大米的营养物质与一般谷物比对，发现兴安盟大米中蛋白质、碳水化合物和脂肪含量是一般籼稻和粳稻的数倍，而锰含量也不低于同等水稻品种。具体表现为：兴安盟大米 6 个品种的平均蛋白质含量为 7.2g/100g，介于 6.3g/100g~8.1g/100g，而一般籼稻米和粳稻米中蛋白质含量分别只有 2.5g/100g 和 2.6g/100g（见图 1-5）。与之类似的还有碳水化合和脂肪含量方面，兴安盟大米 6 个品种中碳水化合物平均含量达 78.2g/100g，几乎每个品种都不低于 76g/100g，是一般籼稻米和粳稻米的 3 倍（见图 1-6）；脂肪含量两者之间也相差 2~3 倍，例如，一般籼稻米和粳稻米脂肪含量为 0.2g/100g~0.3g/100g，而兴安盟大米 6 个品种中平均脂肪含量不低于 0.6g/100g（见图 1-7）。锰含量方面，两者之间无显著差别（见图 1-8）。

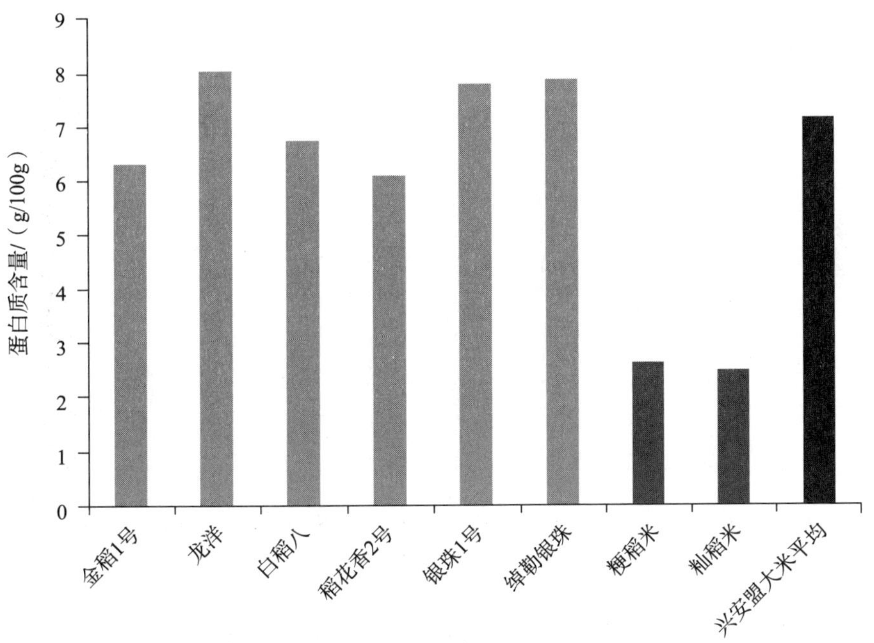

图 1-5 兴安盟大米品种与普通稻米蛋白质含量比对

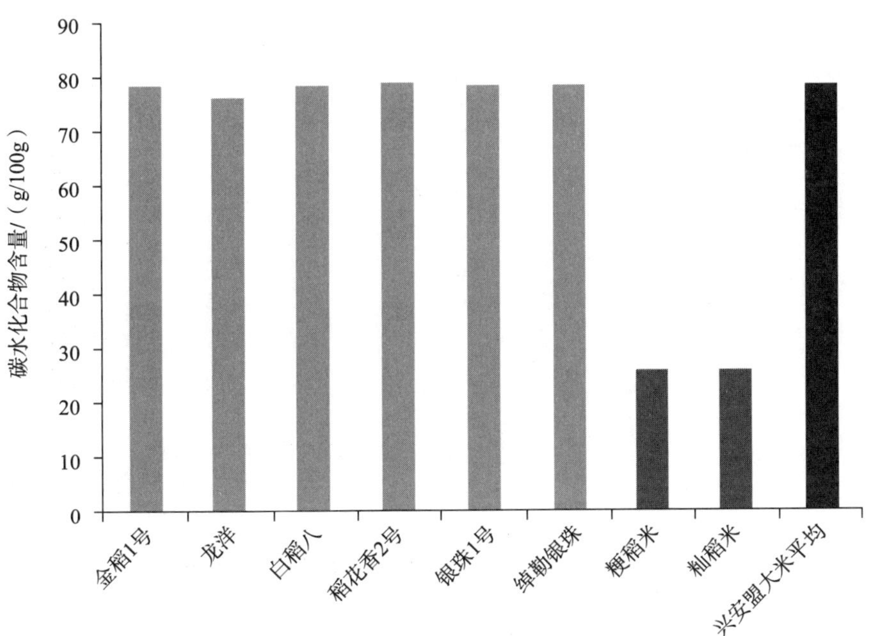

图 1-6 兴安盟大米品种与普通稻米碳水化合物含量比对

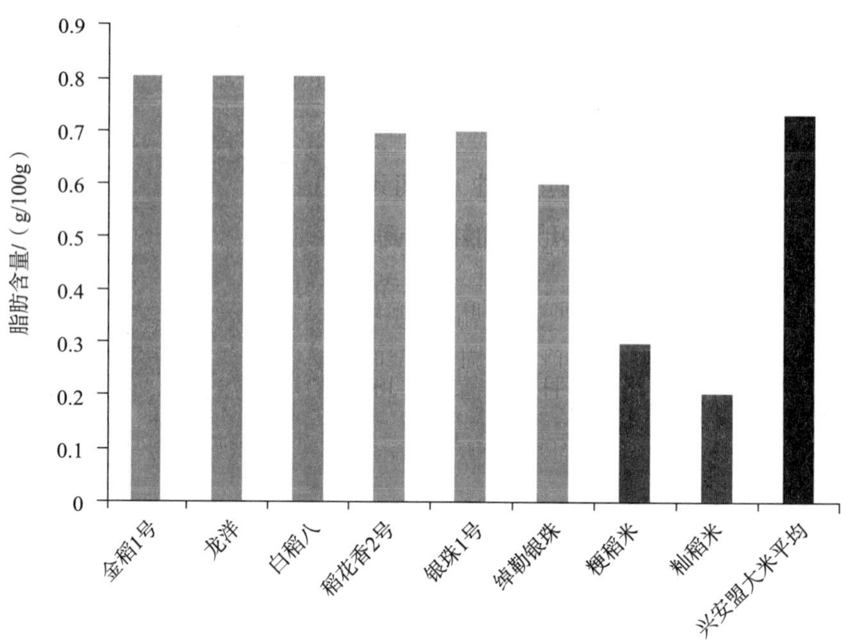

图 1-7　兴安盟大米品种与普通稻米脂肪含量比对

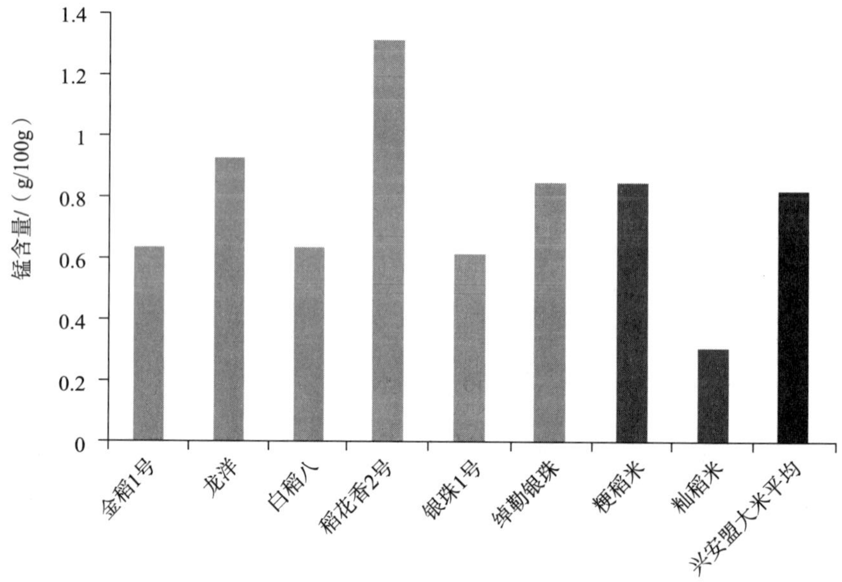

图 1-8　兴安盟大米品种与普通稻米锰含量比对

注：兴安盟大米数据由农业农村部农产品质量与营养功能风险评估实验室测定，普通稻米数据来自《中国食物成分表》。

（四）结论

兴安盟大米具有软、糯、香、甜、滑、弹、透、润的特质，通过对其品质进行分析研究发现，兴安盟大米在蛋白质、碳水化合物和脂肪含量上表现突出，显著高于一般籼稻米和粳稻米。此外，兴安盟大米的蒸煮食味品质也具有一定的特点，直链淀粉含量介于籼稻米和粳稻米之间，硬度和黏度适中，同时锰含量与籼稻米和粳稻米相当。因此，建议将蛋白质、碳水化合物以及脂肪等指标作为“蒙”字标认证兴安盟大米的特征营养指标。

第四节　兴安盟大米团体标准实施与应用

一、标准认证内容

（一）农场/加工厂检查报告

农场/加工厂检查报告模版见图 1-9。

1. 生产管理体系及标识与销售管理情况

（1）管理体系

文件化的管理体系是否已建立并有效实施，其符合性和有效性如何＿＿＿＿＿＿＿＿＿＿
记录的管理是否已建立并有效实施，其符合性和有效性如何＿＿＿＿＿＿＿＿＿＿
从事“蒙”字标认证管理的资源是否满足运作要求＿＿＿＿＿＿＿＿＿＿
是否建立完善的可追溯体系和采购体系＿＿＿＿＿＿＿＿＿＿
是否建立和保持有效的产品召回制度＿＿＿＿＿＿＿＿＿＿
是否建立和保持有效的处理客户投诉的程序＿＿＿＿＿＿＿＿＿＿
组织提供的调查表和生产计划与现场实际管理□是　□否一致，如有不一致请说明＿＿＿＿＿＿

（2）销售管理及产品标识使用

申请认证产品的销售去向＿＿＿＿＿＿＿＿＿＿
年销售量＿＿＿＿＿＿＿＿
申请认证产品的标识符合情况＿＿＿＿＿＿＿＿＿＿
是否使用“蒙”字标产品认证标识　□是　□否
标识的使用方式＿＿＿＿＿＿＿＿＿＿
“蒙”字标认证标识的使用管理情况＿＿＿＿＿＿＿＿＿＿
“蒙”字标认证产品销售证使用情况＿＿＿＿＿＿＿＿＿＿

图 1-9　农场/加工厂检查报告模版

（3）持续改进体系

于________年________月________日实施了内部检查，提供检查计划、检查部门、检查报告、检查记录及不合格报告。内部检查人员的能力描述________________

内部检查情况________________

内部检查不符合整改情况________________

上次不符合改进情况（适用时）________________

2. 植物生产

（1）播种时间

□一年生植物，播种时间________________

□多年生植物，收获时间________________

初次申请认证日期________________

（2）平行生产、缓冲带和隔离带的设置及管理

是否存在平行生产的情况　□是　□否

如果存在平行生产，管理状况如何________________

是否存在同一生产单元同时生产易于区分的"蒙"字标和非"蒙"字标植物的情况　□是　□否

如果存在上述情况，管理情况如何________________

缓冲带和隔离带的设置、周围有无重大污染源及缓冲带作物的管理情况________________

上述管理中是否存在交叉污染的风险________________

（3）种子/种苗及栽培管理

作物品种□是　□否经过禁用物质的处理，□是　□否存在转基因品种（若为非转基因品种，请提供相关证明）________________

若为一年生植物，是否采用"蒙"字标生产方式培育种苗________________

是否在有机生产中使用辐照技术　□是　□否

申请认证产品□是　□否进行轮作

若进行轮作，轮作的情况如何________________

□是　□否进行人工灌溉，灌溉水的来源情况________________

地块的排灌系统□是　□否与常规地块有效隔离

灌溉用水□是　□否经过检测，符合标准情况________________

图 1-9（续）

（4）土肥管理

作物生长情况____________________

土壤的肥力状况____________________

土壤□是　□否经过检测，符合标准情况____________________

肥料等投入品的来源及使用情况____________________

在土壤培肥过程中□有　□无使用禁用物质或转基因产品迹象，如有请描述____________________

使用限用物质情况____________________

土肥管理的风险评估情况____________________

（5）病虫草害防治

生物农药等投入品的来源及使用情况____________________

主要的病害及其防治措施____________________

主要的虫害及其防治措施____________________

主要的草害及其防治措施____________________

在病虫草害的防治过程中□有　□无使用禁用物质的迹象，如有请描述____________________

在病虫草害的防治过程中限用物质的使用情况____________________

病虫草害防治的风险评估情况____________________

（6）设施栽培

□是　□否通过营养液栽培方式生产

□是　□否使用禁用物质处理设施农业的建筑材料和栽培容器

土壤再生和循环使用采用的措施____________________

（7）采收、包装、贮存和运输

采收及使用设施的维护以及收获后处理的情况____________________

包装、贮存和运输状况____________________

□是　□否存在区域外的贮存场所及其管理状况____________________

□是　□否存在区域外再次分装情况及其管理状况____________________

在加工和贮存过程中□是　□否采用辐照处理

标识情况____________________

图 1-9（续）

（8）环境保护

防止地块和作物被污染的其他控制措施________________
水土保持和生物多样性保护的情况________________

（9）其他投入品

除上述已描述的投入品外还使用其他物质和材料的情况________________

（10）人员访谈

管理者访谈情况________________
操作者（生产和或加工人员）访谈情况________________
内检员访谈情况________________

3. 产品加工

（1）基本要求

该产品加工□是　□否需要《食品生产许可证》，如需要，请提供有效证件
“蒙”字标认证产品和非“蒙”字标认证产品加工在时间或空间上分开情况________________
加工场址设置情况________________
加工组织的废弃物排放达标情况________________

（2）配料、添加剂和加工助剂

所加工和贸易的产品的配料组成情况，□是　□否符合“蒙”字标认证要求________________
□是　□否存在基因工程产品（若不存在基因工程产品，请提供相关证明）________________
添加剂和加工助剂的使用管理情况，□是　□否存在基因工程产品（若不存在基因工程产品，请提供相关证明）________________

（3）加工

加工工艺情况，□是　□否　存在被禁止的加工工艺________________
加工现场卫生管理情况________________
加工用水质达标情况（附水质分析报告）________________

图 1-9（续）

4. 其他问题

描述在检查过程中可能影响"蒙"字标认证完整性的风险因素，如：

（1）申请者预计到的"蒙"字标认证产品生产过程可能会发生的变化

____

（2）由于检查过程中的意外情况，还有一些没有充分了解的"蒙"字标认证产品生产过程和材料

____

5. 本年度申请认证产品汇总表及产量衡算

产品	列出全部的地块号	面积/m^2	预计产量/kg	是否已检查	检查时是否已收获
其中产量衡算情况为______________________________					

6. 检查附件（证明材料清单）

□农场基本情况调查表

□申请认证农场所在地区的地理位置图

□"蒙"字标认证农场地块分布图

□前四年地块种植历史情况表/先前土地持有者提供的种植历史情况说明

□本年度"蒙"字标作物种植合同

□种子非转基因证明和未经禁用物质处理的证明

□作物轮作计划

□"蒙"字标认证货物运输合同

□灌溉水质和土壤检测报告

□检查现场的照片

□种子、种苗及投入的微生物制剂等物质的非转基因证明

□其他

图 1-9（续）

二、标准应用效益

内蒙古自治区兴安盟践行绿色发展理念，发挥绿色生态优势，以培育发展大米产业为突破口，大力实施绿色农畜产品品牌建设工程，全面构建生产标准体系、质量监控体系、市场营销体系，使“兴安盟大米”品牌知名度、美誉度、市场竞争力显著增强，示范带动全盟绿色农畜产品生产加工走上一条品牌兴农、质量兴农的高质量发展之路。从做产品到做标准，再到做品牌，这是一个层层递进的过程，制定T/NMSP. MZB 01. 1—2019《“蒙”字标农产品认证要求　兴安盟大米》是巩固产品品质的关键举措，对遵循自然规律和生态学原理、维持农田生态系统的持续稳定、深化农业结构调整、提高稻米质量和安全性、提高种粮经济效益和生态效益等具有重大意义。土地利用标准化生产模式，对提高农业科学化、农业机械化、知识信息化，提高单产产量和粮食安全质量都具有示范效应和带动作用。推广优质大米，提高粮食品质和粮食产值，有机大米的售价比普通稻米售价高出30%~50%，种粮效益大幅度提高，可提高农民种植积极性，促进农户增产增收。

T/NMSP. MZB 01. 1—2019《“蒙”字标农产品认证要求　兴安盟大米》从育种、种植、收储、加工等全产业链进行统一规范，能够显著提升“兴安盟大米”品牌影响力、知名度和竞争力，示范带动全盟农牧业产业结构持续优化，综合生产能力稳步提升。

第二章 赤峰小米

第一节 赤峰小米概述

赤峰小米是国家地理标志证明商标产品和国家地理标志农产品，是联合国粮农组织批准的农业文化遗产之一，2017 年中国农业（博鳌）论坛“神农杯”年度品牌推优活动，赤峰小米荣获最具影响力农产品区域公用品牌奖，赤峰小米入选中国农业品牌目录 2019 农产品区域公用品牌，赤峰小米先后获得第十一届、第十二届、第十五届中国国际农产品交易会金奖，多次获得国际农博会、农交会、中国绿博会、内蒙古绿博会、上海进博会等优质产品奖。赤峰市先后荣获了“全国最大优质谷子生产基地”“中国小米之乡”“国家有机农产品创建区”“国家食物营养教育培训基地”。

赤峰市属于全球五百佳生态环境城市，其地理位置处于世界公认的最适宜优质粟黍生长的黄金纬度带上。境内四季分明、日照丰富、昼夜温差大、雨热同期、积温有效性高，属温带大陆性季风气候，是典型的旱作雨养农业区。境内土壤富含有机质及硼、锌、铜、硒等元素；水质清净，空气清新，赤峰市为谷子生长提供优越的生长环境。得天独厚的生态地理条件为赤峰市赢得了“绿色杂粮在赤峰”的美誉。赤峰市特产——赤峰小米具有以下特点：

第一，赤峰小米是世界上第一个旱作农业文化遗产地的标志产品，八千年农耕文明赋予了赤峰小米厚重的文化内涵，造就赤峰小米极高文化品位，连续六届世界小米大会奠定了赤峰小米的世界地位，美国地理频道《寻脉》栏目组到赤峰市探究世界小米之源。

第二，赤峰市在对传统小米品种保护的同时，进行提纯扶壮，选育推广了“敖谷 1 号”“黄金苗”“大红谷”“毛毛谷”等农家品种。这些筛选出的谷种具有色泽光、口感好、味道纯、质地软、不回生、营养丰富等特点，传续千年谷香。赤峰小米赢得了“满园米相似，唯我香不同”美誉，并成为产妇哺乳、老弱病人、婴儿断奶的首选食品。从品种资源角度看，赤峰小米完全够得上“药食同源”，富含人体所必需的氨基酸和钙、磷、铁、B族维生素等元素，营养丰富、质纯味正、香软可口，既是平衡膳食、调节口味的理想食品，又是营养进补、身体恢复的最佳选择。

第三，赤峰小米是国家地理标志产品、国家地理标志证明商标产品，通过了内蒙古自治区气候中心的气候品质认证，入选全国“一县一品”品牌扶贫行动。赤峰小米生产采用传统的耕作方式加之现代农业科技种植管理，有效地减少了使用化肥和农药造成的农田污染。

第四，赤峰小米产业完成了从种植到加工、从销售到食用、从文化到旅游的一二三产业融合的全产业链发展，完成了从无名到有名再到知名的品牌嬗变过程，塑造成为一个区域公用品牌。赤峰市的“兴隆沟”“孟克河”“八千粟”等品牌小米远销北京、上海、广州、深圳等大中城市，“黄金米”“红谷米”“四色米”“月子米”“石碾米”等小米产品多次获得国际农交会金奖。

目前，内蒙古自治区已经建立了“赤峰小米标准体系”，该标准体系规划了内蒙古自治区未来在小米栽培技术、产地环境等方面急需制定的标准，在小米标准化工作中已经有了相应的经验和研究基础。在标准体系的基础上，内蒙古自治区制定了《赤峰小米》《“赤峰小米”谷子产地环境要求》等9项地方标准。通过标准化的方式，规范“赤峰小米”的品种选育、产地环境等技术要求，对于提高“赤峰小米”品质起到了关键的作用。内蒙古自治区在9项地方标准的基础上制定了T/NMSP. MZB 01. 2—2019《“蒙”字标农产品认证要求　赤峰小米》。该团体标准的制定为“蒙”字标认证提供了有效的指导依据，对树立“赤峰小米”的品牌影响力具有积极作用。

第二节　T/NMSP. MZB 01. 2—2019《“蒙”字标农产品认证要求　赤峰小米》

通过广泛调研分析、研讨及与专家咨询、广泛征求意见完成了T/NMSP. MZB 01. 2—2019《“蒙”字标农产品认证要求　赤峰小米》的制定工作，确保标准制定的规范性，适应产业发展。T/NMSP. MZB 01. 2—2019《“蒙”字标农产品认证要求　赤峰小米》的制定旨在对“蒙”字标产品的认证，进一步提高赤峰小米品质和市场竞争力，促进赤峰小米产业经济稳定持续增长，提高企业产品质量，使内蒙古自治区的优势特色产品经过“蒙”字标认证走向全国、走向国际。

ICS 67.060
B 22

团　体　标　准

T/NMSP.MZB 01.2—2019

“蒙”字标农产品认证要求 赤峰小米

“Nei Meng Gu Brand” certification requirements of agricultural products—Chifeng millet

2019-10-16 发布　　2019-11-01 实施

内蒙古标准发展促进会　发布

前 言

本标准按照 GB/T 1.1—2009 给出的规则起草。

本标准由内蒙古标准发展促进会提出并归口。

本标准主要起草单位：内蒙古自治区标准化院、赤峰市农牧科学研究院、赤峰农业技术服务中心、赤峰市种子站、赤峰市农畜产品质量安全监督站、内蒙古禾为贵农业发展（集团）有限公司、赤峰市产品质量计量检测所、巴林左旗大辽王府粮贸有限公司、敖汉旗惠隆杂粮种植农民专业合作社。

本标准主要起草人：朱晓春、籍凤英、柴晓娇、王显瑞、王军、蒋柠、张铎、沈轶男、吕燕卿、王春民、刘景秀、洪钟、辛海波、郑博天、辛冬斌、李艳丽、王慧明、籍江波、呼德日扎干、王慧明、李文香、贾坤、刘汉武、徐峰、宋晓蕾。

引　言

本标准是“蒙”字标产品认证标准之一。

本标准相关条款采用标准如下：

——第 3 章“产地环境”主要技术指标采纳内蒙古自治区地方标准《“赤峰小米”谷子产地环境要求》；

——第 4 章“生产要求”主要技术指标采纳内蒙古自治区地方标准《“赤峰小米”谷子栽培技术规程》《“赤峰小米”加工操作技术规范》和《“赤峰小米”产品包装规范》；

——第 5 章“品质要求”主要技术指标采纳内蒙古自治区地方标准《赤峰小米》；

——第 6 章“仓储、运输、销售”主要技术指标采纳内蒙古自治区地方标准《“赤峰小米”仓储运输规范》和《“赤峰小米”销售管理规范》；

——附录 A“赤峰小米”谷子品种要求主要技术指标采纳内蒙古自治区地方标准《“赤峰小米”谷子品种要求》。

"蒙"字标农产品认证要求
赤峰小米

1 范围

本标准规定了赤峰小米"蒙"字标认证的产地环境、生产、品质及仓储、运输、销售要求。

本标准适用于赤峰小米"蒙"字标认证。

2 规范性引用文件

下列文件对于本文件的应用是必不可少的。凡是注日期的引用文件，仅注日期的版本适用于本文件。凡是不注日期的引用文件，其最新版本（包括所有的修改单）适用于本文件。

GB 2715 食品安全国家标准 粮食

GB 4404.1 粮食作物种子 第1部分：禾谷类

GB 4806.8 食品安全国家标准 食品接触用纸和纸板材料及制品

GB 5009.3 食品安全国家标准 食品中水分的测定

GB 5009.5 食品安全国家标准 食品中蛋白质的测定

GB 5009.6 食品安全国家标准 食品中脂肪的测定

GB 5009.9 食品安全国家标准 食品中淀粉的测定

GB 5009.82 食品安全国家标准 食品中维生素A、D、E的测定

GB 5009.84 食品安全国家标准 食品中维生素 B_1 的测定

GB 5491 粮食、油料检验 扦样、分样法

GB/T 5492 粮油检验 粮食、油料的色泽、气味、口味鉴定

GB/T 5494 粮油检验 粮食、油料的杂质、不完善粒检验

GB/T 5502 粮油检验 大米加工精度检验

GB/T 5503 粮油检验 碎米检验法

GB/T 5749 生活饮用水卫生标准

GB 6920 水质 pH值的测定 玻璃电极法

GB 7467 水质 六价铬的测定 二苯碳酰二肼分光光度法

GB 7475 水质 铜、锌、铅、镉的测定 原子吸收分光光度法

GB 7484　水质　氟化物的测定　离子选择电极法

GB 7485　水质　总砷的测定　二乙基二硫代氨基甲酸银分光光度法

GB 7718　食品安全国家标准　预包装食品标签通则

GB/T 8232　粟

GB/T 8946　塑料编织袋通用技术要求

GB 13122　食品安全国家标准　谷物加工卫生规范

GB 13735　聚乙烯吹塑农用地面覆盖薄膜

GB/T 16716.1　包装与环境　第1部分：通则

GB/T 17109　粮食销售包装

GB/T 17138　土壤质量　铜、锌的测定　火焰原子吸收分光光度法

GB/T 17141　土壤质量　铅、镉的测定　石墨炉原子吸收分光光度法

GB/T 22105.1　土壤质量　总汞、总砷、总铅的测定　原子荧光法　第1部分：土壤中总汞的测定

GB/T 22105.2　土壤质量　总汞、总砷、总铅的测定　原子荧光法　第2部分：土壤中总砷的测定

GB/T 22184　谷物和豆类　散存粮食温度测定指南

GB/T 29402.1—2012　谷物和豆类储存　第1部分：谷物储存的一般建议

GB/T 29402.2—2012　谷物和豆类储存　第2部分：实用建议

GB/T 29402.3　谷物和豆类储存　第3部分：有害生物的控制

GB/T 29890　粮油储藏技术规范

GB 23350　限制商品过度包装要求　食品和化妆品

GB/T 35795　全生物降解农用地面覆盖薄膜

HJ 491　土壤和沉积物　铜、锌、铅、镍、铬的测定　火焰原子吸收分光光度法

HJ 597　水质　总汞的测定　冷原子吸收分光光度法

HJ 637　水质　石油类和动植物油类的测定　红外分光光度法

HJ 704　土壤　有效磷的测定　碳酸氢钠浸提-钼锑抗分光光度法

HJ 828　水质　化学需氧量的测定　重铬酸盐法

NY/T 53　土壤全氮测定法（半微量开氏法）

NY/T 83　米质测定方法

NY/T 391　绿色食品　产地环境质量

NY/T 393　绿色食品　农药使用准则

NY/T 394　绿色食品　肥料使用准则

NY/T 658　绿色食品　包装通用准则

NY/T 889　土壤速效钾和缓效钾含量的测定

NY/T 893　绿色食品　粟米及粟米粉

NY/T 1054　绿色食品　产地环境调查、监测与评价规范

NY/T 1121.5　土壤检测　第 5 部分：石灰性土壤阳离子交换量的测定

NY/T 1121.6　土壤检测　第 6 部分：土壤有机质的测定

NY/T 1377　土壤中 pH 的测定

JJF 1070　定量包装商品净含量计量检验规则

《定量包装商品计量监督管理办法》（国家质量监督检验检疫总局令第 75 号〔2005〕）

3　产地环境

3.1　生态环境要求

“赤峰小米”谷子种植应选择赤峰市行政区域内生态环境良好、无污染的地区。

3.2　空气质量要求

空气质量应符合 NY/T 391 的规定。

3.3　农田灌溉水质要求

农田灌溉水质应符合表 1 的规定。

表 1　农田灌溉水质要求

项目	要求	检测方法
pH	7.5~8.5	GB 6920
总汞/(mg/L)	≤0.0005	HJ 597
总镉/(mg/L)	≤0.001	GB 7475
总砷/(mg/L)	≤0.001	GB 7485
总铅/(mg/L)	≤0.01	GB 7475
六价铬/(mg/L)	≤0.01	GB 7467
氟化物/(mg/L)	≤0.35	GB 7484
化学需氧量（CODcr)/(mg/L)	≤45	HJ 828
石油类/(mg/L)	≤0.001	HJ 637

3.4 土壤质量要求

3.4.1 土壤环境质量要求

土壤环境质量应符合表2的规定，土壤pH测定应符合NY/T 1377的规定。

表2 土壤环境质量要求

项目	要求	检测方法
总镉/(mg/kg)	≤0.1	GB/T 17141
总汞/(mg/kg)	≤0.01	GB/T 22105.1
总砷/(mg/kg)	≤12	GB/T 22105.2
总铅/(mg/kg)	≤30	GB/T 17141
总铬/(mg/kg)	≤70	HJ 491
总铜/(mg/kg)	≤45	GB/T 17138

3.4.2 土壤肥力要求

土壤肥力应符合表3的规定。

表3 土壤肥力要求

项目	要求	检测方法
有机质/(g/kg)	>10.00	NY/T 1121.6
全氮/(g/kg)	>0.50	NY/T 53
有效磷/(mg/kg)	>3.00	HJ 704
速效钾/(mg/kg)	>60	NY/T 889
阳离子交换量/(cmol/kg)	>8.00	NY/T 1121.5

3.5 采样和监测方法

环境空气、农田灌溉水、土壤质量采样和监测应符合NY/T 1054的规定。

4 生产要求

4.1 品种要求

见附录A。

4.2 种植要求

4.2.1 基础条件

4.2.1.1 气候条件

无霜期95d～125d，年有效积温≥2400℃，年平均降水量300mm以上。

4.2.1.2 土壤条件

土层厚度≥30cm，有机质含量≥10.0g/kg，坡度≤15°，并符合 GB 15618 的规定。

4.2.2 播前准备

4.2.2.1 选地

选择前茬为豆类、马铃薯、玉米、高粱等地块，避免重茬、迎茬。

4.2.2.2 整地

上茬作物收获后至土壤封冻前或谷子播种前 10d~15d，灭茬并深耕 25cm 以上，耕后耙、耢、镇压、疏松土壤，达到上平下碎。结合整地每 667m^2 施腐熟农家肥 1000kg 以上。

4.2.2.3 地膜选择

选择厚度≥0.01mm 的地膜或者降解膜，幅宽 80cm~90cm、120cm~130cm，并符合 GB 13735、GB/T 35795 的规定。

4.2.2.4 品种选择

选用生育期适宜、优质、抗逆并经登记通过的品种，并符合附录 A 和 GB/T 8232 的规定。

4.2.2.5 种子处理

种子进行包衣处理，可用 35% 甲霜灵种子处理干粉剂及 70% 噻虫嗪种子处理可分散粉剂，按种子量 0.3% 拌种，防治白发病和地下害虫。种衣剂使用应符合 NY/T 393 的规定。

4.2.3 播种

4.2.3.1 播期

5 月上旬开始，5cm 耕层地温稳定通过 8℃~10℃时播种。

4.2.3.2 播量

4.2.3.2.1 露地种植

每 667m^2 播量 0.2kg~0.3kg。

4.2.3.2.2 半膜膜下滴灌种植

每 667m^2 播量 0.15kg~0.2kg。

4.2.3.2.3 全膜覆盖种植

每 667m^2 播量 0.15kg~0.2kg。

4.2.3.3 种植模式

4.2.3.3.1 露地种植

匀垄开沟种植，行距 40cm~45cm。

4.2.3.3.2　**半膜膜下滴灌种植**

大小垄种植，大垄宽 60cm~70cm，小垄宽 40cm，穴距 16.5cm，每 667m^2 播种 0.75 万穴~0.8 万穴。每穴 2 株~3 株。

4.2.3.3.3　**全膜覆盖种植**

大小垄种植，大垄宽 60cm~70cm，小垄宽 40cm，穴距 16.5cm，每 667m^2 播种 0.75 万穴~0.8 万穴。每穴 2 株~3 株。

4.2.3.4　**播种方法**

4.2.3.4.1　**露地种植**

用谷子精量播种机一次性完成开沟、施肥、播种、镇压等作业，播种深度 4cm~5cm。

4.2.3.4.2　**半膜膜下滴灌种植**

4.2.3.4.2.1　半膜膜下滴灌沟播模式选用膜下滴灌精量播种机一次性完成开沟起垄、侧深施肥、铺滴灌带、覆膜、破膜穴播、覆土镇压等作业程序。

4.2.3.4.2.2　半膜膜下滴灌平播模式采用施肥点播机一次性完成开沟、侧深施肥、标准覆膜、破膜穴播、覆土镇压等作业程序。两种模式播种深度均为 3cm~5cm。

4.2.3.4.3　**全膜覆盖种植**

用全膜覆盖精量播种机沟播种植，一次性完成开沟、起垄、施肥、覆膜、破膜穴播、镇压等作业程序，播种深度 3cm~5cm。

4.2.3.5　**施肥**

4.2.3.5.1　**肥料要求**

肥料使用应符合 NY/T 394 的规定。

4.2.3.5.2　**露地种植**

结合播种，每 667m^2 施 64%磷酸二铵 5.0kg~7.5kg、46%尿素 1.0kg~1.5kg，50%硫酸钾 4.0kg~5.0kg 做种肥，施肥深度 8cm~10cm。

4.2.3.5.3　**半膜膜下滴灌种植**

4.2.3.5.3.1　推荐配方：结合播种，每 667m^2 按 50%配方肥即 20-20-10（N-P_2O_5-K_2O），施 25kg~30kg。施肥深度 8cm~10cm。

4.2.3.5.3.2　常规配方：结合播种，每 667m^2 施 46%尿素 10kg~15kg、64%磷酸二铵 12kg~15kg、50%硫酸钾 4.0kg~5.0kg。施肥深度 8cm~10cm。

4.2.3.5.4　**全膜覆盖种植**

4.2.3.5.4.1　推荐配方：结合播种，采取一次性深施技术，每 667m^2 按 50%配方肥即 20-20-10（N-P_2O_5-K_2O），施 25kg~30kg。施肥深度 8cm~10cm。

4.2.3.5.4.2 常规配方：结合播种，采取化肥一次性深施技术，每 667m^2 施 46% 尿素 10kg～15kg、64% 磷酸二铵 10kg～12kg、50% 硫酸钾 5kg～6kg。施肥深度 8cm～10cm。

4.2.4 田间管理

4.2.4.1 查苗护膜

播种后应及时检查出苗情况。地膜覆盖田如遇大风揭膜时，应及时用土封严；如遇苗孔错位、覆土层板结时，应及时放苗。

4.2.4.2 间、定苗

4.2.4.2.1 露地种植

在谷子 3 叶 1 心时开始间苗、定苗、除草，每 667m^2 留苗 2 万株～3 万株，株距 5.0cm～8.0cm。

4.2.4.2.2 半膜膜下滴灌种植

在谷子 3 叶 1 心时开始定苗，每 667m^2 留苗保苗 1.5 万株～2.4 万株。

4.2.4.2.3 全膜覆盖种植

在谷子 3 叶 1 心时开始定苗，每 667m^2 留苗保苗 1.5 万株～2.4 万株。

4.2.4.3 中耕

4.2.4.3.1 露地种植

结合间、定苗垄间浅耘，拔节期深中耕，同时拔除垄内大草。

4.2.4.3.2 半膜膜下滴灌种植

在谷子拔节前利用中耕机清除杂草，将垄间杂草翻入地下，视杂草生长情况趟地 1～2 遍，趟地深 3cm～4cm。

4.2.4.4 浇水

膜下滴灌谷田，播种后及时浇出苗水，每 667m^2 浇水 15m^3～20m^3，在拔节期至灌浆期视具体情况浇水 1～3 次，每次浇水 15m^3～20m^3。

4.2.4.5 追肥

4.2.4.5.1 追肥要求

肥料使用应符合 NY/T 394 的规定。

4.2.4.5.2 露地种植

拔节期每 667m^2 追施 46% 尿素 10kg～15kg，追肥时尿素距离谷苗 5cm～7cm，追肥后及时深中耕培土。

4.2.4.5.3 半膜膜下滴灌种植

在拔节期结合滴灌每 667m^2 追施 46% 尿素 2kg～5kg。

4.2.5 害虫防治

4.2.5.1 粟叶甲

结合虫情测报，在成虫盛发期、卵孵化后幼虫入心前（谷子3~5叶期），可用100g/L联苯菊酯乳油30mL/667m^2~35mL/667m^{2}或0.5%虫菊·苦参碱可溶液剂800~1000倍液防治，间隔7d~10d喷1次，连喷2~3次。

4.2.5.2 粟灰螟

结合虫情测报，在卵孵化盛期至幼虫蛀茎前（6月上旬），可用苏云金杆菌100亿活芽孢/mL悬浮剂400~500倍液或0.3%印楝素乳油500~600倍液或25g/L高效氯氟氰菊酯乳油2000~2500倍液喷雾。要及时拔除粟灰螟幼虫为害的枯心苗，带到田外集中处理，防止转株再次为害。

4.2.5.3 黏虫

结合虫情测报，可在幼虫2~3龄期、谷田有虫达到20头/m^{2}以上，用20%氯虫苯甲酰胺悬浮剂2500~3000倍液或1%甲维盐水乳剂2000~2500倍液或苏云金杆菌100亿活芽孢/mL悬浮剂400~500倍液喷雾。

4.2.6 收获

9月中旬开始，谷粒全部变黄、硬化、叶片黄化后适时收获，收获时留谷茬高度3cm~5cm，割倒并晾晒5d~7d风干，完成捡拾、脱粒、清选程序后，收获归仓。

4.2.7 清除残膜

作物收获后，及时清除残膜，回收滴灌带。

4.3 加工要求

4.3.1 原料要求

4.3.1.1 保存期

原料在常温下保存期为1年，在0℃以下保存期为2年。

4.3.1.2 验收要求

4.3.1.2.1 加工前进行感官、容重、水分、杂质、纯度的检验。

4.3.1.2.2 原料应符合GB 2715、GB/T 8232和表4的规定。

表4 “赤峰小米”谷子质量要求

感官	容重/(kg/m^3)	水分/%	杂质/%	纯度/%
籽粒饱满、有光泽、无霉变；不完善粒≤1.5%	≥650	≤13.0	≤2.0	≥98

4.3.1.3 加工用水

应符合GB 5749的规定。

4.3.2 加工场所要求

4.3.2.1 卫生管理

应符合 GB 13122 的规定。

4.3.2.2 环境要求

加工场所应符合以下条件：

a） 加工场所应建在无有害气体、烟尘、灰尘、放射性物质及其他扩散性污染源的地区；

b） 生产加工区应与生活区、办公区、化验室分开设置；

c） 加工厂房应通风良好、设计合理，满足生产加工流程的需要，具有足够的空间，以利于设备的维修维护、物料的贮存和运输、卫生清理、人员通行和消防；

d） 厂区道路应采用便于清洗的混凝土、沥青或其他硬质材料铺设，防止积水和尘土飞扬；

e） 配备满足加工要求的配电系统。

4.3.3 加工过程要求

4.3.3.1 加工技术要求

应符合表 5 的规定。

表 5 加工技术要求

工序名称	加工技术指标	加工生产设备
筛选去杂	经筛选、去石、磁选后的原料杂质含量应≤0.5%，容重≥650kg/m^3	筛选机、清选机、去石机
脱壳	经过多道砻谷或脱壳，去壳率≥99%	砻谷机、脱壳机
冷却	经过降温，使脱壳后的糙米降至常温	冷却仓
碾米	经碾米后使小米精度≥90%	碾米机
筛选分级	经过筛选分级后，碎米含量≤4%	分级筛
抛光	经抛光后的米粒色泽晶莹光洁	抛光机、水抛机
色选	去掉不同颜色的异色粒，无肉眼可见杂色颗粒	色选机
精准分级	再次筛选分级，并除去加工过程中的米垢	分级筛
包装	包装环境、包装材料应符合 4.4 的要求，定量包装净含量应符合《定量包装商品计量监督管理办法》的规定	包装机、封口设备
注：“赤峰小米”加工的具体流程、工艺参数、所需设备参见附录 B。		

4.3.3.2　记录要求

4.3.3.2.1　应建立记录制度，对加工过程中原料采购、加工、贮存、检验、销售等进行记录。记录内容应完整、真实。

4.3.3.2.2　应记录发生召回的食品名称、批次、规格、数量、发生召回的原因及后续整改方案等内容。

4.3.3.2.3　记录的保存期限不得少于2年。

4.3.3.2.4　应建立客户投诉处理机制。对客户提出的书面或口头意见、投诉，企业相关管理部门应做记录，并查找原因，妥善处理。

4.3.3.2.5　应建立文件管理制度，对文件进行有效管理，确保各相关场所使用的文件均为有效版本。

4.3.3.2.6　鼓励采用先进技术手段（如电子计算机信息系统）进行记录和文件管理。

4.3.4　质量手册

应编制赤峰小米生产、加工、经营质量管理手册，应至少包含下列内容：

a）生产、加工、经营者简介；

b）管理方针和目标；

c）组织机构图及其相关岗位的责任和权限；

d）标识管理；

e）可追溯体系与产品召回制度；

f）内部检查；

g）文件和记录管理；

h）客户投诉处理；

i）持续改进体系。

4.4　产品包装

4.4.1　基本要求

4.4.1.1　应符合NY/T 658规定的包装材料并使用合理的包装形式来保证小米的品质，同时，利于小米的运输、贮存，保障物流过程中“赤峰小米”产品的质量安全。

4.4.1.2　需要进行密闭、真空包装的应包装严密、封口结实、无渗漏。

4.4.1.3　包装的使用应实行减量化，包装的设计、材料的选用及用量应符合GB 23350的规定。

4.4.1.4　宜使用可重复使用、可回收利用或生物降解的环保包装材料、容器及其辅助物。包装废弃物的处理应符合 GB/T 16716.1 的规定。

4.4.1.5　包装过程应使用自动或半自动包装设备，实现自动定量。

4.4.1.6　其他包装形式应满足相应要求。

4.4.2　包装材料要求

4.4.2.1　包装容器和材料的原辅料（纸、竹子、木、金属、塑料、橡胶、天然纤维、化学纤维、玻璃等制品）应符合国家相关法律法规或 GB 4806.8、GB/T 8946、GB/T 17109 的规定。

4.4.2.2　包装容器和材料属生产许可证目录管理的产品，供货者应取得相关产品生产许可证。

4.4.2.3　生产者应按照有关标准、合同验收包装材料，按照 GB 7718 的规定验收包装物的标识标签。

4.4.3　标志与标识标签要求

4.4.3.1　标志

4.4.3.1.1　经"赤峰小米"授权使用单位批准的企业，可在其产品外包装上使用"赤峰小米"专用标志。

4.4.3.1.2　包装上有关认证标志（有机食品、绿色食品、无公害食品等）和商标等的印刷、加贴应符合有关法规及标准要求。

4.4.3.1.3　"蒙"字标产品专用标识的使用应符合"蒙"字标认证的规定。

4.4.3.1.4　获得批准的企业，可在其产品外包装上使用"蒙"字标产品专用标识。

4.4.3.2　标识标签

"赤峰小米"标签应符合 GB 7718 的规定。

5　品质要求

5.1　感官指标

感官指标应符合表 6 的规定。

表6　感官指标

<table>
<tr><th rowspan="3">品种系列</th><th colspan="4">项目</th></tr>
<tr><th colspan="3">指标</th><th rowspan="2">检测方法</th></tr>
<tr><th>色泽</th><th>气味</th><th>粒形</th></tr>
<tr><td>黄金苗系列</td><td>鲜黄明亮，无明显感官色差，无霉变</td><td>具有本区域小米固有的自然清香，无其他异味</td><td>颗粒均匀饱满，呈椭圆形</td><td rowspan="4">GB/T 5492</td></tr>
<tr><td>毛毛谷系列</td><td>鲜黄明亮，无明显感官色差，无霉变</td><td>具有本区域小米固有的自然清香，无其他异味</td><td>颗粒均匀饱满，较小，呈椭圆形</td></tr>
<tr><td>红谷系列</td><td>深黄明亮，无明显感官色差，无霉变</td><td>具有本区域小米固有的自然清香，无其他异味</td><td>颗粒均匀饱满，呈圆形</td></tr>
<tr><td>赤谷系列</td><td>浅黄明亮，无明显感官色差，无霉变</td><td>具有本区域小米固有的自然清香，无其他异味</td><td>颗粒均匀饱满，颗粒大，呈圆形</td></tr>
</table>

5.2　质量指标

5.2.1　加工质量指标

加工质量指标应符合表7的规定。

表7　加工质量指标

<table>
<tr><th colspan="3">项目</th><th>指标</th><th>检测方法</th></tr>
<tr><td colspan="3">加工精度（粒面种皮基本脱掉的颗粒）/%</td><td>≥93</td><td>GB/T 5502</td></tr>
<tr><td colspan="3">不完善粒/%</td><td>≤1.0</td><td>GB/T 5494</td></tr>
<tr><td rowspan="3">杂质</td><td colspan="2">总量/%</td><td>≤0.3</td><td>GB/T 5494</td></tr>
<tr><td rowspan="2">其中</td><td>未脱皮米粒/%</td><td>≤0.2</td><td>GB/T 5494</td></tr>
<tr><td>矿物杂质/%</td><td>≤0.01</td><td>GB/T 5494</td></tr>
<tr><td colspan="3">碎米/%</td><td>≤4.0</td><td>GB/T 5503</td></tr>
<tr><td colspan="3">水分/%</td><td>≤13.0</td><td>GB 5009.3</td></tr>
</table>

5.2.2　营养指标

营养指标应符合表8的规定。

表8　营养指标

项目	指标	检测方法
蛋白质/%	≥8.5	GB 5009.5
粗脂肪/%	≥2.0	GB 5009.6
维生素 B_1/(mg/100g)	≥0.3	GB 5009.84
维生素 E/(mg/100g)	≥0.7	GB 5009.82

5.2.3　蒸煮品质

蒸煮品质应符合表9的规定。

表9　蒸煮品质

项目	指标	检测方法
直链淀粉/%	15~24	GB 5009.9
胶稠度/mm	≥90	NY/T 83
蒸煮品质评定/分（以百分计）	≥80	附录C

5.2.4　污染物、农药残留和真菌毒素限量

污染物、农药残留和真菌毒素限量应符合NY/T 893的规定。

5.2.5　净含量

应符合《定量包装商品计量监督管理办法》的规定，检验方法按照JJF 1070的规定执行。

5.3　检验规则

5.3.1　组批、扦样

按照GB 5491的规定执行。

5.3.2　出厂要求

每批产品应按本标准规定进行出厂检验，经检验合格签发合格证后，方可出厂和销售。

5.3.3　检验分类

5.3.3.1　出厂检验

出厂检验项目包括感官要求、加工质量指标。

5.3.3.2　型式检验

型式检验为每年进行1次。有下列情况之一的，应进行型式检验：

a）　原料、工艺、设备有较大变化时；

b）　长期停产恢复生产时；

c）　国家市场监督管理行政主管部门提出要求时；

d）　“赤峰小米”授权使用单位提出要求时。

注：型式检验项目包括本标准第5章的全部项目。

5.4　判定规则

检验结果中污染物、农药残留及真菌毒素限量有一项不合格，则判定该批产品不合格。感官指标、加工质量指标、营养指标和蒸煮品质中有一项不符合要求的，可重新从同一批产品中加倍抽样进行不合格项的复检，复检结果仍出现不合格项时，判该批产品为不合格。

6　仓储、运输、销售

6.1　仓储

6.1.1　仓库建设

6.1.1.1　仓库应远离污染源、危险源，避开行洪和低洼水患地区。

6.1.1.2　仓库的围护结构应能够安全承载粮堆及环境的动、静荷载。

6.1.1.3　仓库的其他建设要求应符合 GB/T 29402.2—2012 中第4章~第6章的规定。

6.1.2　仓储设施

仓储建筑设施应良好，不漏雨，阳光不直射，具有防虫、防鼠、防火、防盗、防污染设施，同时，应安放安全警示标识及温、湿度控制设施。

6.1.3　仓储管理

6.1.3.1　不应与有毒、有害物质或含水量较高的物质混存贮藏。

6.1.3.2　设施要定期进行清洁、清理。

6.1.4　仓储环境

应符合 GB/T 29402.1—2012 中第4章的规定。

6.1.5　仓储技术条件

仓储技术条件应符合表10的规定。

表10　仓储技术条件

名称	仓储温度/℃	相对湿度/%	光线	品温/℃	水分/%
谷子	-20~25	≤65	避光	≤25	≤13
小米	-20~20	≤50	避光	≤25	≤13

6.1.6 堆放

6.1.6.1 原料、半成品、成品、包装材料等应依据性质的不同分设贮存场所，分区域码放，具有仓储标识，防止交叉污染。

6.1.6.2 码垛原料谷子堆放时，垫板与地面间距离应大于10cm，堆垛应离四周墙壁50cm以上，堆垛与堆垛之间应保留50cm以上通道。

6.1.6.3 散积堆放的谷子应符合GB/T 29402.2—2012中5.4的规定。

6.1.7 出入库

6.1.7.1 应遵循“先进先出”的原则。

6.1.7.2 真空包装产品应在库内存放4h后才可发货，以防止漏气。

6.1.7.3 定期检查谷子及小米仓储质量和仓库卫生情况，及时清除变质或超过保存期的原料。

6.1.8 记录

6.1.8.1 应具有搬运设备、贮藏设施和容器的使用登记表或核查记录。

6.1.8.2 详细记载出入库产品的名称、种类、等级、批次、数量、质量、包装情况、运输方式，并保留相应的记录。

6.2 运输

6.2.1 运输工具

6.2.1.1 应使用符合食品安全要求的运输工具和容器运输产品，运输工具的铺垫层、遮盖物等应清洁、无毒、无害。

6.2.1.2 使用专用运输工具，在装载产品前应对其进行清洁。

6.2.1.3 运输车辆（箱）底板平整，车体侧壁无破损、变形。

6.2.2 运输管理

6.2.2.1 装运前应对产品进行检查，在产品、标签与单据三者相符合的情况下，按产品订单进行装货。

6.2.2.2 运输过程避光、防潮。

6.2.2.3 产品装运清点完毕后，指定库房专人核实配货单，将产品安全、及时送达到指定地点，交付对方核查验收。

6.2.2.4 在运输、装卸过程中，外包装及产品标签等有关“赤峰小米”的标志，不得损毁。

6.3 有害生物的控制

仓储、运输过程有害生物的控制应符合GB/T 29402.3的规定。

6.4 检验规则

仓储、运输检验规则应符合以下要求：

a) 水分测定按 GB 5009.3 的规定执行；

b) 温度测定按 GB/T 22184 的规定执行；

c) 相对湿度按 GB/T 29890 的规定执行；

d) 粮温低于 15℃时，每月检测 1 次；粮温在 15℃～25℃时，15d 内至少检测 1 次，采样方法按 GB 5491 的规定执行。

6.5 销售

6.5.1 验收

6.5.1.1 经销者应依据国家相关法律、法规及符合第 5 章的要求进行验收，验收方式有查验合格证明文件、进行检验等，验收后应留存证明材料。

6.5.1.2 经销者应记录“赤峰小米”的名称、规格、数量、生产日期（批次）、保质期、进货日期以及供货者的名称、地址及联系方式等信息。记录应真实，并保存至“赤峰小米”保质期满后 6 个月以后。

6.5.1.3 “赤峰小米”验收合格后方可入库，不符合验收要求的“赤峰小米”不得接收，应单独存放，做好标记并尽快通知供货者。

6.5.2 销售场所和设施设备

6.5.2.1 应具有与销售“赤峰小米”规模相适应的销售场所。销售场所应布局合理，食品与非食品销售区域分开设置，防止交叉污染。

6.5.2.2 应具有与销售“赤峰小米”规模相适应的销售设施和设备。

6.5.2.3 销售贮存场所应保持完好、环境整洁，与有毒、有害污染源有效分隔；地面应做到硬化、平坦防滑并易于清洁、消毒，有适当的措施防止积水；应有良好的通风、排气装置，保持空气清新无异味；避免日光直接照射；贮存的物品应与墙壁、地面保持适当距离。

6.5.2.4 应遵循先进先出的原则，定期检查库存，对超过保质期的“赤峰小米”应及时从销售场所清除，不得销售。

6.5.2.5 应记录入库、出库时间和贮存温度及其变化。

6.5.3 人员管理

6.5.3.1 销售者应配备食品安全专业技术人员、管理人员，并建立保障食品安全的管理制度。

6.5.3.2 食品安全管理制度应与经营规模、设施设备和食品种类特性相适应，应根据销售实际和实施经验不断完善食品安全管理制度。

6.5.3.3 销售人员应熟悉“赤峰小米”的质量要求和蒸煮方法。

6.5.3.4 管理人员应具有必备的知识、技能和经验，了解顾客的需求，能够判断潜在的质量风险，采取适当的预防和纠正措施，及时处理顾客抱怨，加强售后服务管理。

6.5.4 记录和文件管理

6.5.4.1 应对销售过程中采购、验收、贮存、销售等环节进行详细记录。记录内容应完整、真实、清晰、易于识别和检索，确保所有环节都可进行有效追溯。

6.5.4.2 应如实记录发生召回的“赤峰小米”的名称、批次、规格、数量，召回的原因及后续整改方案等内容。

6.5.4.3 鼓励销售者采用先进技术手段（如电子计算机信息系统）进行记录和文件管理。

附录 A
(规范性附录)
“赤峰小米”谷子品种要求

A.1　生产范围

“赤峰小米”谷子品种的种子生产范围限于赤峰市行政区域内。

A.2　初级分类

A.2.1　黄金苗系列：黄八杈、大金苗、小金苗、赤优金谷、赤优金苗系列、金苗 K 系列、敖谷金苗等。

A.2.2　毛毛谷系列：毛毛谷等。

A.2.3　红谷系列：赤优红谷、峰红系列、红谷 K 系列、敖汉红谷、敖红谷等。

A.2.4　赤谷系列：赤谷 8 号、赤谷 10 号、峰谷系列、赤谷 K 系列、峰优谷系列、中敖谷系列等。

A.3　特异性、一致性、稳定性（DUS）测定

A.3.1　特异性测定

应明显区别于所有已知品种。

A.3.2　一致性测定

采用 1% 的群体标准和至少 95% 的接受概率，当观测群体大小为 300 株～329 株时，最多可允许有 6 株异形株；当观测群体为 545 株～618 株时（两个重复），最多可允许有 10 个异形株。

A.3.3　稳定性测定

如果一个品种具备一致性，则可认为该品种具备稳定性。必要时，可以种植该品种的下一代种子或另一批种子，与以前提供的繁殖材料相比，若性状表达无明显变化，则可判定该品种具备稳定性。杂交种的稳定性除直接对杂交种本身进行测试外，还可以通过测试其亲本的一致性或稳定性进行判定。

A.4　“赤峰小米”谷子品种要求

A.4.1　产地环境要求

A.4.1.1　地理环境

“赤峰小米”适宜在北纬 41°17′10″～45°24′15″的赤峰地区，海拔 300m～1500m，15°以下缓坡地、旱坡地及能排洪涝的水地范围内种植。

A. 4. 1. 2　土壤条件

以栗钙土、褐土、砂质壤土等土质疏松、透气性良好的中性或弱碱性土壤为宜。土壤有机质含量≥10. 0g/kg、碱解氮≥100mg/kg、有效磷≥25mg/kg、速效钾≥150mg/kg、pH7. 0~8. 5。茬口以豆类和马铃薯为宜，避免重茬或迎茬。

A. 4. 1. 3　日照

年均日照时数2700h~3100h。

A. 4. 1. 4　气温

≥10℃的活动积温2400℃以上，年平均气温0℃~7℃，无霜期95d~125d。

A. 4. 1. 5　农艺性状要求

生育期在95d~125d；株高90cm~150cm；产量≥260. 0kg/667m^2。抗倒伏能力1级以上；白发病、锈病、纹枯病、谷瘟病等谷子常见病害抗性达到中抗以上。

A. 5　品质要求

A. 5. 1　外观形态指标

外观形态指标应符合表A. 1的规定。

表A. 1　外观形态指标

品种系列	项目	
	色泽	粒形
黄金苗系列	谷壳色白色或浅黄色，无明显色差	颗粒均匀饱满，呈椭圆形或圆形
毛毛谷系列	谷壳色白色，无明显色差	颗粒均匀饱满，较小，呈椭圆形
红谷系列	谷壳色红色，无明显色差	颗粒均匀饱满，呈圆形
赤谷系列	谷壳色白色或浅黄色，无明显色差	颗粒均匀饱满，颗粒大，呈圆形或椭圆形

A. 5. 2　种子质量指标

种子质量指标应符合GB 4404. 1的规定，指标见表A. 2。

表 A.2　种子质量指标

项目	种子类别	纯度不低于/%	净度/%	发芽率不低于/%	水分不高于/%
谷子	原种	99.8	98.0	85.0	13.0
	大田用种	98.0			

A.5.3　适口性品质指标

应为中国作物学会粟类作物专业委员会举办的全国优质食用粟评选中获得二级优质米以上且登记，并适宜在赤峰地区种植的谷子品种或赤峰地区主栽的优质农家谷子品种。

附录 B
（资料性附录）
加工作业指导书

B.1　加工技术要求

B.1.1　筛选去杂

谷子原料检验合格后，经传导设备送入筛选机内分级，一般宜选用 2 层~3 层长孔或圆孔筛，上筛片直径为 2.2mm，下筛片直径为 1.1mm，通过筛选分级获得合格原料。

B.1.2　去石

谷子进入去石机，通过吹风去石或吸风去石，风量大小通过调整调节插板根据加工实际情况确定。谷子落在鱼鳞筛面上，通过振动电机的作用让鱼鳞筛片呈 60°左右斜角上下振动，谷子和石头在设备的不同出口流出。

B.1.3　脱壳

谷子进入碾米机进行脱壳，调整碾米机压力板，第一道脱壳工序去壳约 30%，第二道脱壳工序去壳约 60%，第三道脱壳工序去壳约 99%，获得糙米。

B.1.4　冷却

糙米进入降温仓降温，应根据糙米的温度和加工需要进行适当降温，一般降至常温为宜。以不造成胚乳固有的水分和营养因碾米温度升高而流失为宜。

B.1.5　碾米

糙米进入碾米机（铁辊）开始碾米，宜碾米 3 遍~4 遍。调整碾米机压力板开始碾米，碾去胚乳的胚脐和表皮，提高精度，到最后一遍碾米，使精度达到 90% 以上。

B.1.6　筛选分级

小米进入分级筛，筛片上孔 2.1mm、下孔 1.0mm，通过分级获得半成品小米，碎米含量应小于或等于 4%。

B.1.7　水抛光

小米流入水抛机，经喷雾着水、润米后再进入抛光机的抛光室内，在一定的压力和温度下，通过摩擦使米粒表面上光。通过抛光处理，清除米粒表面浮糠，并使米粒表面淀粉预糊化和胶质化作用，淀粉糊化弥补裂纹，从而获得色泽晶莹光洁的外观质量，提高小米的贮存性能和感官要求。

B.1.8　色选

小米半成品进入色选机，宜选用 2 台效果为宜，调整好背景板、色选类别等参数，通过光、电、色把小米中所含异色粒、草棍儿、不完善粒、石头等杂质剔除。

B. 1. 9　精准分级

因物料在各个设备流转时，在设备表面形成的米垢因温度变化脱落掉入米内，通过此分级筛将米垢分离出来。

B. 1. 10　包装

包装应符合本标准 4. 4 的规定。

B. 2　设备性能要求

B. 2. 1　筛选机

筛选机是用 2~3 层圆孔或长孔筛片，通过动力让曲轴旋转或振动电机振动，带动筛面平行振动，谷子从中间筛层流出，杂质从最上、最下层流出。根据加工能力确定筛面大小，宜选择 3t/h~10t/h，一般选择 2 层~3 层筛片，上孔直径 2. 2mm，下孔直径 1. 1mm。

B. 2. 2　去石机

宜选择吸风式去石机，去石效果好，利于环保。根据加工能力来确定去石机规格，宜选择 5t/h~15t/h。

B. 2. 3　砻谷机

砻谷机是谷子从机器上口流入，通过动力带动胶辊旋转，调节两个胶辊距离，用两个对碾胶辊脱壳，根据实际需要确定砻谷机规格型号。

B. 2. 4　砂辊碾米机

砂辊碾米机有立式和卧式。碾米机是通过内置砂辊旋转，和糙米形成一定摩擦，外围有筛网保护，把糙米表皮的粉末、糠粉磨掉，粉末从筛网外吸出，小米达到一定精度，从机器出米口流出。根据加工能力宜选 3t/h~6t/h。

B. 2. 5　铁辊碾米机

铁辊碾米机有立式和卧式。碾米机是通过内置铁辊旋转，和糙米形成一定摩擦，外围有筛网保护，把糙米表皮的粉末、糠粉磨掉，粉末从筛网外吸出，小米达到一定精度，从机器出米口流出。根据加工能力宜选 3t/h~6t/h。

B. 2. 6　水抛机

通过喷雾、铁辊旋转把小米的糠粉磨掉，使小米表皮形成光膜。根据加工能力宜选 3t/h~6t/h。

B. 2. 7　小米分级筛

磨好的小米，为了保证碎米不超标准和对小米中的小碎米和糠粉、粉垢等进行分级，通过振动电机振动带动筛片振动，把碎米筛出，除去糠粉、粉垢。筛片宜分 2 层，上片孔 2.0mm，下片孔 1.0mm。小米从筛下孔流出，碎米、粉垢等从另一个孔流出。

B.2.8 色选机

色选是通过摄像头成像，通过背景板识别，控制电磁阀喷气。小米通过振动器流至流量板，流下的瞬间把与小米不同颜色的异色粒分离出来。根据加工能力宜选 2.5t/h~6t/h。

B.2.9 包装机

包装机有半自动包装机和自动包装机，内置电子秤，通过振动器加料，电脑计量。根据客户需要包装各种规格的小米。

附录 C
(资料性附录)
小米评定方法

C.1　小米评定方法

C.1.1　评分表

评分表内容见表 C.1。

表 C.1　小米评分表

<table>
<tr><td rowspan="3">样品编号</td><td colspan="2">商品品质（30）</td><td colspan="6">食味品质（70）</td><td rowspan="3">总分</td></tr>
<tr><td rowspan="2">色泽
（15）</td><td rowspan="2">一致性
（15）</td><td colspan="3">小米粥（35）</td><td colspan="3">小米饭（35）</td></tr>
<tr><td>香味
（5）</td><td>感官
（5）</td><td>适口性
（25）</td><td>香味
（5）</td><td>感官
（5）</td><td>适口性
（25）</td></tr>
<tr><td></td><td></td><td></td><td></td><td></td><td></td><td></td><td></td><td></td><td></td></tr>
<tr><td></td><td></td><td></td><td></td><td></td><td></td><td></td><td></td><td></td><td></td></tr>
<tr><td></td><td></td><td></td><td></td><td></td><td></td><td></td><td></td><td></td><td></td></tr>
<tr><td></td><td></td><td></td><td></td><td></td><td></td><td></td><td></td><td></td><td></td></tr>
<tr><td></td><td></td><td></td><td></td><td></td><td></td><td></td><td></td><td></td><td></td></tr>
<tr><td></td><td></td><td></td><td></td><td></td><td></td><td></td><td></td><td></td><td></td></tr>
<tr><td colspan="10">注 1：各品种用相同的米和水（小米粥：小米：水 = 1：12～15，小米饭：小米：水 = 1：1.5），用相同的灶具和相同的时间进行蒸煮，然后根据小米粥、小米饭的香味、感官（包括冷却后回生情况）、适口性等项目进行评分。
注 2：评审专家（20 名以上）进行评分，参评小米（5 个以上）由非参评单位、非评委进行二次编号，评审专家依据上述指标进行集体评价，汇总后总评。舍弃一个最高分和一个最低分，统计总分计算平均值为最终得分，得分超过 85 分为优质米，超过 80 分的为一级、二级小米（同批品鉴的小米，优质米比例不得超过 20%，一级、二级小米不得超过 60%）。
注 3：蒸煮时间为开锅后 20min。
注 4：煮粥炊具为 4.0L 电饭锅。</td></tr>
</table>

第三节　赤峰小米品质分析研究

一、技术指标采用情况

T/NMSP. MZB 01. 2—2019《“蒙”字标农产品认证要求　赤峰小米》规定了“赤峰小米”的谷子栽培技术、谷子品种，仓储、运输规范，产品包装、谷子产地环境质量、加工操作技术、销售管理等核心指标，该标准是“蒙”字标产品认证系列标准之一。标准相关条款采用标准如下：

——第 3 章“产地环境”主要技术指标采纳内蒙古自治区地方标准《“赤峰小米”谷子产地环境要求》；

——第 4 章“生产要求”主要技术指标采纳内蒙古自治区地方标准《“赤峰小米”谷子栽培技术规程》《“赤峰小米”加工操作技术规范》和《“赤峰小米”产品包装规范》；

——第 5 章“品质要求”主要技术指标采纳内蒙古自治区地方标准《赤峰小米》；

——第 6 章“仓储、运输、销售”主要技术指标采纳内蒙古自治区地方标准《“赤峰小米”仓储运输规范》和《“赤峰小米”销售管理规范》。

二、国内先进标准比对分析情况

在小米产地环境质量标准方面，针对空气质量、农田灌溉水质、土壤环境质量、土壤肥料质量都有现行国家标准。GB 3095—2012《环境空气质量标准》规定了空气质量要求；GB 5084—2005《农田灌溉水质标准》规定了农田灌溉水质量要求；GB 15618—2018《土壤环境质量　农用地土壤污染风险管控标准（试行）》规定了农用地土壤质量要求，这三项国家标准是有机产品认证基础标准。在绿色食品认证方面，NY/T 391—2013《绿色食品　产地环境质量》规定了绿色食品产地环境质量要求；T/NMSP. MZB 01. 2—2019《“蒙”字标农产品认证要求　赤峰小米》规定了小米产地水质、土壤、空气质量和产品品质要求。下面是 T/NMSP. MZB 01. 2—2019《“蒙”字标农产品认证要求　赤峰小米》和国家标准、行业标准各项指标比对情况。

（一）灌溉水质要求

在灌溉水质要求方面，T/NMSP. MZB 01. 2—2019《“蒙”字标农产品认证要求 赤峰小米》与 GB 5084—2005《农田灌溉水质标准》、NY/T 391—2013《绿色食品 产地环境质量》各项指标比对情况见表 2-1。

表 2-1 赤峰小米产地环境灌溉水质要求指标比对

项目	GB 5084—2005	NY/T 391—2013	T/NMSP. MZB 01. 2—2019	质量指标比对结果
pH	5. 5~8. 5	7. 5~8. 5	7. 5~8. 5	达到绿色食品标准
总汞/(mg/L)	≤0. 001	≤0. 001	≤0. 0005	领先水平
总镉/(mg/L)	≤0. 01	≤0. 005	≤0. 001	领先水平
总砷/(mg/L)	≤0. 1	≤0. 05	≤0. 001	领先水平
总铅/(mg/L)	≤0. 2	≤0. 1	≤0. 01	领先水平
六价铬/(mg/L)	≤0. 1	≤0. 1	≤0. 01	领先水平
氟化物/(mg/L)	≤2. 0	≤2. 0	≤0. 35	领先水平
化学需氧量(CODcr)/(mg/L)	≤200	≤60	≤45	领先水平
石油类/(mg/L)	≤10. 0	≤1. 0	≤0. 001	领先水平

由表 2-1 可知，T/NMSP. MZB 01. 2 中 pH 指标达到绿色食品标准，总汞、总镉、总砷、总铅、六价铬、氟化物、化学需氧量（CODcr）、石油类 8 项指标均领先于 NY/T 391。建议将 T/NMSP. MZB 01. 2 中总汞、总镉、总砷、总铅、六价铬、氟化物、化学需氧量（CODcr）、石油类 8 项指标列为赤峰地区小米种植的农田灌溉用水水质限定指标，即总汞≤0. 0005mg/L、总镉≤0. 001mg/L、总砷≤0. 001mg/L、总铅≤0. 01mg/L、六价铬≤0. 01mg/L、氟化物≤0. 35mg/L、化学需氧量（CODcr）≤45mg/L、石油类≤0. 001mg/L，以突出赤峰地区优越的水质条件。

（二）土壤环境质量要求

在土壤环境质量要求方面，T/NMSP. MZB 01. 2—2019《“蒙”字标农产品认证要求 赤峰小米》与 GB 15618—2018《土壤环境质量 农用地土壤污染风险管控标准（试行）》、NY/T 391—2013《绿色食品 产地环境质量》各项指标比对情况见表 2-2。

表 2-2 赤峰小米产地环境土壤环境质量要求指标比对

项目	GB 15618—2018	NY/T 391—2013	T/NMSP. MZB 01. 2—2019	质量指标比对结果
总镉/(mg/kg)	≤0. 30	≤0. 30	≤0. 1	领先水平
总汞/(mg/kg)	≤2. 4	≤0. 30	≤0. 01	领先水平
总砷/(mg/kg)	≤20	≤20	≤12	领先水平
总铅/(mg/kg)	≤120	≤50	≤30	领先水平
总铬/(mg/kg)	≤200	≤120	≤70	领先水平
总铜/(mg/kg)	≤100	≤60	≤45	领先水平

由表 2-2 可知，T/NMSP. MZB 01. 2 中总镉、总汞、总砷、总铅、总铬、总铜 6 项指标均领先于 NY/T 391。故建议将 T/NMSP. MZB 01. 2 中总镉、总汞、总砷、总铅、总铬、总铜 6 项指标列为赤峰地区小米种植的土壤环境质量限定指标，即总镉≤0. 1mg/kg、总汞≤0. 01mg/kg、总砷≤12mg/kg、总铅≤30mg/kg、总铬≤70mg/kg、总铜≤45mg/kg，以突出赤峰地区优越的土壤条件。

（三）土壤肥力要求

在土壤肥力要求方面，T/NMSP. MZB 01. 2—2019《"蒙"字标农产品认证要求 赤峰小米》与 NY/T 391—2013《绿色食品 产地环境质量》各项指标比对情况见表 2-3。

表 2-3 赤峰小米产地环境土壤肥力要求指标比对

项目	NY/T 391—2013	T/NMSP. MZB 01. 2—2019	质量指标比对结果
有机质/(g/kg)	<10	>10. 0	领先水平
全氮/(g/kg)	<0. 8	>0. 50	领先水平
有效磷/(mg/kg)	<5	>3. 00	领先水平
速效钾/(mg/kg)	<30	>60	领先水平
阳离子交换量/(cmol/kg)	<30	>8. 00	领先水平

由表 2-3 可知，T/NMSP. MZB 01. 2 中有机质、全氮、有效磷、速效钾、阳离子交换量 5 项指标均领先于 NY/T 391。故建议将 T/NMSP. MZB 01. 2 中有机质、全氮、有效磷、速效钾、阳离子交换量 5 项指标列为赤峰地区小米种植的土壤肥力限定指标，即有机质>10. 00g/kg、全氮>0. 50g/kg、有效磷>3. 00mg/kg、速效钾>60mg/kg、阳离子交换量>8. 00cmol/kg，以突出赤峰地区优越的土壤条件。

（四）加工质量要求

在加工质量要求方面，T/NMSP. MZB 01. 2—2019《“蒙”字标农产品认证要求 赤峰小米》与 GB/T 19503—2008《地理标志产品 沁州黄小米》各项指标比对情况见表 2-4。

表 2-4 赤峰小米产地环境加工质量要求指标比对

<table>
<tr><th colspan="3">项目</th><th>GB/T 19503—2008</th><th>T/NMSP. MZB 01. 2—2019</th><th>质量指标比对结果</th></tr>
<tr><td colspan="3">加工精度（粒面种皮基本脱掉的颗粒）/%</td><td>≥90</td><td>≥93</td><td>领先水平</td></tr>
<tr><td colspan="3">不完善粒/%</td><td>≤1.0</td><td>≤1.0</td><td>达到绿色食品标准</td></tr>
<tr><td rowspan="3">杂质</td><td colspan="2">总量/%</td><td>≤0. 5</td><td>≤0. 3</td><td>领先水平</td></tr>
<tr><td rowspan="2">其中</td><td>未脱皮米粒/%</td><td>≤0. 3</td><td>≤0. 2</td><td>领先水平</td></tr>
<tr><td>矿物杂质/%</td><td>≤0. 02</td><td>≤0. 01</td><td>领先水平</td></tr>
<tr><td colspan="3">碎米/%</td><td>≤4. 0</td><td>≤4. 0</td><td>达到绿色食品标准</td></tr>
<tr><td colspan="3">水分/%</td><td>≤13. 0</td><td>≤13. 0</td><td>达到绿色食品标准</td></tr>
</table>

由表 2-4 可知，T/NMSP. MZB 01. 2 中加工精度（粒面种皮基本脱掉的颗粒）、总量、未脱皮米粒、矿物杂质 4 项指标均领先于 GB/T 19503；不完善粒、碎米、水分3 项指标均达到绿色食品标准。故建议将 T/NMSP. MZB 01. 2 中加工精度（粒面种皮基本脱掉的颗粒）、总量、未脱皮米粒、矿物杂质 4 项指标列为赤峰小米加工质量的限定指标，即加工精度（粒面种皮基本脱掉的颗粒）≥93%、总量≤0. 3%、未脱皮米粒≤0. 2%、矿物杂质≤0. 01%，以突出赤峰地区优越的小米加工质量。

三、赤峰小米营养品质比对

与我国小米品质平均水平相比，“赤峰小米”在营养品质上有其显著特色。2020 年 1 月，农业农村部食物与营养发展研究所受内蒙古自治区标准化院委托，就“蒙”字标农产品认证关键品质指标进行研究。本项目主要对T/NMSP. MZB 01. 2—2019《“蒙”字标农产品认证要求 赤峰小米》中赤峰小米的特色营养指标进行研究，并最终完善其特色营养指标对比分析，下面是赤峰小米与普通小米营养成分比对情况。

（一）赤峰小米与普通小米的蛋白质含量比对

赤峰小米的蛋白质含量为10.66g/100g~12.18g/100g，整体高于普通小米。赤峰小米中天门冬氨酸、谷氨酸、丙氨酸、脯氨酸和亮氨酸5种氨基酸含量均略高于普通小米。赤峰小米中的必需氨基酸含量与氨基酸总量之比（EAA/TAA）是40.57%，高于普通小米、小麦、水稻和玉米。根据联合国粮农组织（FAO）和世界卫生组织（WHO）的理想模式，质量较好的蛋白质其氨基酸的EAA/TAA为40%左右，赤峰小米的必需氨基酸组成符合这一指标，说明赤峰小米蛋白质较为优质，指标比对情况见表2-5。

表2-5　赤峰小米与普通小米的蛋白质含量比对

序号	营养成分	赤峰小米	普通小米
1	蛋白质/(g/100g)	10.66~12.18	9
2	氨基酸（干基）/%	—	—
3	丝氨酸/%	0.60~0.62	0.46
4	缬氨酸/%	0.60~0.62	0.55
5	天门冬氨酸/%	0.78~0.79	0.77
6	谷氨酸/%	2.28~2.30	2.12
7	苯丙氨酸/%	0.82~0.83	0.56
8	苏氨酸/%	0.45~0.46	0.37
9	丙氨酸/%	1.01~1.02	0.91
10	胱氨酸/%	0.14~0.16	0.25
11	异亮氨酸/%	0.50~0.54	0.44
12	蛋氨酸/%	0.28	0.33
13	脯氨酸/%	1.12~0.16	0.74
14	亮氨酸/%	1.90~1.95	1.32
15	精氨酸/%	0.28~0.34	0.36
16	组氨酸/%	0.24	0.19
17	甘氨酸/%	0.30~0.32	0.28
18	酪氨酸/%	0.19~0.22	0.29
19	赖氨酸/%	0.19~0.22	0.2
20	EAA/TAA/%	40.57	37.19

（二）赤峰小米与普通小米的矿物质含量比对

赤峰小米中矿物质含量差异较大，主要与品种差异有关。总体来说，赤峰小米矿物质含量丰富，尤其是镁、锌元素。普通小米中镁含量为107mg/100g，赤峰小米镁含量比普通小米更高，为115mg/100g～344mg/100g。赤峰小米中锌含量也较高，为2.72mg/100g～7.94mg/100g，高于普通小米，指标比对情况见表2-6。

表2-6　赤峰小米与普通小米的矿物质含量比对

序号	矿物质含量	赤峰小米	普通小米
1	镁/(mg/100g)	115～344	107
2	钠/(mg/100g)	1.00～3.00	4.3
3	钙/(mg/100g)	11～31	41
4	磷/(mg/100g)	268～957	229
5	锌/(mg/100g)	2.72～7.94	1.87
6	铜/(mg/100g)	0.50～1.18	0.54
7	铁/(mg/100g)	1.54～4.90	5.1
8	硒/(μg/100g)	0.75～4.80	4.74

（三）赤峰小米与普通小米的脂肪及脂肪酸含量比对

赤峰小米的脂肪含量为1.52g/100g～4.24g/100g，脂肪酸种类较为齐全，并且脂肪酸结构合理，亚油酸（C18：2）含量最高，为63.59%～67.84%，其次是油酸（C18：1）、棕榈酸（C16：0）、硬脂酸（C18：0）、亚麻酸（18：3）、花生酸（C20：0）。据研究表明，由于受气候、土壤等因素影响，我国北方地区小米中不饱和脂肪酸含量高于南方地区小米，指标比对情况见表2-7。

表2-7　赤峰小米与普通小米的脂肪及脂肪酸含量比对

序号	营养成分	赤峰小米	普通小米
1	脂肪/(g/100g)	1.52～4.24	3.1
2	肉豆蔻酸（C14：0)/%总脂肪酸	0.07～0.20	—
3	十五烷酸（C15：0)/%总脂肪酸	0.06～0.13	—
4	棕榈酸（C16：0)/%总脂肪酸	9.06～13.31	30.5
5	十七烷酸（C17：0)/%总脂肪酸	0.10～0.14	—
6	硬脂酸（C18：0)/%总脂肪酸	1.50～6.40	5.1
7	十五烷烯酸（C15：1)/%总脂肪酸	—	—
8	棕榈油酸（C16：1)/%总脂肪酸	0.04～0.10	0.9
9	十七碳一烯酸（C17：1)/%总脂肪酸	—	—

表 2-7（续）

序号	营养成分	赤峰小米	普通小米
10	油酸（C18：1）/% 总脂肪酸	12.75~15.56	13.7
11	花生酸（C20：1）/% 总脂肪酸	0.26~0.37	—
12	亚油酸（C18：2）/% 总脂肪酸	63.59~67.84	28.7
13	亚麻酸（C18：3）/% 总脂肪酸	2.35~3.15	21.1

（四）赤峰小米与普通小米的碳水化合物含量比对

淀粉主要成分是直链淀粉和支链淀粉。赤峰小米中直链淀粉含量最低为 30.81mg/g，均高于普通小米，尤其是赤峰小米中白谷米和黑谷米的直链淀粉含量高，赤峰小米是糖尿病患者的理想食物。胶稠度是影响小米蒸煮食味品质的主要理化指标之一。胶稠度越大，米粥口感越好，赤峰小米的胶稠度均大于 60mm，属于软胶稠度。其中，赤峰黄色小米的胶稠度略高于普通小米，并且高于赤峰小米中其他颜色小米，说明赤峰黄色小米口感较好，指标比对情况见表 2-8。

表 2-8　赤峰小米与普通小米的碳水化合物含量比对

序号	蒸煮特性	赤峰小米					普通小米
		黄色小米	红谷米	绿谷米	白谷米	黑谷米	
1	直链淀粉/(mg/g)	31.81	30.81	31.67	32.52	32.75	28.72
2	胶稠度/mm	93.07	79.80	63.57	83.45	84.33	91.73
3	糊化温度/℃	88.31	87.25	89.68	93.23	92.00	88.49

（五）赤峰小米与普通小米的 β-胡萝卜素、维生素 B_1 含量比对

赤峰小米与普通小米的 β-胡萝卜素、维生素 B_1 指标比对情况见表 2-9。

表 2-9　赤峰小米与普通小米的 β-胡萝卜素、维生素 B_1 含量比对

序号	营养成分	赤峰小米	普通小米
1	β-胡萝卜素/(μg/100g)	62~114	84~102
2	维生素 B_1/(mg/100g)	0.20~0.37	0.33

（六）赤峰小米与普通小米的其他营养物质含量对比

赤峰小米中红谷米、绿谷米的总酚和总黄酮含量较高，不仅高于普通小米而且高于赤峰小米中其他颜色小米。花青素是一种酚类化合物中的类黄酮物质，具有抗氧化能力，是最有效的抗氧化剂。绿谷米中的花青素含量最高，其次是红谷米。可见，赤

峰小米中功能成分含量较高，尤其是红谷米和绿谷米，指标比对情况见表 2-10。

表 2-10　赤峰小米与普通小米的其他营养物质含量比对

序号	功能成分	赤峰小米					普通小米
		黄色小米	红谷米	绿谷米	白谷米	黑谷米	
1	总酚/(mg/g)	1.52	1.70	1.82	1.52	1.61	1.67
2	总黄酮/(mg/g)	9.2	12.58	12.13	6.92	9.19	10.71
3	花青素/(mg/g)	0.26	0.39	0.50	0.25	0.28	0.29

第四节　赤峰小米团体标准实施与应用

一、标准认证内容

（一）检查计划（表 2-11）

表 2-11　检查计划

检查部门、场所、人员、活动	对应标准条款
一、生产技术科、加工现场 （一）原料要求 （二）加工场所要求（含生态环保、基础设施） （三）加工过程要求（含食品防护） （四）产品包装 （五）仓储、运输、销售要求（含食品防护） （六）人员要求 （七）应急准备与响应 （八）人员访谈	T/NMSP. MZB 01.2—2019 中 4.3.1~4.3.3 4.4、6.1~6.5； DB15/T 1700.1—2019 中 6.5、8.2、8.3、11
二、领导层沟通 （一）"蒙"字标总体要求 （二）领导作用 （三）资源 （四）社会责任 （五）持续改进	DB15/T 1700.1—2019 中 4、5、6、10、12

表 2-11（续）

检查部门、场所、人员、活动	对应标准条款
三、办公室 （一）资源（人力资源） （二）人员要求 （三）持续改进	T/NMSP. MZB 01. 2—2019 中 6. 5. 3； DB15/T 1700. 1—2019 中 6. 1、12
四、供销科 （一）原料要求 （二）产品包装 （三）仓储、运输、销售要求 （四）人员访谈	T/NMSP. MZB 01. 2—2019 中 4. 3. 1、 4. 4. 1~4. 4. 3、6. 1~6. 3、6. 5
五、质量科 （一）原料要求 （二）品质要求 （三）检验规则 （四）追溯管理 （五）风险评估 （六）人员访谈	T/NMSP. MZB 01. 2—2019 中 4. 3. 1、 5. 1~5. 4、6. 4； DB15/T 1700. 1—2019 中 8. 1、9
六、生产技术科（办公室部分） （一）种植生产工序记录核查（含产地环境查验、品种选择、栽培技术） （二）核查各工序相应记录文件、加工记录，核算产品产量、追溯管理	T/NMSP. MZB 01. 2—2019 中 3、4、6； DB15/T 1700. 1—2019 中 9

（二）检查内容

1. 检查内容（表 2-12）

表 2-12 检查内容

检查内容
一、总体要求
（一）是否建立并有效实施了“蒙”字标管理体系，并有效运行如质量管理体系、食品安全管理体系等先进的管理体系
（二）是否具备生产经营所必需的可以自主利用的资源和条件
（三）是否具备研究和应用新技术、新方法的能力，推动实现技术创新、管理创新和业态创新
（四）产品质量是否可追溯

表 2–12（续）

检查内容
（五）是否具有独特的地域、环境条件；生产经营过程是否规范
（六）是否传承地域文化，彰显区域人文特色
（七）是否履行社会责任，践行生态文明理念，走可持续发展道路
（八）是否在核心竞争要素方面具有领先优势，在同行业中具有明显的品牌价值示范作用
二、领导作用
（一）最高管理者是否履行标准要求的各项职责
（二）是否制定了战略和战略目标
（三）是否将战略及战略目标转化为实施计划，并贯彻实施
三、资源
（一）是否建立了适宜的人力资源管理制度
（二）是否建立财务资源管理制度，保证资金的供给
（三）是否建立适宜的软硬件信息系统
（四）是否制定和实施技术发展计划
（五）是否建立保障性和预防性维护保养制度
（六）是否制定和实施设施的更新改造计划
（七）是否与相关方建立了共赢的关系
四、生产管理
“蒙”字标产品的产地环境、生产、加工、管理是否符合“蒙”字标产品认证的相关团体标准的要求
五、风险管理
（一）是否进行生产过程对产品、环境、员工福利造成不利影响因素的识别、分析和风险评估
（二）是否建立和实施食品防护计划，并指定专人管理和更新食品防护计划
（三）是否定期进行检查、评估和演练食品防护计划的有效性
（四）是否建立、实施和保持应急准备和响应计划
六、追溯管理
（一）是否建立、实施并保持产品质量安全追溯体系
（二）是否建立并实施追溯信息保存和传输制度
七、社会责任
认证委托人是否履行社会责任，从事各种公益性和非营利性活动
八、生态环保
是否制定并实施生产场所废弃物和污染物管理措施；是否采取了相应的防治措施防止对环境的影响

表2-12（续）

检查内容
九、评价与改进
（一）是否建立并执行了内部检查制度，以保证生产、加工、经营管理体系及生产过程符合标准的要求
（二）是否进行了年度内部检查工作，并形成了检查记录
（三）最高管理者是否按照策划时间进行评审，以确保管理体系持续保持适宜性、有效性
（四）是否利用纠正和预防措施，持续改进其生产和经营管理体系的有效性，促进生产和加工的健康发展，以消除或潜在制约生产、经营的因素

2. 有机产品认证检查

（1）"赤峰小米"种植检查内容（表2-13）

表2-13 "赤峰小米"种植检查内容

检查内容
一、产地环境要求
（一）生产基地生态环境是否满足"赤峰小米"谷子种植的环境要求
（二）生产单元周边环境描述（周边城区、工矿区、交通主干线、工业污染源、生产垃圾场情况）、关注与提供图示是否一致
（三）土壤环境质量是否符合 T/NMSP. MZB 01. 2—2019 中表 2 的规定；土壤 pH 测定是否符合 NY/T 1377 的规定
（四）土壤肥力是否符合 T/NMSP. MZB 01. 2—2019 中表 3 的规定
（五）农田灌溉用水水质是否符合 T/NMSP. MZB 01. 2—2019 中表 1 的规定
（六）环境空气质量是否符合 NY/T 391 的规定；说明评价依据
（七）其他方面：
1. 种植品种是否满足"赤峰小米"谷子品种的要求，包含外观形态指标、种子质量指标、适口性品质指标
2. 选择的品种是否为优质、抗逆并经登记通过的品种；是否符合 T/NMSP. MZB 01. 2—2019 中附录 B 及 GB/T 8232 的规定
3. 种子是否进行包衣处理，若包衣，是否符合 T/NMSP. MZB 01. 2—2019 中 4. 2. 2. 5 的规定
4. 其他方面：
（1）种植基地的基础条件是否满足 T/NMSP. MZB 01. 2—2019 中 4. 2. 1 的规定
（2）"赤峰小米"谷子种植是否按照 T/NMSP. MZB 01. 2—2019 中 4. 2. 1~4. 2. 3 的规定进行播种、种植
（3）"赤峰小米"谷子种植是否按照 T/NMSP. MZB 01. 2—2019 中 4. 2. 4 的规定进行田间管理

表 2-13（续）

检查内容
（4）肥料使用是否符合 NY/T 394 的规定
（5）农事记录是否记录完整
（6）其他方面：
①“赤峰小米”谷子病虫害防治是否按照 T/NMSP. MZB 01. 2—2019 中 4. 2. 5 的规定进行防治
② 病虫害防治记录是否完整
③ 其他方面：
——产品是否包装，若包装，包装材料是否符合国家卫生要求和相关规定，是否使用了可重复利用、回收和生物降解的包装材料（宜使用）；描述并评价（关注包括但不限于使用包装来源、资质符合国家卫生或相关规定要求的证据等）
——包装是否简单实用；描述并评价
——包装物或容器是否接触过禁用物质或有风险存在；描述并评价
——产品是否贮藏，若贮藏，仓库贮藏能力？仓库采取何种清洁措施？仓库采取何种有害生物控制措施？描述并评价有害生物防治措施
——作物收获后，田间残膜的处理方式？
——其他方面

（2）“赤峰小米”加工检查内容（表 2-14）

表 2-14　“赤峰小米”加工检查内容

检查内容
一、原料要求
（一）加工原料是否符合在常温下保存期 1 年、在 0℃以下保存期 2 年的要求
（二）加工前是否进行感官、容重、水分、杂质、纯度的检验，并保存检验记录；描述并评价
（三）加工原料是否符合 GB 2715、GB/T 8232 和 T/NMSP. MZB 01. 2—2019 中表 4 的规定；描述并评价
（四）加工用水水质是否符合 GB 5749 的规定；说明评价依据
二、加工场所要求
（一）加工场所卫生管理是否符合 GB 13122 的规定；描述并评价
（二）加工场所环境是否符合 T/NMSP. MZB 01. 2—2019 中 4. 3. 2. 2 的规定；加工场所周边是否有排放有害气体、烟尘、灰尘、放射性物质及其他扩散性污染物的场所；描述并评价
（三）生产加工区是否与生活区、办公区、化验室分开设置；描述并评价
（四）加工厂房是否合理设计，满足加工流程的需要；人流、物流、消防通道及设施设备是否合理；描述并评价

表 2-14（续）

检查内容
（五）厂区道路是否进行硬化处理，采用混凝土、沥青或其他硬质材料铺设；描述并评价
（六）其他方面：
1. 加工技术是否符合 T/NMSP. MZB 01. 2—2019 中表 5 的规定；描述并评价
2. 加工记录是否完整、真实（包括原料采购、加工记录、贮存记录、检验记录等）；描述并评价
3. 是否建立了完善的记录制度
4. 其他方面：
（1）产品包装材料是否符合 NY/T 658 的规定；包装形式、运输、贮存等环节是否能保证小米的品质；描述并评价
（2）“赤峰小米”产品真空包装是否有渗漏情况，包装是否严密；描述并评价
（3）产品包装是否遵循了减量化原则；包装设计、材料的选用及用量是否符合 GB 23350 的规定；描述并评价
（4）产品包装是否使用可重复使用、回收利用或生物降解的环保包材、容器等；描述并评价（关注包括但不限于使用包装来源、资质符合国家卫生或相关规定要求的证据等）
（5）产品包装废弃物的处理是否符合 GB/T 16716. 1 的规定；描述并评价
（6）产品包装过程是否使用自动或半自动化设备，实现自动定量包装
（7）包装材料及容器是否属于生产许可目录产品，供应商资质及食品生产许可（SC）证是否齐全；描述并评价
（8）产品包装记录是否完整
（9）其他方面：
①“赤峰小米”专用标志是否使用得当；是否属于授权使用单位批准；描述并评价
②产品包装上印制、粘贴的“有机食品标志、绿色食品标志”和商标等是否符合相关法律、法规及标准的要求；描述并评价
③“蒙”字标产品专用标识的使用是否符合“蒙”字标认证的规定；描述并评价
④“赤峰小米”标识标签是否符合 GB 7718 的规定
⑤其他方面：
——产品感官指标是否符合 T/NMSP. MZB 01. 2—2019 中表 6 的规定；描述并评价
——加工质量指标是否符合 T/NMSP. MZB 01. 2—2019 中表 7 的规定；描述并评价
——产品营养指标是否符合 T/NMSP. MZB 01. 2—2019 中表 8 的规定；描述并评价
——产品蒸煮指标是否符合 T/NMSP. MZB 01. 2—2019 中表 9 的规定；描述并评价
——产品中污染物、农药残留和真菌霉素限量是否符合 NY/T 893 的规定；说明评价依据
三、检验规则要求
（一）每批次产品是否进行出厂检验，是否签发合格证；描述并评价

表 2-14（续）

检查内容
（二）出厂检验项目是否包括感官检验和加工质量指标检验
（三）每年是否进行 1 次型式检验，检验是否完整
四、仓储、运输、销售要求
（一）仓库建设是否远离污染源、危险源，避开行洪和低洼水患地区；描述并评价
（二）仓库的围护机构是否能安全承载粮堆及环境的载荷；描述并评价
（三）仓储设施是否具有防虫、防鼠、防火、防盗、防污染设施；是否粘贴安全警示标识及安放温湿度控制设备
（四）产品贮藏是否与有毒、有害物质、含水量高的物质混存贮藏；描述并评价
（五）仓储环境是否符合 GB/T 29402. 1—2012 中第 4 章的规定；描述并评价
（六）仓储技术条件是否符合 T/NMSP. MZB 01. 2—2019 中表 10 的规定；描述并评价
（七）原料、半成品、成品、包装材料是否按性质不同分设贮存场所、分区域堆放，并是否粘贴有仓储标识；描述并评价
（八）原料谷子堆放时，垫板与地面的距离、堆垛与墙壁距离、堆垛间距离是否均满足 T/NMSP. MZB 01. 2—2019 的规定；描述并评价
（九）散积堆放的谷子是否符合 GB/T 2402. 2—2012 中 5. 4 的规定；描述并评价
（十）产品出入库是否遵循“先进先出”的原则；描述并评价
（十一）产品运输工具是否符合食品安全要求；运输工具的铺垫层、遮盖物是否无毒无害
（十二）产品运输是否使用专用运输工具，在装载产品前是否对其进行清洁；描述并评价清洁方式
（十三）是否制定了运输管理要求
（十四）其他方面
五、有害生物的控制
仓储、运输过程有害生物的控制是否符合 GB/T 29402. 3 的规定；仓库、运输采取何种有害生物控制措施；描述并评价有害生物防治措施
六、检验规则
仓储、运输检验规则是否符合 T/NMSP. MZB 01. 2—2019 的规定，包括水分、温度、湿度、粮温等测定
七、销售
（一）产品进货时，经销商是否验收产品合格证、进行检验等；是否留存有验收证明材料；描述并评价
（二）经销者是否记录产品的信息，并进行描述评价
（三）销售场所是否与“赤峰小米”规模相适宜；食品与非食品销售区域是否分开设置
（四）销售贮存场所是否对有毒、有害污染源进行了有效隔离；贮存场所的环境是否适宜

表 2-14（续）

检查内容
（五）是否定期对库存进行检查；是否对超保质期的“赤峰小米”及时清除
八、人员管理
（一）销售者是否配备食品安全专业技术人员、管理人员；是否建立完善的食品安全管理制度
（二）食品安全管理制度是否与经营规模、设施设备和食品的种类特性相适宜
（三）管理人员是否具有必备的知识、技能和经验；描述并评价
九、记录和文件管理
（一）加工过程中原料采购、加工、贮存、检验、销售等记录是否完整、真实；描述并评价
（二）发生召回的产品是否进行记录，对发生召回的原因及整改方案是否有详细记录
（三）是否建立客户投诉处理机制
（四）记录文件的方式
（五）是否对产品出入库进行记录，包括出入库产品的名称、种类、等级、批次、数量、质量、包装情况、运输方式等
（六）是否对贮藏设施、设备、容器进行登记
（七）其他方面

（三）指标检测报告（表 2-15）

表 2-15　指标检测报告

检测依据标准	检测指标	认证企业对应情况
T/NMSP. MZB 01. 2—2019 中 5. 1	色泽	
	气味	
	粒形	
T/NMSP. MZB 01. 2—2019 中 5. 2. 1	加工精度	
	不完善粒	
	杂质总量	
	碎米	
	水分	

表2-15（续）

检测依据标准	检测指标	认证企业对应情况
T/NMSP. MZB 01. 2—2019 中 5. 2. 2	蛋白质	
	粗脂肪	
	维生素 B_1	
	维生素 E	
T/NMSP. MZB 01. 2—2019 中 5. 2. 3	直链淀粉	
	胶稠度	
	蒸煮品质评分	
NY/T 893 中 4. 6	砷	
	汞	
	敌敌畏	
	乐果	
	溴氰菊酯	
	烯唑醇	
	磷化物	
NY/T 893 中附录 A	铅	
	镉	
	铬	
	甲霜灵	
	腈菌唑	
	灭幼脲	
	辛硫磷	
	黄曲霉毒素 B_1	
	赭曲霉毒素 A	

二、标准应用效益

T/NMSP. MZB 01. 2—2019《“蒙”字标农产品认证要求　赤峰小米》已于2019年底发布实施。该团体标准的发布实施，取得了良好的经济效益、社会效益和品牌效益。

经济效益方面，农业的发展，对增加农民收入、推动农业经济发展起到了关键作用。“赤峰小米”作为赤峰地区农贸产业的主要产品，对推动当地经济起到了重要作用。长期以来，赤峰地区对"赤峰小米"的种植方式还是依据农民的日常经验，没有相应种植生产依据，缺乏相应统一的规范。T/NMSP. MZB 01. 2—2019《"蒙"字标农产品认证要求　赤峰小米》的发布实施，为当地小米种植户和小米加工企业提供了有效依据。标准规范了"赤峰小米"种植的关键技术指标，技术指标科学合理，直接保证了"赤峰小米"的品质，间接提高了"赤峰小米"产品附加值，从而带动当地小米种植户的积极性，极大地提高了小米种植户和加工企业的经济收入，真正实现了小米种植户、小米加工企业的经济效益的最大化。

社会效益方面，"赤峰小米"作为赤峰地区主要的农贸产品，已经纳入地理标志产品。小米品质的高低直接影响到"赤峰小米"的销量和消费者认可度。目前，小米消费市场上品牌众多，消费者选择小米品牌没有相应的选择依据。T/NMSP. MZB 01. 2—2019《"蒙"字标农产品认证要求　赤峰小米》的发布实施，规范了"赤峰小米"的品质要求，消费者在选择小米时有了相应的依据，提高了消费者满意度，取得了良好的社会效益。

品牌效益方面，"赤峰小米"作为赤峰地区的主打产品，品牌众多。如何发挥企业优势、提高品牌知名度成为每个企业的努力目标。对于一些生产高质量"赤峰小米"的企业没有认证依据的情况，"蒙"字标认证为提高企业品牌效应提供了指导性依据。T/NMSP. MZB 01. 2—2019《"蒙"字标农产品认证要求　赤峰小米》的发布实施，为企业对"赤峰小米""蒙"字标认证提供了有效依据，极大地提高了消费者对企业品牌的认可度，对于提高小米和加工企业品牌效益起到了关键作用。

第三章 乌兰察布马铃薯

第一节　乌兰察布马铃薯概述

内蒙古自治区是中国最大的马铃薯种植区，马铃薯在内蒙古自治区的种植范围主要集中在阴山南麓地带。乌兰察布有“草原云谷”“中国草原避暑之都”“空中三峡风电之都”“吉祥草原、神舟家园”“草原皮都”“中国燕麦之都”“中国草原酸奶之都”“中国最美养生休闲旅游城市”等美称。乌兰察布种植马铃薯历史悠久，素有内蒙古三件宝——“莜面、山药（马铃薯）、羊皮袄”之称。乌兰察布身居内地，远离海洋，属中温带半干旱大陆性季风气候，是发展马铃薯产业的理想区域。冬季寒冷漫长，多刮大风；夏季短促，雨量偏少，气候干燥，日照充足，使得乌兰察布马铃薯质量优、淀粉含量高。其块茎大、表皮光滑、皮色好、整齐度高、薯形好、干物质含量高、无污染、退化轻、病虫害少。乌兰察布适宜的自然环境、悠久的历史渊源以及便利的交通条件为当地马铃薯生长发育和对外发展提供了得天独厚的优越条件。

乌兰察布马铃薯主要品种有“克新一号”“紫花白”“大西洋”“夏波蒂”“费乌瑞它”“底西芮”“早大白”“坝薯十号”“冀张薯 5 号”等。乌兰察布马铃薯种植面积一直稳定在 400 万亩以上，总产量达到 400 万吨以上，约占全国马铃薯年均种植面积和总产量的 6%。乌兰察布是全国重要的种薯、商品薯种植和加工专用薯生产基地，被誉为“中国马铃薯之都”。乌兰察布马铃薯是国家地理证明商标产品和农产品地理标志产品。2015 年，乌兰察布“全国马铃薯种薯产业知名品牌创建示范区”通过初审，获批筹建。

乌兰察布作为全国马铃薯生产大市，制定了《"蒙"字标农产品认证要求　乌兰察布马铃薯　鲜食型》和《"蒙"字标农产品认证要求　乌兰察布马铃薯　种薯》2项团体标准，对树立乌兰察布马铃薯品牌影响力和"蒙"字标产品推广及"蒙"字标认证具有积极作用。

第二节　T/NMSP. MZB 01. 3—2019《"蒙"字标农产品认证要求　乌兰察布马铃薯　鲜食型》

通过广泛调研分析、研讨及与专家咨询、广泛征求意见完成了T/NMSP. MZB 01. 3—2019《"蒙"字标农产品认证要求　乌兰察布马铃薯　鲜食型》的制定工作，确保标准制定的规范性，适应产业发展。T/NMSP. MZB 01. 3—2019《"蒙"字标农产品认证要求　乌兰察布马铃薯　鲜食型》的制定旨在对"蒙"字标产品的认证，进一步提高乌兰察布马铃薯品质和市场竞争力，促进乌兰察布马铃薯产业经济稳定持续增长，提高企业产品质量，使内蒙古自治区的优势特色产品经过"蒙"字标认证走向全国、走向国际。

ICS 65.020.20
B 05

团　体　标　准

T/NMSP.MZB 01.3—2019

“蒙”字标农产品认证要求 乌兰察布马铃薯　鲜食型

“Nei Meng Gu Brand” certification requirements of agricultural products—Ulanqab potato—Table type

2019-10-16 发布　　2019-11-01 实施

内蒙古标准发展促进会　发布

前　言

本标准按照 GB/T 1. 1—2009 给出的规则起草。

本标准由内蒙古标准发展促进会提出并归口。

本标准主要起草单位：内蒙古自治区标准化院、内蒙古农业大学、乌兰察布市种子管理站、乌兰察布职业学院、内蒙古民丰种业有限公司、乌兰察布市产品质量计量检验所、乌兰察布市农畜产品质量安全监督管理中心、内蒙古自治区马铃薯生产与种植标准化技术委员会、乌兰察布市农业技术推广站、内蒙古中加农业生物科技有限公司、乌兰察布市土肥站。

本标准主要起草人：王娟、陈建保、王嘉睿、毕超、胡俊、张蒙、赵玉平、郭大伟、张智宇、张欣、贾安、韩伟、吴凯龙、李慧成、王荣贵、石宇、张存飞、俎爱忠、侯昕、王敏、常菲、吕云霞、弓钦、云娜娜。

引　言

本标准是“蒙”字标产品认证标准之一。

本标准相关条款采用标准如下：

——第 3 章“产地环境”主要技术指标采纳内蒙古自治区地方标准《“乌兰察布马铃薯”产地环境要求》；

——第 4 章“品种选择”主要技术指标采纳内蒙古自治区地方标准《“乌兰察布马铃薯”品种选择标准》；

——第 5 章“种植技术”主要技术指标采纳内蒙古自治区地方标准《“乌兰察布马铃薯”旱地种植技术规程》《“乌兰察布马铃薯”水浇地种植技术规程》和《“乌兰察布马铃薯”主要病虫草害绿色防控技术规程》；

——第 6 章“品质”主要技术指标采纳内蒙古自治区地方标准《“乌兰察布马铃薯”鲜食薯质量标准》；

——第 7 章“包装与标识”主要技术指标采纳内蒙古自治区地方标准《“乌兰察布马铃薯”鲜食薯包装与标识》；

——第 8 章“贮藏运输技术”主要技术指标采纳内蒙古自治区地方标准《“乌兰察布马铃薯”鲜食薯贮藏技术规程》；

——第 10 章“记录与追溯”主要技术指标采纳内蒙古自治区地方标准《“乌兰察布马铃薯”质量追溯技术规程》。

“蒙”字标农产品认证要求
乌兰察布马铃薯　鲜食型

1　范围

本标准规定了乌兰察布马铃薯（鲜食型）“蒙”字标认证的产地环境、品种选择、种植技术、品质、包装与标识、贮存运输技术、质量手册和记录与追溯。

本标准适用于乌兰察布马铃薯（鲜食型）“蒙”字标认证。

2　规范性引用文件

下列文件对于本文件的应用是必不可少的。凡是注日期的引用文件，仅注日期的版本适用于本文件。凡是不注日期的引用文件，其最新版本（包括所有的修改单）适用于本文件。

GB/T 4892　硬质直方体运输包装尺寸系列

GB 5009.3　食品安全国家标准　食品中水分的测定

GB 5009.4　食品安全国家标准　食品中灰分的测定

GB 5009.5　食品安全国家标准　食品中蛋白质的测定

GB 5009.12　食品安全国家标准　食品中铅的测定

GB 5009.15　食品安全国家标准　食品中镉的测定

GB/T 5009.19　食品中有机氯农药多组分残留量的测定

GB/T 5009.20　食品中有机磷农药残留量的测定

GB 5009.86　食品安全国家标准　食品中抗坏血酸的测定

GB 5009.88　食品安全国家标准　食品中膳食纤维的测定

GB/T 5009.102　植物性食品中辛硫磷农药残留量的测定

GB/T 5009.103　植物性食品中甲胺磷和乙酰甲胺磷农药残留量的测定

GB/T 5009.136　植物性食品中五氯硝基苯残留量的测定

GB/T 5009.145　植物性食品中有机磷和氨基甲酸酯类农药多种残留的测定

GB/T 5009.146　植物性食品中有机氯和拟除虫菊酯类农药多种残留量的测定

GB/T 5009.175　粮食和蔬菜中2，4-滴残留量的测定

GB/T 5009.188　蔬菜、水果中甲基托布津、多菌灵的测定

GB 5737　食品塑料周转箱

GB/T 6543　运输包装用单瓦楞纸箱和双瓦楞纸箱

GB 6920　水质　pH 值的测定　玻璃电极法

GB 7467　水质　六价铬的测定　二苯碳酰二肼分光光度法

GB 7475　水质　铜、锌、铅、镉的测定　原子吸收分光光度法

GB 7484　水质　氟化物的测定　离子选择电极法

GB 7485　水质　总砷的测定　二乙基二硫代氨基甲酸银分光光度法

GB/T 8946　塑料编织袋通用技术要求

GB/T 17138　土壤质量　铜、锌的测定　火焰原子吸收分光光度法

GB/T 17141　土壤质量　铅、镉的测定　石墨炉原子吸收分光光度法

GB/T 20769　水果和蔬菜中 450 种农药及相关化学品残留量的测定　液相色谱-串联质谱法

GB/T 22105.1　土壤质量　总汞、总砷、总铅的测定　原子荧光法　第 1 部分：土壤中总汞的测定

GB/T 22105.2　土壤质量　总汞、总砷、总铅的测定　原子荧光法　第 2 部分：土壤中总砷的测定

GB 23200.8　食品安全国家标准　水果和蔬菜中 500 种农药及相关化学品残留量的测定　气相色谱-质谱法

HJ/T 51　水质　全盐量的测定　重量法

HJ 491　土壤和沉积物　铜、锌、铅、镍、铬的测定　火焰原子吸收分光光度法

HJ 597　水质　总汞的测定　冷原子吸收分光光度法

HJ 637　水质　石油类和动植物油类的测定　红外分光光度法

HJ 828　水质　化学需氧量的测定　重铬酸盐法

LY/T 1232　森林土壤磷的测定

LY/T 1234　森林土壤钾的测定

LY/T 1243　森林土壤阳离子交换量的测定

NY/T 58　民用火炕性能试验方法

NY/T 391—2013　绿色食品　产地环境质量

NY/T 394　绿色食品　肥料使用准则

NY/T 761　蔬菜和水果中有机磷、有机氯、拟除虫菊酯和氨基甲酸酯类农药多残留的测定

NY/T 1121.6　土壤检测　第 6 部分：土壤有机质的测定

NY/T 1275 蔬菜、水果中吡虫啉残留量的测定

NY/T 1377 土壤 pH 的测定

NY/T 1379 蔬菜中 334 种农药多残留的测定 气相色谱质谱法和液相色谱质谱法

NY/T 1430 农产品产地编码规则

NY/T 1453 蔬菜及水果中多菌灵等 16 种农药残留测定 液相色谱-质谱-质谱联用法

SB/T 10577 鲜食马铃薯流通规范

SL 355 水质 粪大肠菌群的测定——多管发酵法

3 产地环境

3.1 地域要求

乌兰察布现辖行政区域内。

3.2 气候要求

中温带干旱、半干旱大陆性季风气候。年平均气温 2.1℃～5.9℃，大于或等于 10℃积温 1704℃～2624℃。年平均日照时数 2787h～3086h。年平均降水量 312mm～406mm，相对湿度 51%～59%。

3.3 空气质量要求

马铃薯产地环境空气质量应符合 NY/T 391—2013 中第 5 章的规定。

3.4 灌溉水质要求

马铃薯产地灌溉水质量指标应符合表 1 的规定。

表 1 灌溉水质量指标

项目	浓度限值（指标）	检测方法
pH	6.5～8.5	GB 6920
总镉/(mg/L)	≤0.005	GB 7475
总砷/(mg/L)	≤0.01	GB 7485
总铅/(mg/L)	≤0.01	GB 7475
六价铬/(mg/L)	≤0.05	GB 7467
总汞/(mg/L)	≤0.001	HJ 597
化学需氧量（CODcr）/(mg/L)	≤60	HJ 828
全盐量/(mg/L)	≤1000（非盐碱地区）； ≤2000（盐碱地区）	HJ/T 51

表1（续）

项目	浓度限值（指标）	检测方法
氟化物/(mg/L)	≤1.2	GB/T 7484
石油类/(mg/L)	≤1.0	HJ 637
粪大肠菌群/(个/L)	≤10000	SL 355

3.5 土壤质量要求

3.5.1 土壤环境质量要求

马铃薯产地土壤环境质量应符合表2的规定。

表2 土壤环境质量指标

项目	含量限值（指标）			检测方法
	pH<6.5	pH6.5~7.5	pH>7.5	NY/T 1377
总汞/(mg/kg)	≤0.25	≤0.30	≤0.35	GB/T 22105.1
总砷/(mg/kg)	≤20	≤20	≤15	GB/T 22105.2
总镉/(mg/kg)	≤0.25	≤0.25	≤0.30	GB/T 17141
总铅/(mg/kg)	≤40	≤40	≤40	GB/T 17141
六价铬/(mg/kg)	≤100	≤100	≤100	HJ 491
总铜/(mg/kg)	≤50	≤60	≤60	GB/T 17138

3.5.2 土壤肥力要求

马铃薯产地土壤肥力要求应符合表3的规定。

表3 土壤肥力指标要求

项目	含量限值（指标）	检测方法
有机质/(g/kg)	>15	NY/T 1121.6
全氮/(g/kg)	>1.0	NY/T 1121.24
有效磷/(mg/kg)	>10	LY/T 1232
有效钾/(mg/kg)	>100	LY/T 1234
阳离子交换量/(cmol/kg)	15~20	LY/T 1243

4 品种选择

4.1 生育期要求

马铃薯按生育期可分为极早熟品种、早熟品种、中早熟品种、中熟品种、中晚熟品种和晚熟品种，“乌兰察布马铃薯”生产区属于一季作区，生育期宜选用120d之内的品种。各品种生育期见表4。

表4 马铃薯各品种生育期

分类	生育期
极早熟品种	60d以内
早熟品种	61d~70d
中早熟品种	71d~85d
中熟品种	86d~105d
中晚熟品种	106d~120d
晚熟品种	120d以上

4.2 品种要求

乌兰察布马铃薯（鲜食型）品种要求应符合表5的规定。

表5 乌兰察布马铃薯（鲜食型）品种要求

感官指标	理化指标	生物学特性
商品薯率≥85%； 薯块整齐度≥80%； 虫蚀、冻伤、腐烂等薯块≤5%	淀粉含量≥13.0%； 干物质含量≥17.7%； 蛋白质含量≥1.5%； 维生素C含量≥13.6mg/100g	薯形规则，表皮光滑，芽眼浅，薯肉黄色或浅黄色。见光不易变绿、薯皮较厚、对水肥不敏感

5 种植技术

5.1 旱地种植

5.1.1 选地

以休闲地或豆类、麦类、牧草为前茬，选用土质较轻、土层深厚、通透性较好的地块。

5.1.2 整地

5.1.2.1 旱地马铃薯采取一年压青，一年种植的模式，第一年种植压青作物，经过一年的压青、整地准备，第二年进行马铃薯种植。

5.1.2.2 初伏翻地压青：第一年初伏期进行土壤深翻30cm~40cm，将压青作物翻到耕作层内，避免漏耕，不出现硬块，深浅一致。

5.1.2.3 末伏耕地：第一年末伏期深耕30cm~40cm，避免漏耕，不出现硬块，深浅一致，结合耕地施入充分腐熟的有机肥1 $m^3/667m^2$~2 $m^3/667m^2$。

5.1.2.4　三九滚地：第一年在“三九”天用镇压器压碎地表土块，弥合地表裂缝。

5.1.2.5　顶凌耙耱：在耕地地表刚刚解冻时，对耕地进行耙耱。

5.1.3　施肥

播种时，施纯 N 5kg/667m^2~7.5kg/667m^2、P_2O_5 2kg/667m^2~3kg/667m^2、K_2O 5kg/667m^2~10kg/667m^2，应使用缓控释肥。

5.1.4　种薯处理

5.1.4.1　催芽

种薯于播前 10d~15d 出库，10℃~15℃下催芽至芽眼可见小白点（芽）。

5.1.4.2　切刀消毒

同 5.3.1.1。

5.1.4.3　切种

50g 以上种薯需切块播种，切块质量 50g 左右，切种应在播种前 2d 进行，宜用 30g~50g 小整薯做种薯。

5.1.4.4　拌种

同 5.3.1.2。

5.1.5　播种

5.1.5.1　播种期

当 10cm 土层的地温稳定在 7℃~8℃，日平均气温达到 5℃时进行播种。

5.1.5.2　播种深度

根据土壤质地及墒情确定播种深度，一般 8cm~12cm，砂土适当加深，黏土略浅，墒情不好时加深，墒情好时略浅。

5.1.5.3　播种密度

采用平作方式播种，行距 50cm~60cm，株距 50cm，保苗 2000 株/667m^2~2500 株/667m^2。

5.1.6　田间管理

苗高 10cm~15cm 时进行第一次中耕培土，培土高度 5cm 以上，配合中耕除草。第一次中耕 10d~15d 后进行第二次中耕除草培土，培土高度 3cm。

5.1.7　收获

适时收获。收获过程中应避免机械损伤，避免在雨天和土壤湿度大时收获，收获后薯块避免雨淋、阳光暴晒、冻伤。

5.2　水浇地种植

5.2.1　选地与整地

5.2.1.1　选择土层深厚、土壤疏松的砂壤土或壤土；土壤 pH 小于 8.5，地面平坦或坡度小于15°，适合机械化作业。

5.2.1.2 轮作倒茬：与小麦、玉米、豆类等非茄科作物实行3年以上轮作倒茬。

5.2.1.3 整地：播前进行耕翻或深松，耕翻深30cm~35cm，深松40cm~45cm，宜选用秋耕地。

5.2.2 **种薯处理**

5.2.2.1 切种：50g以上种薯需切块播种，切块质量50g左右，切种应在播种前2d进行，也可用30g~50g小整薯做种薯。

5.2.2.2 同5.3.1.1。

5.2.2.3 同5.3.1.2。

5.2.3 **播种**

5.2.3.1 播种时间：当10cm土层地温稳定在7℃~8℃，日平均气温达到5℃时进行播种。

5.2.3.2 播种深度：高垄滴灌播种后薯块到垄顶距离12cm~14cm，膜下滴灌薯块到膜面距离10cm~12cm。砂土适当加深，黏土略浅。

5.2.3.3 播种密度：高垄滴灌垄距90cm，大垄双行膜下滴灌垄距130cm~150cm，膜上行距30cm~40cm。早熟品种4000株/667m^2~4500株/667m^2，中熟品种3500株/667m^2~3800株/667m^2。

5.2.3.4 滴灌带、地膜选择：尽量使用贴片式滴灌带，滴头流量1.5L/h~2L/h；膜下滴灌地膜使用80cm宽、0.01mm以上厚度黑膜。

5.2.4 **施肥**

5.2.4.1 施肥应符合NY/T 394的规定。

5.2.4.2 肥料种类的选择以有机肥料、微生物肥料为主，施充分腐熟的有机肥3m^{3}以上，施纯N 15kg/667m^2~20kg/667m^2、P_2O_5 8kg/667m^2~12kg/667m^2、K_2O 20kg/667m^2~30kg/667m^2，应用高效新型肥料、水肥一体化技术。

5.2.5 **中耕**

高垄滴灌在播种后20d左右进行第一次中耕，顶部培土厚度3cm~5cm，尽量在出苗达20%前完成。苗高15cm~20cm时进行第二次中耕，培土厚度2cm~3cm；膜下滴灌在播种后15d左右进行第一次中耕，培土厚度2cm~3cm，保证地膜被土全部覆盖。苗高15cm~20cm时进行第二次中耕，主要进行两侧覆土和垄沟除草。

5.2.6 **灌溉**

按照马铃薯不同生育期需水规律进行灌溉，湿润深度40cm~50cm，避免过量灌溉，7d~10d灌水一次，每次灌水量15m^3~20m^3，整个生育期灌水7~10次；苗期土壤湿度达到土壤最大持水量的65%~70%，开花期到薯块膨大期达到土壤最大持水量的

80%~85%，淀粉积累期达到土壤最大持水量的75%~80%；收获前15d停止灌溉。

5.2.7　杀秧

收获前7d~10d进行机械杀秧，留茬高度5cm左右。

5.2.8　收获

杀秧后7d~10d，当马铃薯植株大部分枯死、薯皮已木栓化时进行收获；收获时，田间持水量控制在55%~60%，调整好收获机械，减少机械损伤。

5.3　病虫草害防治

5.3.1　种薯处理

5.3.1.1　切种：尽量采用小整薯播种。大于50g的种薯进行切种。每个切块人员备2~3把切刀。每切一薯采用75%酒精浸蘸切刀消毒，也可用0.3%~0.4%的高锰酸钾浸泡切刀6min~8min消毒。切到病薯时要淘汰病薯并进行切刀消毒。机械切种时也要对刀片喷洒消毒液进行消毒。

5.3.1.2　拌种：每亩种薯用高于每克2×10^8个孢子哈茨木霉菌粉剂500g和600g/L吡虫啉悬浮剂50ml均匀拌种，晾干后播种。

5.3.2　适时晚播

为预防黑痣病，在不影响马铃薯生长的无霜期内、10cm土层地温稳定在10℃~12℃时播种。播种时，沟喷25%嘧菌酯悬浮剂，每亩40mL~60mL。

5.3.3　除草

通过人工除草及适时中耕机械除草。

5.3.4　主要病害防控

5.3.4.1　晚疫病

田间设置马铃薯晚疫病检测仪，对晚疫病提前2~3周进行预警，做到精准施药。当达到发病条件时，用80%代森锰锌可湿性粉剂600倍液均匀喷雾进行预防，7d~10d一次，喷施2次。当田间出现零星病斑时，用59%烯酰·霜霉威悬浮剂800倍液或687.5g/L氟菌·霜霉威悬浮剂600倍液均匀喷雾进行控制，7d一次，喷施2~3次。每亩用水量至少30L，配药时加入有机硅等助剂。

5.3.4.2　早疫病、炭疽病

避免马铃薯后期脱肥；当田间湿度大、早疫病或炭疽病有扩展蔓延趋势时，用80%代森锰锌可湿性粉剂600倍液均匀喷雾进行预防，也可用42.4%唑醚·氟酰胺悬浮剂1000倍液或250g/L嘧菌酯悬浮剂600倍液、70%肟菌·戊唑醇水分散粒剂1000倍液、70%丙森锌可湿性粉剂600倍液、18.7%烯酰·吡唑酯水分散粒剂1500倍液均匀喷雾，7d~10d一次，喷施2~3次。每亩用水量至少30L，配药时加入有机硅等助剂。

5.3.4.3 贮存期病害

收获前促进薯皮老化；收获时避免造成机械伤；贮存前应把贮窖打扫干净，并用石灰水喷雾进行全方位消毒处理；贮存期间合理控制温、湿度。

5.3.5 主要害虫防控

5.3.5.1 地下害虫

施用的有机肥要充分腐熟；每亩用20kg绿僵菌与有机肥混匀施用，对蛴螬有较好的防效；用黑光灯诱杀地老虎成虫。

5.3.5.2 芫菁（斑蝥）、二十八星瓢虫

加强调查，在芫菁（斑蝥）、二十八星瓢虫快要进地前在地块外围均匀喷施4.5%高效氯氰菊酯乳油1000倍液。

5.3.5.3 蚜虫

在蚜虫点片发生时，喷洒1%苦参碱可溶性液剂1200倍液或0.3%苦参碱纳米技术改进型2200倍液、0.5%印楝素乳油800倍液。

6 品质

6.1 外观质量要求

乌兰察布马铃薯（鲜食型）应具有新鲜、光滑、形态正常、大小均匀、色泽良好、芽眼清洁、无腐烂、无霉变、无异味、无发芽、无病虫害症状、无机械损伤和青皮薯，外观质量分级符合表6的规定。

表6 乌兰察布马铃薯（鲜食型）外观质量分级

级别	项目								
	外观								单个薯块质量/g
	均匀度/%	色泽	光滑度	芽眼深浅	外部缺陷/%	青皮/%	腐烂/%	发芽	
一级	≥98	鲜亮	好	浅（深度<1mm）	0	0	0	0	200~500
二级	≥95	鲜亮	较好	浅（深度<1mm）	≤5	≤0.5	≤0.5	0	150~200

注1：发芽指标不适用于休眠期短的品种。

注2：本表中质量指标不适用于品种特性结薯小的马铃薯品种。

6.2　内部质量要求

乌兰察布马铃薯（鲜食型）内部质量要求符合表7的规定。

表7　乌兰察布马铃薯（鲜食型）内部质量要求

级别	内部质量项目		
	空心/%	黑心/%	内部变色/%
一级	0	0	0
二级	≤2	≤1	≤1

6.3　营养指标

乌兰察布马铃薯（鲜食型）营养指标要求符合表8的规定。

表8　乌兰察布马铃薯（鲜食型）营养指标要求

项目	营养指标	检测方法
干物质含量/%	≥18	GB 5009.3
蛋白质/%	≥1.7	GB 5009.5
维生素 C/(mg/100g)	≥20	GB 5009.86
膳食纤维/(g/100g)	≥2.1	GB 5009.88
矿物质/(g/100g)	≥1.0	GB 5009.4
注：本表中的营养指标数据以占鲜薯比例。		

6.4　卫生安全指标

乌兰察布马铃薯（鲜食型）卫生安全指标应符合表9的规定。

表9　乌兰察布马铃薯（鲜食型）卫生安全指标

项目	残留限量/(mg/kg)	检测方法
铅	≤0.1	GB 5009.12
镉	≤0.05	GB 5009.15
※甲拌磷	不得检出	GB/T 5009.145
氯氰菊酯	≤0.01	GB/T 5009.146
六六六（BHC）	不得检出	GB/T 5009.19
硫丹	不得检出	NY/T 761
涕灭威	不得检出	NY/T 761

表9（续）

项目	残留限量/(mg/kg)	检测方法
克百威	不得检出	NY/T 761
敌敌畏	不得检出	NY/T 761
敌百虫	不得检出	GB/T 20769
乐果	不得检出	GB/T 20769
溴氰菊酯	≤0.01	NY/T 761
毒死蜱	≤0.01	NY/T 761
三唑酮	≤0.01	NY/T 761
辛硫磷	≤0.01	GB/T 5009.102
抗蚜威	≤0.01	NY/T 1379
嘧菌酯	≤0.1	NY/T 1453
多菌灵	≤0.1	GB/T 5009.188
吡虫啉	≤0.2	NY/T 1275
2,4-D	≤0.2	GB/T 5009.175
※氰戊菊酯	≤0.01	GB/T 5009.146
※甲胺磷	不得检出	GB/T 5009.103
※五氯硝基苯	≤0.1	GB/T 5009.136
※氧化乐果	不得检出	GB/T 5009.20
※呋喃丹	不得检出	GB 23200.8
注：打※号为必测项目，其他项目可根据田间施用农药情况而定。		

7 包装与标识

7.1 包装要求

同一包装内的马铃薯产品的产地、品种、等级应一致；包装内马铃薯产品可视部分应具有整个包装产品的代表性。包装的体积应限制在最低水平，在保证产品盛装和保护产品运输、贮藏与销售的前提下，应首先考虑尽量减少材料使用总量。

7.2 包装设备

包装设备及包装机械指完成全部或部分包装过程的机器设备。包装过程包括充填、裹包、封口等主要工序及其相关的前后工序，如清洗、堆码、拆卸、计量等工序。

7.3　包装材料

7.3.1　包装印刷标志的油墨或标签的黏合剂应无毒，且不可直接接触马铃薯鲜食薯。

7.3.2　纸类包装材料应使用不涂蜡、不上油、不涂塑料等防潮材料和不用油性油墨做标记。

7.3.3　塑料包装材料应使用不含氟氯烃化合物（CFS）的发泡聚苯乙烯（EPS）、聚氨酯（PUR）、聚氯乙烯（PVC）的产品。

7.3.4　优先使用可重复利用、可回收利用或可降解的包装材料。

7.3.5　包装材料应无毒、清洁、干燥、无污染、无异味，具有一定的通透性、防潮性、抗压性和环保性。

7.4　包装容器

7.4.1　包装容器的尺寸、形状要适应马铃薯鲜食薯流通的需要，包装尺寸符合GB/T 4892的规定。

7.4.2　包装使用的单瓦楞纸箱和双瓦楞纸箱应符合 GB/T 6543 的规定，塑料周转箱应符合 GB/T 5737 的规定，塑料编织袋应符合 GB/T 8946 的规定。

7.4.3　包装容器种类、材料及适用范围见表 10。

表 10　包装容器种类、材料及适用范围

种类	材料	适用范围
塑料周转箱	高密度聚乙烯、聚苯乙烯	各种鲜食马铃薯产品
纸箱	瓦楞板纸	经过分选、分级后的鲜食马铃薯
网袋	天然纤维或合成纤维、聚乙烯、聚苯乙烯等	各种鲜食马铃薯产品
编织袋	天然纤维或合成纤维、聚乙烯、聚苯乙烯等	各种鲜食马铃薯产品
塑料袋	聚乙烯等	各种鲜食马铃薯产品
发泡塑料箱	可发性聚乙烯、可发性聚丙乙烯	礼品及分级后高档鲜食马铃薯

7.5　包装方法

7.5.1　根据包装容器规格（袋、箱等），采用随机排列方式包装。

7.5.2　根据包装容器性能不同，选择放置高度，减少产品的挤压和损伤。

7.5.3　每个包装件的重量可根据客户要求、搬运和操作方式而定，一般不超过 35kg。

7.5.4　产品包装和装卸时应轻拿轻放，登高时用面积较大的脚踏板，不可直接踩踏产品。

7.5.5　码垛必须整齐，并留有通风道，不可有悬空边角，以避免机械损伤和包装内的热量及气体聚集，导致产品品质下降。

7.6 包装规格

采用标准联运平托盘运输的瓦楞纸箱和塑料编织袋的马铃薯单位包装规格应符合SB/T 10577的规定。

7.7 标识

7.7.1 标识基本要求

标识内容应准确、清晰、显著，所有文字应使用规范汉字；任何标签或标识中的说明或表达方式不应有虚假、误导或欺骗；任何标签或标识中的文字、图示或其他方式的说明或表述不应直接或间接提及或暗示任何可能与该产品造成混淆的其他产品；同时也不应误导购买者或消费者。标识应贴在包装容器外部左侧，字迹应清晰、持久、易于辨认和识读。

7.7.2 标识内容

7.7.2.1 名称、净质量：包装物上或者附加标识物应标明“马铃薯”字样及马铃薯品种名和净重。

7.7.2.2 产地、生产者：包装物上或者附加标识物应标明产地及能够承担产品质量安全责任的生产者或销售者的企业名称（生产企业、合作社、农场或经销商姓名）、地址和联系方式（电话号码、邮箱、微信号）。

7.7.2.3 产地编码：对马铃薯生产地进行编码，编码符合NY/T 1430的规定。

7.7.2.4 生产日期：包装物上或者附加标识物应标明生产日期，即马铃薯的收获日期。生产日期按年、月、日顺序标注，标注在显著位置，规范清晰，符合对比色的要求。

7.7.2.5 认证标识：取得相应认证资质的鲜食马铃薯应按照要求使用标识。

7.7.2.6 等级和规格：有分级和规格标准的产品，应标明产品质量等级和规格。

7.7.2.7 贮存条件：应标明产品的贮存条件。

7.7.2.8 包装上有关认证标志（有机食品、绿色食品等）和商标等的印刷、加贴应符合有关法规及要求。

7.7.2.9 “蒙”字标产品专用标识的使用应符合“蒙”字标认证的规定。

7.7.2.10 获得批准的企业可在其产品外包装上使用“蒙”字标产品专用标识。

8 贮存运输技术

8.1 仓储库准备

8.1.1 仓储库清理：入库前应将仓储库的墙壁、地面、设备上的残留物清理干净，同时，将风道内尘土清理干净。

8.1.2　仓储库消毒：消毒在马铃薯入库前10d进行，先用饱和的生石灰水均匀喷洒，后用45%百菌清烟剂处理，用量为0.1g/m^2。

8.1.3　设备消毒与检修：将库房内的木板、支架、通风道、输运带、装仓机等设备清洗，并用70%～75%酒精均匀喷洒消毒。消毒完成后对设备进行为期10d的试运行，确保各种设备正常运转。

8.2　堆码方式

应符合7.5.5的相关要求。

8.3　贮存管理

8.3.1　通风：入库后进行7d通风，通风道温度保持在10℃～15℃，若低于10℃应启用内部循环来保持温度。如机伤马铃薯伤口处形成木栓层或老化干燥，即通风完成。贮藏过程中二氧化碳浓度超过2000mg/kg时应通风换气。

8.3.2　温度：每天降温0.2℃～0.5℃，直至垛内温度降到4℃，然后维持在2℃～4℃。堆垛温差小于1℃，以避免堆垛顶部冷凝水的产生。

8.3.3　湿度：库内湿度维持在85%～90%以上。

8.3.4　光照：应避光贮藏，作业时应使用低照度的电灯照明，作业完成后及时关灯。

8.4　出库

8.4.1　分选：根据出库计划，对库内马铃薯进行分选，淘汰贮藏期间产生的病烂薯、缺陷薯。

8.4.2　温、湿度调整：出库前使仓储库内温度升至7℃～10℃，相对湿度调至80%，开始出库。

8.5　出库后管理

8.5.1　库内清理

出库后，及时清理库内杂质、尘土等，不留死角，墙壁、地面、库顶需清理干净。

8.5.2　库内设备清洗

出库后及时清洗设备，不留死角。

9　质量手册

应编制乌兰察布马铃薯种植、经营质量管理手册，应至少包含下列内容：

a）种植、经营者简介；

b） 管理方针和目标；

c） 组织机构图及其相关岗位的责任和权限；

d） 标识管理；

e） 可追溯体系与产品召回制度；

f） 内部检查；

g） 文件和记录管理；

h） 客户投诉处理；

i） 持续改进体系。

10 记录与追溯

10.1 信息记录

信息记录包括《生产责任主体信息记录表》《种植基地基本信息记录表》《种薯来源信息记录表》《生产资料购入信息记录表》《播种信息记录表》《施肥信息记录表》《农药使用信息记录表》《采收记录表》《运输记录表》《贮存记录表》《销售信息记录表》，参见附录 A。

10.2 追溯目标

实施追溯的马铃薯可根据马铃薯追溯体系追溯到种植、贮存、收购、运输等环节的产品、投入品及相关责任主体等信息。

10.3 追溯管理

实施追溯的马铃薯生产企业、组织或机构应制定产品质量追溯工作规范、信息采集规范、信息系统维护和管理规范、质量安全问题处置规范、质量追溯产品应急预案等相关制度，并组织实施。

附录 A
（资料性附录）
记录性表格

各类记录性表格见表 A. 1~表 A. 11。

表 A. 1　生产责任主体信息记录表

实施追溯责任主体名称			工商注册信息（社会统一信用代码）		
法定代表人		基地地址		基地名称	
联系方式		基地编号		基地面积	

表 A. 2　种植基地基本信息记录表

序号	基地地址	基地名称	基地编号	地块面积	前茬作物	备注

表 A. 3　种薯来源信息记录表

序号	购买时间	数量	品种	入库时间	批次	库房地点	库房编号	经办人	联系方式	备注
注 1：付购买合同复印件。 注 2：自繁种时付繁种记录。										

表 A. 4　生产资料购入信息记录表

农药购入信息记录									
序号	农药名称	登记证号	购买数量	批次	购入时间	供应商名称	存放位置	产品图片	经办人
肥料购入信息记录									
序号	肥料名称	购买数量	有效成分	批次	购入时间	供应商名称	存放位置	产品图片	经办人

表 A.5　播种信息记录表

序号	种薯品种	种薯出库时间	种薯批次	种薯出库时间	基地名称	基地编号	播种面积	播种量	播种时间	经办人

表 A.6　施肥信息记录表

序号	施肥料名称	出库时间	批次	基地名称	基地编号	每亩用量	施肥时间	经办人

表 A.7　农药使用信息记录表

序号	农药名称	出库时间	批次	基地名称	基地编号	用药目的	每亩用量（浓度）	用药方式	用药时间	经办人

表 A.8　采收记录表

序号	基地名称	基地编号	品种	产品等级	采收面积	采收数量	采收日期	采收批次	经办人

表 A.9　运输记录表

序号	品种	批次	运输工具	起止地点	发货时间	接收时间	数量	经办人	承运人

表 A.10　贮存记录表

序号	仓库名称	仓库编号	入库时间	入库品种	入库批次	入库数量	环境条件	入库申请人	保管人

表 A. 11　销售信息记录表

序号	销售对象	销售对象地址	销售时间	品种	产品等级	批次	数量	经办人

第三节　T/NMSP. MZB 01. 4—2019《“蒙”字标农产品认证要求　乌兰察布马铃薯　种薯》

通过广泛调研分析、研讨及与专家咨询、广泛征求意见，完成了 T/NMSP. MZB 01. 4—2019《“蒙”字标农产品认证要求　乌兰察布马铃薯　种薯》的制定工作，确保标准制定的规范性，适应产业发展。T/NMSP. MZB 01. 4—2019《“蒙”字标农产品认证要求　乌兰察布马铃薯　种薯》的制定旨在对“蒙”字标产品的认证，进一步提高乌兰察布马铃薯品质和市场竞争力，促进乌兰察布马铃薯产业经济稳定持续增长，提高企业产品质量，使内蒙古自治区的优势特色产品经过“蒙”字标认证走向全国、走向国际。

ICS 65.020.20
B 05

团 体 标 准

T/NMSP. MZB 01.4—2019

“蒙”字标农产品认证要求 乌兰察布马铃薯 种薯

“Nei Meng Gu Brand” certification requirements of agricultural products—Seed potato in Ulanqab

2019-10-16 发布 2019-11-01 实施

内蒙古标准化发展促进会 发布

前　言

本标准按照 GB/T 1.1—2009 给出的规则起草。

本标准由内蒙古标准发展促进会提出并归口。

本标准主要起草单位：内蒙古自治区标准化院、内蒙古农业大学、乌兰察布市种子管理站、乌兰察布职业学院、内蒙古民丰种业有限公司、乌兰察布市产品质量计量检验所、乌兰察布市农畜产品质量安全监督管理中心、乌兰察布市农业技术推广站、内蒙古自治区马铃薯生产与种植标准化技术委员会、内蒙古中加农业生物科技有限公司、乌兰察布市土肥站。

本标准主要起草人：王娟、陈建保、王嘉睿、毕超、胡俊、张蒙、赵玉平、郭大伟、张智宇、张欣、贾安、韩伟、吴凯龙、李慧成、王荣贵、石宇、张存飞、俎爱忠、张泽冉、侯昕、王敏、常菲、吕云霞、弓钦、云娜娜。

引　言

本标准是“蒙”字标产品认证标准之一。

本标准相关条款采用标准如下：

——第 4 章“产地环境”主要技术指标采纳内蒙古自治区地方标准《“乌兰察布马铃薯”产地环境要求》。

——第 5 章“脱毒苗的质量”、第 6 章“种薯的质量”、第 7 章“检测方法”、第 8 章“定级”、第 9 章“出库”主要技术指标采纳内蒙古自治区地方标准《“乌兰察布马铃薯”种薯质量标准》。

“蒙”字标农产品认证要求
乌兰察布马铃薯　种薯

1　范围

本标准规定了乌兰察布马铃薯种薯“蒙”字标认证的产地环境、脱毒苗的质量、种薯的质量、检测方法、定级、出库、包装标识、贮存与运输。

本标准适用于乌兰察布马铃薯种薯“蒙”字标认证。

2　规范性引用文件

下列文件对于本文件的应用是必不可少的。凡是注日期的引用文件，仅注日期的版本适用于本文件。凡是不注日期的引用文件，其最新版本（包括所有的修改单）适用于本文件。

GB 6920　水质　pH 值的测定　玻璃电极法

GB 7467　水质　六价铬的测定　二苯碳酰二肼分光光度法

GB 7475　水质　铜、锌、铅、镉的测定　原子吸收分光光度法

GB 7484　水质　氟化物的测定　离子选择电极法

GB 7485　水质　总砷的测定　二乙基二硫代氨基甲酸银分光光度法

GB/T 17138　土壤质量　铜、锌的测定　火焰原子吸收分光光度法

GB/T 17141　土壤质量　铅、镉的测定　石墨炉原子吸收分光光度法

GB 18133　马铃薯种薯

GB/T 22105.1　土壤质量　总汞、总砷、总铅的测定　原子荧光法　第 1 部分：土壤中总汞的测定

GB/T 22105.2　土壤质量　总汞、总砷、总铅的测定　原子荧光法　第 2 部分：土壤中总砷的测定

GB/T 29379　马铃薯脱毒种薯贮藏、运输技术规程

HJ/T 51　水质　全盐量的测定　重量法

HJ 491　土壤和沉积物　铜、锌、铅、镍、铬的测定　火焰原子吸收分光光度法

HJ 597　水质　总汞的测定　冷原子吸收分光光度法

HJ 637　水质　石油类和动植物油类的测定　红外分光光度法

HJ 828　水质　化学需氧量的测定　重铬酸盐法

LY/T 1232　森林土壤磷的测定

LY/T 1234　森林土壤钾的测定

LY/T 1243　森林土壤阳离子交换量的测定

NY/T 58　民用火炕性能试验方法

NY/T 391—2013　绿色食品　产地环境质量

NY/T 1121.6　土壤检测　第6部分：土壤有机质的测定

NY/T 1377　土壤 pH 的测定

SL 355　水质　粪大肠菌群的测定多管发酵法

3　术语和定义

下列术语和定义适用于本文件。

3.1

核心苗　core seedlings

每一品种应用茎尖组织培养技术获得的再生试管苗，经检测不含 X 病毒（PVX）、Y 病毒（PVY）、S 病毒（PVS）、卷叶病毒（PLRV）、A 病毒（PVA）、纺锤块茎类病毒（PSTVd）等病毒的脱毒苗。

3.2

基础苗　basic plantlets

由核心苗繁殖的、经试种观察无变异、无病毒的脱毒苗。

3.3

原原种（G1）　ppre-elite

用脱毒苗在容器内生产的微型薯或在防虫网室、温室等隔离条件下生产出的符合相应质量标准的种薯。

3.4

原种（G2）　elite

用原原种（G1）做种薯，在良好隔离条件下生产出的符合相应质量标准的种薯。

3.5

一级种薯（G3）　qualified Ⅰ

用原种（G2）做种薯，在隔离条件下生产出的符合相应质量标准的种薯。

3.6

干物质含量　dry matter content

薯块去掉水分后的质量占原薯块质量的百分数。

4　产地环境

4.1　地域要求

乌兰察布现辖行政区域内。

4.2　气候要求

中温带干旱、半干旱大陆性季风气候。年平均气温 2.1℃～5.9℃，大于或等于 10℃积温 1704℃～2624℃。年平均日照时数 2787h～3086h。年平均降水量 312mm～406mm，相对湿度 51%～59%。

4.3　空气质量要求

马铃薯产地环境空气质量应符合 NY/T 391—2013 中第 5 章的规定。

4.4　灌溉水质要求

马铃薯产地灌溉水质应符合表 1 的规定。

表 1　灌溉水质量指标

项目	浓度限值（指标）	检测方法
pH	6.5～8.5	GB 6920
总镉/(mg/L)	≤0.005	GB 7475
总砷/(mg/L)	≤0.01	GB 7485
总铅/(mg/L)	≤0.01	GB 7475
六价铬/(mg/L)	≤0.05	GB 7467
总汞/(mg/L)	≤0.001	HJ 597
化学需氧量（CODcr)/(mg/L)	≤60	HJ 828
全盐量/(mg/L)	≤1000（非盐碱地区）； ≤2000（盐碱地区）	HJ/T 51
氟化物/(mg/L)	≤1.2	GB/T 7484
石油类/(mg/L)	≤1.0	HJ 637
粪大肠菌群/(个/L)	≤10000	SL 355

4.5 土壤质量要求

4.5.1 土壤环境质量要求

马铃薯产地土壤环境质量应符合表2的规定。

表2 土壤环境质量指标

项目	含量限值（指标）			检测方法
	pH<6.5	pH6.5~7.5	pH>7.5	NY/T 1377
总汞/(mg/kg)	≤0.25	≤0.30	≤0.35	GB/T 22105.1
总砷/(mg/kg)	≤20	≤20	≤15	GB/T 22105.2
总镉/(mg/kg)	≤0.25	≤0.25	≤0.30	GB/T 17141
总铅/(mg/kg)	≤40	≤40	≤40	GB/T 17141
六价铬/(mg/kg)	≤100	≤100	≤100	HJ 491
总铜/(mg/kg)	≤50	≤60	≤60	GB/T 17138

4.5.2 土壤肥力要求

马铃薯产地土壤肥力应符合表3的规定。

表3 土壤肥力指标

项目	含量限值（指标）	检测方法
有机质/(g/kg)	>15	NY/T 1121.6
全氮/(g/kg)	>1.0	NY/T 58
有效磷/(mg/kg)	>10	LY/T 1232
有效钾/(mg/kg)	>100	LY/T 1234
阳离子交换量/(cmol/kg)	15~20	LY/T 1243

5 脱毒苗的质量

经检测不含X病毒（PVX）、Y病毒（PVY）、S病毒（PVS）、卷叶病毒（PLRV）、A病毒（PVA）、纺锤块茎类病毒（PSTVd）等病毒和其他任何病虫害。

6 种薯的质量

6.1 检疫性病虫害允许率

6.1.1 各级种薯携带检疫性有害生物的允许率为“0”。

6.1.2 检疫性有害生物包括：马铃薯A病毒（PVA）、马铃薯纺锤块茎类病毒

（PSTVd）、马铃薯帚顶病毒（PMTV）、马铃薯癌肿病菌（*Synchytrium endobioticum*）、马铃薯环腐病菌（*Clavibacter michiganensesubsp. sepedonicus*）、马铃薯丛植支原体（*Potato witches'broom phytoplasma*）、马铃薯粉痂病菌（*Spongospora subterranea*）、马铃薯腐烂茎线虫（*Ditylenchus destructor*）、马铃薯甲虫（*Leptinotarsa decemlineata*）。

6.1.3 发现上述检疫性有害生物引起的病虫害，应立即向检疫部门报告，由检疫部门根据病虫害种类采取相应措施，同时，该地块所有马铃薯不能用作种薯，脱毒苗全部采用高压灭菌进行销毁。

6.2 质量指标

各级种薯非检疫性病虫害和其他检测项目应符合最低质量要求。质量要求见表4、表5、表6。

表4 各级种薯田目测植株质量要求

项目		允许率/%		
		原原种	原种	一级种
混杂		0	0.5	3.0
病毒病	花叶病	0	0.3	2.0
	卷叶病	0	0.2	1.0
	总病毒病	0	0.5	3.0
黑胫病		0	0.1	0.5

表5 各级种薯收获后冬季测试质量要求

项目	允许率/%		
	原原种	原种	一级种
总病毒	0	0.5	3.0
干物质	15	18	18
注1：病毒包括：PVX、PVY、PVS、PVM、PLRV病毒。 注2：干物质是指收获后入库前测定的干物质含量。			

表6 各级种薯库房检查块茎质量要求

项目	允许率/(个/100个)	允许率/(个/50kg)	
	原原种	原种	一级种
混杂	0	2	5
湿腐病	0	1	2

表6（续）

项目	允许率/（个/100个）	允许率/（个/50kg）	
	原原种	原种	一级种
软腐病	0	1	2
晚疫病	0	0.5	1
干腐病	0	2	4
疮痂病	0	3	5
黑痣病	0	5	10
外部缺陷	1	5	10
冻伤	0	1	2
土壤和杂质	0	1%	2%
注：土壤和杂质按质量分数计算。			

7　检测方法

7.1　应依照GB 18133的规定进行。

7.2　干物质检测采用水比重法，按附录A。

8　定级

根据种薯生产的代数及田间检测、收获后的冬季测试结果，以种薯的质量指标进行定级；达不到拟生产级别种薯质量要求的应降级到与检测结果相对应的质量指标的种薯级别；达不到一级种薯质量指标的不能用作种薯。

9　出库

任何级别的种薯出库前应达到库房检查块茎质量要求，重新挑选或降到与库房检查结果相对应的质量指标的种薯级别，达不到一级种薯质量指标的，应重新挑选至合格后方可出库。

10　质量手册

应编制乌兰察布马铃薯种薯种植、经营质量管理手册，应至少包含下列内容：

a）种植、经营者简介；

b）管理方针和目标；

c）　组织机构图及其相关岗位的责任和权限；

d）　标识管理；

e）　可追溯体系与产品召回制度；

f）　内部检查；

g）　文件和记录管理；

h）　客户投诉处理；

i）　持续改进体系。

11　档案管理

建立马铃薯种薯档案，对质量、检测、定级、出库等进行记录。

12　包装标识、贮存与运输

12.1　包装标识、贮存与运输应符合 GB/T 29379 的规定。

12.2　包装上有关认证标志（有机食品、绿色食品等）和商标等的印刷、加贴应符合有关法规及要求。

12.3　“蒙”字标产品专用标识的使用应符合“蒙”字标认证的规定。

12.4　获得批准的企业可在其产品外包装上使用“蒙”字标产品专用标识。

附录 A

(规范性附录)

马铃薯块茎干物质测定法　水比重法

A.1　使用工具

样品篮子、手提秤、大水桶、薯块温度计、水温温度计。

A.2　步骤

A.2.1　确定样本在空气中的质量：样本大、中、小块茎随机均匀混合，取混合样 5kg 装入铁丝篮中，称量（注意：此质量应精确到 0.001kg）并记录。

A.2.2　确定样本在水中的质量：将装有样本的铁丝篮挂在手提秤上，使铁丝篮和样本完全浸入水中，并保持稳定状态，称量（注意：此质量应精确到 0.001kg）并记录。

A.2.3　按公式计算：比重 = $M_1/(M_1-M_2)$。

A.2.4　空气中块茎质量。

A.2.5　水中块茎质量：将数值四舍五入精确到 0.0001，并记录。

A.2.6　温度补偿：分别测定薯块温度和水温，查温度补偿表（见表 A.1）得校正因子值。

表 A.1　温度补偿表

薯块温度/℃	水温/℃									
	3.3	4.4	7.2	10.0	12.7	15.6	18.3	21.1	23.8	26.7
3.3	-.0021	-.0020	-.0018	-.0018	-.0020	-.0023	-.0029	-.0038	-.0047	-.0056
4.4	-.0017	-.0016	-.0014	-.0014	-.0016	-.0019	-.0025	-.0034	-.0043	-.0052
7.2	-.0009	-.0008	-.0006	-.0006	-.0008	-.0011	-.0017	-.0026	-.0035	-.0044
10.0	-.0003	-.0002	0000	0000	-.0002	-.0005	-.0011	-.0020	-.0029	-.0038
12.7	+.0001	+.0002	+.0004	+.0004	+.0002	-.0001	-.0007	-.0016	-.0025	-.0034
15.6	+.0004	+.0005	+.0007	+.0007	+.0005	+.0002	-.0004	-.0013	-.0022	-.0031
18.3	+.0005	+.0006	+.0008	+.0008	+.0006	+.0003	-.0003	-.0012	-.0021	-.0030
21.1	+.0005	+.0007	+.0009	+.0009	+.0007	+.0004	-.0002	-.0011	-.0020	-.0029
23.8	+.0007	+.0008	+.0010	+.0010	+.0008	+.0005	-.0001	-.0010	-.0019	-.0028
26.7	+.0008	+.0009	+.0011	+.0011	+.0009	+.0006	0000	-.0009	-.0018	-.0027
29.4	+.0009	+.0010	+.0012	+.0012	+.0010	+.0007	+.0001	-.0008	-.0017	-.0026
32.2	+.0010	+.0011	+.0013	+.0013	+.0011	+.0008	+.0002	-.0007	-.0016	-.0025
35.0	+.0011	+.0012	+.0014	+.0014	+.0012	+.0009	+.0003	-.0006	-.0015	-.0024
37.8	+.0012	+.0013	+.0015	+.0015	+.0013	+.0010	+.0004	-.0005	-.0014	-.002

A.2.7　计算校正温度后的比重：校正温度后的比重 = 比重 + 校正因子值。

A.2.8　根据校正温度后的比重和水中质量，查干物质含量表（见表A.2）得干物质含量。

表A.2　干物质含量表

5kg块茎水中质量/g	校正温度后比重	干物质含量/%	5kg块茎水中质量/g	校正温度后比重	干物质含量/%
300	1.0638	17.2	372	1.0804	20.8
310	1.0661	17.7	374	1.0808	20.9
320	1.0684	18.2	376	1.0813	20.10
322	1.0688	18.3	378	1.0818	21.1
324	1.0693	18.4	380	1.0822	21.2
326	1.0697	18.5	382	1.0827	21.3
328	1.0702	18.6	384	1.0832	21.4
330	1.0707	18.7	386	1.0836	21.5
332	1.0711	18.8	388	1.0841	21.6
334	1.0716	18.9	390	1.0846	21.7
336	1.0720	19.0	392	1.0851	21.8
338	1.0725	19.1	394	1.0855	21.9
340	1.0730	19.2	396	1.1860	22.0
342	1.0734	19.3	398	1.0865	22.1
344	1.0739	19.4	400	1.0870	22.2
346	1.0743	19.5	402	1.0874	22.3
348	1.0748	19.6	404	1.0879	22.4
350	1.0753	19.7	406	1.0884	22.5
352	1.0757	19.8	408	1.0888	22.6
354	1.0762	19.9	410	1.0893	22.7
356	1.0766	20.0	412	1.0898	22.8
358	1.0771	20.1	414	1.0903	22.9
360	1.0776	20.2	416	1.0908	23.0
362	1.0780	20.3	418	1.0912	23.1
364	1.0785	20.4	420	1.0917	23.2
366	1.0790	20.5	422	1.0922	23.4
368	1.0794	20.6	424	1.0926	23.5
370	1.0799	20.7	426	1.0931	23.6

表 A.2（续）

5kg 块茎水中质量/g	校正温度后比重	干物质含量/%	5kg 块茎水中质量/g	校正温度后比重	干物质含量/%
428	1.0936	23.7	450	1.0989	24.9
430	1.0941	23.7	460	1.1013	25.4
432	1.0946	23.9	470	1.1040	26.0
440	1.0965	24.4	—	—	—

第四节　乌兰察布马铃薯品质分析研究

一、《"蒙"字标农产品认证要求　乌兰察布马铃薯　鲜食型》

（一）国内先进标准比对分析情况

1. 产地环境

（1）灌溉水质要求

在灌溉水质要求方面，T/NMSP. MZB 01.3—2019《"蒙"字标农产品认证要求　乌兰察布马铃薯　鲜食型》与 GB 5084—2005《农田灌溉水质标准》、NY/T 391—2013《绿色食品　产地环境质量》各项指标比对情况见表 3-1。

表 3-1　乌兰察布马铃薯（鲜食型）产地环境灌溉水质浓度限值要求指标比对

项目	GB 5084—2005	NY/T 391—2013	T/NMSP. MZB 01.3—2019	质量指标比对结果
pH	5.5~8.5	5.5~8.5	6.5~8.5	领先水平
总砷/(mg/L)	≤ 0.1（旱作）	≤ 0.05	≤ 0.01	领先水平
总铅/(mg/L)	≤ 0.2	≤ 0.1	≤ 0.01	领先水平
总镉/(mg/L)	≤ 0.01	≤0.005	≤0.005	达到绿色食品标准
总汞/(mg/L)	≤ 0.001	≤0.001	≤0.001	达到绿色食品标准

表 3-1（续）

项目	GB 5084—2005	NY/T 391—2013	T/NMSP. MZB 01. 3—2019	质量指标比对结果
六价铬/（mg/L）	≤ 0.1	≤ 0.1	≤ 0.05	领先水平
氟化物/（mg/L）	≤ 2.0（一般地区）；≤3.0（高氟区）	≤ 2.0	≤ 1.2	领先水平
化学需氧量（CODcr）/（mg/L）	≤ 200（旱作）	≤60	≤60	达到绿色食品标准
全盐量/（mg/L）	≤ 1000（非盐碱地区）	无此指标	≤1000（非盐碱地区）	—
	≤ 2000（盐碱地区）	无此指标	≤2000（盐碱地区）	—
石油类/（mg/L）	≤ 10（旱作）	≤1.0	≤1.0	达到绿色食品标准

由表 3-1 可知，T/NMSP. MZB 01. 3 中 pH、总砷、总铅、六价铬、氟化物 5 项指标均领先于 NY/T 391；总镉、总汞、化学需氧量（CODcr）、石油类 4 项指标均达到绿色食品标准。

（2）土壤环境质量要求

在土壤环境质量要求方面，T/NMSP. MZB 01. 3—2019《“蒙”字标农产品认证要求 乌兰察布马铃薯 鲜食型》与 GB 15618—2018《土壤环境质量 农用地土壤污染风险管控标准（试行）》、NY/T 391—2013《绿色食品 产地环境质量》各项指标比对情况见表 3-2。

表 3-2 乌兰察布马铃薯（鲜食型）产地环境土壤环境质量要求指标比对

项目	GB 15618—2018				NY/T 391—2013			T/NMSP. MZB 01. 3—2019			质量指标比对结果
	其他				旱田			指标			
pH	≤5.5	5.5~6.5	6.5~7.5	>7.5	<6.5	6.5~7.5	>7.5	<6.5	6.5~7.5	>7.5	
总镉/（mg/kg）	0.3	0.3	0.3	0.6	≤0.3	≤0.30	≤0.4	≤0.25	≤0.25	≤0.30	领先水平
总汞/（mg/kg）	1.3	1.8	2.4	3.4	≤0.25	≤0.30	≤0.35	≤0.25	≤0.30	≤0.35	达到绿色食品标准
总砷/（mg/kg）	40	40	30	25	≤25	≤20	≤20	≤20	≤20	≤15	领先水平
总铅/（mg/kg）	70	90	120	170	≤50	≤50	≤50	≤40	≤40	≤40	领先水平
六价铬/（mg/kg）	150	150	200	200	≤120	≤120	≤120	≤100	≤100	≤100	领先水平
总铜/（mg/kg）	50	50	100	100	≤50	≤60	≤60	≤50	≤60	≤60	达到绿色食品标准

由表 3-2 可知，T/NMSP. MZB 01. 3 中总镉、总砷、总铅、六价铬 4 项指标均领先于 NY/T 391；总汞、总铜 2 项指标达到绿色食品标准。

（3）土壤肥力要求

在土壤肥力要求方面，T/NMSP. MZB 01. 3—2019《"蒙"字标农产品认证要求 乌兰察布马铃薯 鲜食型》与 NY/T 391—2013《绿色食品 产地环境质量》各项指标比对情况见表 3-3。

表 3-3 乌兰察布马铃薯（鲜食型）产地环境土壤肥力要求指标比对

项目	NY/T 391—2013			T/NMSP. MZB 01. 3—2019	质量指标比对结果
	Ⅰ	Ⅱ	Ⅲ		
有机质/(g/kg)	>15	10~15	<10	>15	达到绿色食品标准Ⅰ级水平
全氮/(g/kg)	>1. 0	0. 8~1. 0	<0. 8	>1. 0	达到绿色食品标准Ⅰ级水平
有效磷/(mg/kg)	>10	5~10	<5	>10	达到绿色食品标准Ⅰ级水平
有效钾/(mg/kg)	>120	80~120	<80	>100	领先于绿色食品标准Ⅲ级水平
阳离子交换量/(cmol/kg)	>20	15~20	<15	15~20	达到绿色食品标准Ⅱ级水平

由表 3-3 可知，T/NMSP. MZB 01. 3 中有机质、全氮、有效磷 3 项指标达到绿色食品标准Ⅰ级水平；阳离子交换量指标达到绿色食品标准Ⅱ级水平；有效钾指标领先于绿色食品标准Ⅲ级水平。

（二）品质

1. 外观质量要求

在外观质量要求方面，T/NMSP. MZB 01. 3—2019《"蒙"字标农产品认证要求 乌兰察布马铃薯 鲜食型》与 GB/T 31784—2015《马铃薯商品薯分级与检验规程》各项指标比对情况见表 3-4。

表 3-4　乌兰察布马铃薯（鲜食型）外观质量要求指标比对

级别	项目	均匀度/%	色泽	光滑度	芽眼深浅/mm	外部缺陷/%	青皮/%	腐烂/%	发芽/%	单个薯块重量/%
一级	GB/T 31784—2015	≥95	无此指标	无此指标	无此指标	无此指标	≤1	≤0.5	0	150 以上
	T/NMSP. MZB 01. 3—2019	≥98	鲜亮	好	浅（深度<1mm）		0	0	0	200~500
	质量指标比对结果	领先水平	—	—	—	—	领先水平	领先水平	达到绿色食品标准	领先水平
二级	GB/T 31784—2015	≥93	无此指标	无此指标	无此指标	无此指标	≤3	≤3	≤1	100 以上
	T/NMSP. MZB 01. 3—2019	≥95	鲜亮	较好	浅（深度<1mm）	≤5	≤0.5	≤0.5	0	150~200
	质量指标比对结果	领先水平	—	—	—	—	领先水平	领先水平	领先水平	领先水平

注 1：发芽指标不适用于休眠期短的品种。

注 2：本表中质量指标不适用于品种特性结薯小的马铃薯品种。

由表 3-4 可知，T/NMSP. MZB 01. 3 中一级薯的均匀度、青皮、腐烂、单个薯块重量 4 项指标均领先于 GB/T 31784；二级薯的均匀度、青皮、腐烂、发芽、单个薯块重量 5 项指标均领先于 GB/T 31784。

2. 卫生安全要求

在卫生安全要求方面，T/NMSP. MZB 01. 3—2019《“蒙”字标农产品认证要求　乌兰察布马铃薯　鲜食型》与 NY/T 1049—2015《绿色食品　薯芋类蔬菜》各项指标比对情况见表 3-5。

表3-5　乌兰察布马铃薯（鲜食型）卫生安全残留限量要求指标比对

单位：mg/kg

项目	NY/T 1049—2015	T/NMSP. MZB 01. 3—2019	质量指标 比对结果
铅	≤0. 2	≤0. 1	领先水平
镉	≤0. 1	≤0. 05	领先水平
甲拌磷	≤0. 01	不得检出	领先水平
氯氰菊酯	≤0. 01	≤0. 01	达到绿色食品标准
六六六（BHC）	≤0. 01	不得检出	领先水平
硫丹	≤0. 01	不得检出	领先水平
涕灭威	≤0. 01	不得检出	领先水平
克百威	≤0. 01	不得检出	领先水平
敌敌畏	≤0. 01	不得检出	领先水平
敌百虫	≤0. 01	不得检出	领先水平
乐果	≤0. 01	不得检出	领先水平
溴氰菊酯	≤0. 01	≤0. 01	达到绿色食品标准
毒死蜱	≤0. 05	≤0. 01	领先水平
三唑酮	≤0. 01	≤0. 01	达到绿色食品标准
辛硫磷	≤0. 01	≤0. 01	达到绿色食品标准
抗蚜威	≤0. 01	≤0. 01	达到绿色食品标准
嘧菌酯	≤0. 1	≤0. 1	达到绿色食品标准
多菌灵	≤0. 1	≤0. 1	达到绿色食品标准
吡虫啉	≤0. 4	≤0. 2	领先水平
2, 4-D	无此指标	≤0. 2	新增
氰戊菊酯	≤0. 01	≤0. 01	达到绿色食品标准
甲胺磷	≤0. 01	不得检出	领先水平
五氯硝基苯	无此指标	≤0. 1	新增
氧化乐果	≤0. 01	不得检出	领先水平
呋喃丹	无此指标	不得检出	新增

由表3-5可知，T/NMSP. MZB 01. 3中铅、镉、甲拌磷、六六六（BHC）、硫丹、涕灭威、克百威、敌敌畏、敌百虫、乐果、毒死蜱、吡虫啉、甲胺磷、氧化乐果14项指标均领先于NY/T 1409。新增2, 4-D、五氯硝基苯、呋喃丹3项指标无法与NY/T 1409进

行比对。

二、《“蒙”字标农产品认证要求　乌兰察布马铃薯　种薯》

（一）国内先进标准比对分析情况

1. 产地环境

（1）灌溉水质要求

在灌溉水质要求方面，T/NMSP. MZB 01. 4—2019《“蒙”字标农产品认证要求　乌兰察布马铃薯　种薯》与 GB 5084—2005《农田灌溉水质标准》、NY/T 391—2013《绿色食品　产地环境质量》各项指标比对情况见表 3-6。

表 3-6　乌兰察布马铃薯（种薯）产地环境灌溉水质浓度限值要求指标比对

项目	GB 5084—2005	NY/T 391—2013	T/NMSP. MZB 01. 4—2019	质量指标比对结果
pH	5. 5~8. 5	5. 5~8. 5	6. 5~8. 5	领先水平
总砷/(mg/L)	≤ 0. 1（旱作）	≤ 0. 05	≤ 0. 01	领先水平
总铅/(mg/L)	≤ 0. 2	≤ 0. 1	≤ 0. 01	领先水平
总镉/(mg/L)	≤ 0. 01	≤0. 005	≤0. 005	达到绿色食品标准
总汞/(mg/L)	≤ 0. 001	≤0. 001	≤0. 001	达到绿色食品标准
六价铬/(mg/L)	≤ 0. 1	≤ 0. 1	≤ 0. 05	领先水平
氟化物/(mg/L)	≤ 2. 0（一般地区）；≤3. 0（高氟区）	≤ 2. 0	≤ 1. 2	领先水平
化学需氧量（CODcr）/(mg/L)	≤ 200（旱作）	≤60	≤60	达到绿色食品标准
全盐量/(mg/L)	≤ 1000（非盐碱地区）	无此指标	≤1000（非盐碱地区）	—
	≤ 2000（盐碱地区）	无此指标	≤2000（盐碱地区）	
石油类/(mg/L)	≤ 10（旱作）	≤1. 0	≤1. 0	达到绿色食品标准

由表 3-6 可知，T/NMSP. MZB 01. 4 中 pH、总砷、总铅、六价铬、氟化物 5 项指

标均领先于 NY/T 391；总镉、总汞、化学需氧量（CODcr）、石油类 4 项指标均达到绿色食品标准。

（2）土壤环境质量要求

在土壤环境质量要求方面，T/NMSP. MZB 01. 4—2019《“蒙”字标农产品认证要求 乌兰察布马铃薯 种薯》与 GB 15618—2018《土壤环境质量 农用地土壤污染风险管控标准（试行）》、NY/T 391—2013《绿色食品 产地环境质量》各项指标比对情况见表 3-7。

表 3-7 乌兰察布马铃薯（种薯）产地环境土壤环境质量要求指标比对

项目	GB 15618—2018				NY/T 391—2013			T/NMSP. MZB 01. 4—2019			质量指标比对结果
	其他				旱田			指标			
pH	≤5. 5	5. 5～6. 5	6. 5～7. 5	>7. 5	<6. 5	6. 5～7. 5	>7. 5	<6. 5	6. 5～7. 5	>7. 5	
总镉/（mg/kg）	0. 3	0. 3	0. 3	0. 6	≤0. 3	≤0. 30	≤0. 40	≤0. 25	≤0. 25	≤0. 30	领先水平
总汞/（mg/kg）	1. 3	1. 8	2. 4	3. 4	≤0. 25	≤0. 30	≤0. 35	≤0. 25	≤0. 30	≤0. 35	达到绿色食品标准
总砷/（mg/kg）	40	40	30	25	≤25	≤20	≤20	≤20	≤20	≤15	领先水平
总铅/（mg/kg）	70	90	120	170	≤50	≤50	≤50	≤40	≤40	≤40	领先水平
六价铬/（mg/kg）	150	150	200	200	≤120	≤120	≤120	≤100	≤100	≤100	领先水平
总铜/（mg/kg）	50	50	100	100	≤50	≤60	≤60	≤50	≤60	≤60	达到绿色食品标准

由表 3-7 可知，T/NMSP. MZB 01. 4 中总镉、总砷、总铅、六价铬 4 项指标均领先于 NY/T 391；总汞、总铜 2 项指标均达到绿色食品标准。

（3）土壤肥力要求

在土壤肥力要求方面，T/NMSP. MZB 01. 4—2019《“蒙”字标农产品认证要求 乌兰察布马铃薯 种薯》与 NY/T 391—2013《绿色食品 产地环境质量》各项指标比对情况见表 3-8。

表 3-8　乌兰察布马铃薯（种薯）产地环境土壤肥力要求指标比对

项目	NY/T 391—2013			T/NMSP. MZB 01. 4—2019	质量指标比对结果
	Ⅰ	Ⅱ	Ⅲ		
有机质/(g/kg)	>15	10～15	<10	>15	达到绿色食品标准Ⅰ级水平
全氮/(g/kg)	>1. 0	0. 8～1. 0	<0. 8	>1. 0	达到绿色食品标准Ⅰ级水平
有效磷/(mg/kg)	>10	5～10	<5	>10	达到绿色食品标准Ⅰ级水平
有效钾/(mg/kg)	>120	80～120	<80	>100	领先于绿色食品标准Ⅲ级水平
阳离子交换量/(cmol/kg)	>20	15～20	<15	15～20	达到绿色食品标准Ⅱ级水平

由表 3-8 可知，T/NMSP. MZB 01. 4 中有机质、全氮、有效磷 3 项指标均达到绿色食品标准Ⅰ级水平；阳离子交换量指标达到绿色食品标准Ⅱ级水平；有效钾指标领先于绿色食品标准Ⅲ级水平。

（二）品质

1. 质量要求

在质量要求方面，T/NMSP. MZB 01. 4—2019《“蒙”字标农产品认证要求　乌兰察布马铃薯　种薯》与 GB 18133—2012《马铃薯种薯》各项指标比对情况见表 3-9、表 3-10 和表 3-11。

表 3-9　各级别种薯田目测植株质量要求指标比对

项目		GB 18133—2012			T/NMSP. MZB 01. 4—2019			质量指标比对结果
		允许率/%			允许率/%			
		原原种	原种	一级种	原原种	原种	一级种	
混杂		0	1. 0	5. 0	0	0. 5	3. 0	领先水平
病毒病	花叶病	0	0. 5	2. 0	0	0. 3	2. 0	领先水平
	卷叶病	0	0. 2	2. 0	0	0. 2	1. 0	领先水平
	总病毒病	0	1. 0	5. 0	0	0. 5	3. 0	领先水平
黑胫病		0	0. 1	0. 5	0	0. 1	0. 5	达到绿色食品标准

表 3-10 各级别种薯收获后测试质量要求指标比对

项目	GB 18133—2012			T/NMSP. MZB 01. 4—2019			质量指标比对结果
	允许率/%			允许率/%			
	原原种	原种	一级种	原原种	原种	一级种	
总病毒	0	1. 0	5. 0	0	0. 5	3. 0	领先水平

注 1：GB 18133 中病毒包括 PVY 和 PLRV 病毒；T/NMSP. MZB 01. 4 中病毒包括 PVX、PVY、PVS、PVM、PLRV 病毒。

注 2：T/NMSP. MZB 01. 4 为各级别种薯收获后冬季测试质量要求。

表 3-11 各级别种薯库房检查块茎质量要求指标比对

项目	GB 18133—2012			T/NMSP. MZB 01. 4—2019			质量指标比对结果
	允许率/（个/100 个）	允许率/（个/50kg）		允许率/（个/100 个）	允许率/（个/50kg）		
	原原种	原种	一级种	原原种	原种	一级种	
混杂	0	3	10	0	2	5	领先水平
湿腐病	0	2	4	0	1	2	领先水平
软腐病	0	1	2	0	1	2	达到绿色食品标准
晚疫病	0	2	3	0	0. 5	1	领先水平
干腐病	0	3	5	0	2	4	领先水平
疮痂病	2	10	20	0	3	5	领先水平
黑痣病	0	10	20	0	5	10	领先水平
外部缺陷	1	5	10	1	5	10	达到绿色食品标准
冻伤	0	1	2	0	1	2	达到绿色食品标准
土壤和杂质	0	1%	2%	0	1%	2%	达到绿色食品标准

注：土壤和杂质按质量分数计算。

由表 3-9、表 3-10、表 3-11 可知，T/NMSP. MZB 01. 4 各级别种薯田目测植株质量要求指标中混杂、病毒病（花叶病、卷叶病、总病毒病）2 项指标均领先于 GB 18133，黑胫病达到绿色食品标准；各级别种薯收获后测试质量要求指标中总病毒指标领先于 GB 18133；各级别种薯库房检查块茎质量要求指标中混杂、湿腐病、晚疫病、干腐病、疮痂病、黑痣病 6 项指标均领先于 GB 18133。

三、乌兰察布马铃薯营养品质指标比对

（一）马铃薯营养品质

马铃薯块茎大约含有20%干物质。干物质主要由淀粉组成，还含有少量的蛋白质、膳食纤维、维生素、矿物质等。马铃薯块茎含有丰富的淀粉，因烹饪过的马铃薯淀粉糊化以后几乎能够完全被消化吸收，故马铃薯被认为是高血糖指数食品，但是糊化后返生的淀粉含有抗性淀粉，抗性淀粉可以被当成膳食纤维。马铃薯和大米、小麦一样非常适合作为主食。马铃薯蛋白质中人体所需氨基酸含量高，营养价值高。另外，马铃薯也是膳食纤维、维生素、矿物质和植物营养素的重要来源。马铃薯含有非常丰富的营养物质，包括脂肪、淀粉、蛋白质、纤维素等多种营养物质及锌、锰、铁等元素。马铃薯中蛋白质与维生素 B_1 含量是苹果的10倍，脂肪含量是苹果的7倍，维生素C含量是苹果的3.5倍，维生素 B_2 和铁含量是苹果的3倍，磷含量是苹果的2倍，糖分和钙含量与苹果相同，只有胡萝卜素含量比苹果少一点，故马铃薯有“地下苹果”“全营养食物”之称。

（二）乌兰察布马铃薯营养品质

通过对乌兰察布地区当地2种马铃薯产品的收集和营养指标检测，分析了乌兰察布马铃薯中粗淀粉、干物质、氨基酸组成及磷、铁、钙、锌、钾等主要营养成分的含量水平。同时，研究选取权威数据库、文献报道等马铃薯营养成分数据，以比对乌兰察布马铃薯中的营养成分含量水平。《中国食物营养成分表（第二版）》和美国农业部食物成分数据库（数据编号：71000100）均为食物营养专业领域的权威著作和数据库，是目前食物营养研究、膳食指南编写的主要参考依据。表3-12中列举了15个马铃薯品种，其大部分是与乌兰察布马铃薯类似的中晚熟、食味品质突出、且栽培面积较大、产量较高的优势品种，其营养成分含量具有一定代表性。

表3-12　不同品种（系）马铃薯中营养品质的比对分析

品种	干物质 g/kg	粗淀粉 g/kg	粗蛋白 g/kg	还原糖 g/kg	维生素C含量 mg/kg	钾含量 g/kg
陇薯10号	182	129.9	22.2	12.0	141	4.1
陇薯11号	221	153.6	25.7	10.0	145	4.8
陇薯14号	234	170.9	19.2	5.4	153	5.1

表 3-12（续）

品种	干物质 g/kg	粗淀粉 g/kg	粗蛋白 g/kg	还原糖 g/kg	维生素 C 含量 mg/kg	钾含量 g/kg
天薯 11 号	206	134.7	27.8	5.0	162	4.2
天薯 12 号	207	144.7	20.2	2.2	167	4.7
天薯 13 号	198	132.7	25.6	2.1	169	4.9
定薯 3 号	212	147.7	22.1	4.9	152	4.9
定薯 4 号	213	148.1	25.1	3.5	151	4.1
民薯 2 号	219	155.8	18.6	7.4	134	4.5
庄薯 3 号	203	142.5	23.3	1.8	139	4.8
青薯 9 号	216	149.7	19.4	8.8	129	3.9
定扶引 4 号	220	152.2	25.3	4.0	132	4.6
L08104-12	227	155.4	25.7	5.3	128	4.6
L0529-2	191	132.8	24.4	12.0	154	4.9
L0109-4	175	120.5	22.6	9.2	125	4.3
平均值	208	144.7	23.1	6.2	145	4.6
变异系数 (CV)/%	8	8.9	12.2	55.5	10	7.5
注：数据来源为中国农业科学院蔬菜花卉研究所。						

1. 淀粉与干物质含量

乌兰察布马铃薯中淀粉含量在 124 g/kg~169 g/kg（图 3-1），其中，民丰 8 号最高，高于表 3-12 中所有马铃薯的淀粉含量。费乌瑞它淀粉含量相对较低，低于表 3-12 中的平均水平 144.7 g/kg。乌兰察布马铃薯干物质范围在 163 g/kg~214.5 g/kg（图 3-2），高于全国平均水平和表 3-12 平均水平。马铃薯中干物质主要由淀粉组成，所以干物质含量趋势与淀粉含量趋势基本相同。T/NMSP. MZB 01.3—2019《“蒙”字标农产品认证要求 乌兰察布马铃薯 鲜食型》规定，马铃薯干物质含量大于或等于 18%，即 180 g/kg，民丰 8 号干物质含量高于团体标准要求。

晚熟的马铃薯品种淀粉含量偏高，而早熟马铃薯品种淀粉含量偏低。生育期越长，越能够有效累积淀粉。此外，在特定纬度范围之内，各区域马铃薯淀粉含量会伴随纬度改变而呈现出特定规律，即马铃薯淀粉含量会在纬度下降的同时而不断减少。乌兰察布地处高纬度地区，气候四季分明，春季多风、夏季凉爽、秋凉多霜、冬寒少雪，良好的地理、气候条件有利于晚熟马铃薯品种积累淀粉。

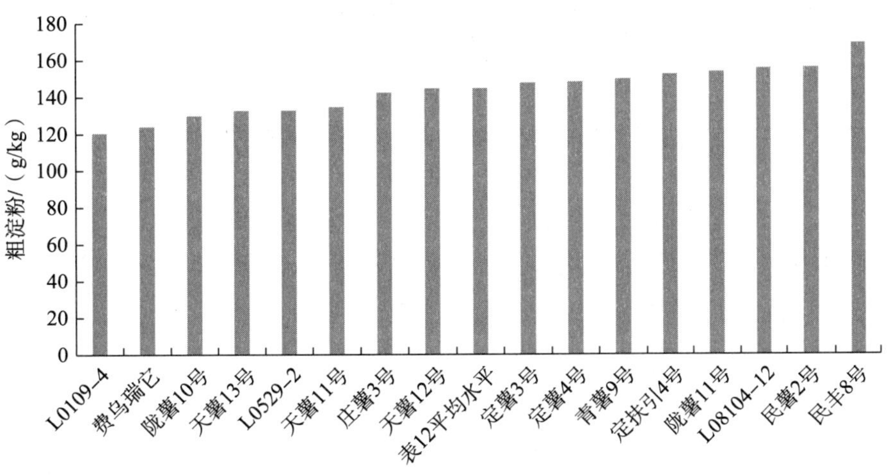

图 3-1　马铃薯粗淀粉含量

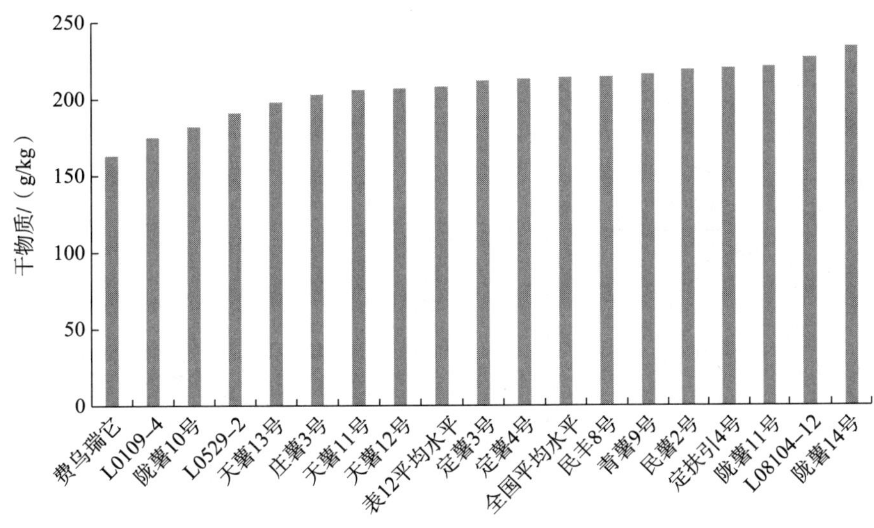

图 3-2　马铃薯干物质含量

2. 氨基酸

乌兰察布马铃薯氨基酸组成见表 3-13。根据表 3-13 数据显示，乌兰察布马铃薯含有丰富的氨基酸，其除含有 8 种人体所必需氨基酸外，还含有鲜味氨基酸（如天冬氨酸）、甜味氨基酸（甘氨酸、丙氨酸、脯氨酸、苏氨酸等）、芳香氨基酸（酪氨酸、苯丙氨酸），是一般粮食作物所不能比拟的。味觉氨基酸能增进鲜爽味，其含量决定着食物的鲜美程度。乌兰察布马铃薯的独特风味可能与其含有较高的味觉氨基酸有关。

表 3-13　乌兰察布马铃薯氨基酸组成

序号	项目	品种	
		费乌瑞它/(mg/100g)	民丰 8 号/(mg/100g)
1	氨基酸总量	648.21	718.07
2	天冬氨酸	39.185	96.23
3	谷氨酸	30.31	54.47
4	丝氨酸	10.62	32.305
5	甘氨酸	26.175	20.995
6	组氨酸	26.335	24.85
7	精氨酸	11.61	58.045
8	丙氨酸	54.14	82.685
9	脯氨酸	29.42	23.53
10	苏氨酸 *	165.48	126.525
11	酪氨酸	8.06	17.85
12	缬氨酸 *	55.14	58.115
13	蛋氨酸	18.66	12.265
14	半胱氨酸	29.135	24.36
15	异亮氨酸 *	21.735	17.63
16	亮氨酸 *	17.06	15.62
17	苯丙氨酸 *	35.055	19.62
18	色氨酸 *	53.325	8.09
19	赖氨酸 *	16.81	24.885

注 1： * 为人体所需氨基酸。

注 2： 乌兰察布马铃薯数据来自农业部农产品质量与营养功能风险评估实验室（北京），其他数据来自《中国食物成分表》、美国农业部食物营养成分数据库以及中国农业科学院蔬菜花卉研究所。

采用氨基酸比值系数法，对乌兰察布马铃薯氨基酸组成进行评价。世界卫生组织（WHO）与联合国粮农组织（FAO）提出了评价蛋白质营养价值的氨基酸模式。根据氨基酸平衡理论，利用 WHO/FAO 的氨基酸模式进行蛋白质质量评价，主要指标为氨基酸比值系数（SRC）。

表 3-14 为乌兰察布马铃薯的 SRC，其值范围在 83.88~85.86。目前，国内广泛种植的 29 种马铃薯 SRC 值范围为 16.69~65.94，国内常见的 7 种彩色马铃薯 SRC 值范

围为 63.766~76.912，将乌兰察布马铃薯与国内普通马铃薯和彩色马铃薯相比对，乌兰察布马铃薯的 SRC 显著高于国内普通马铃薯和彩色马铃薯。其结果说明，乌兰察布马铃薯氨基酸组成均衡，富含人体所需氨基酸，明显优于普通马铃薯，与动物蛋白质相近，能很好地被人体所吸收利用。T/NMSP. MZB 01.3—2019《“蒙”字标农产品认证要求　乌兰察布马铃薯　鲜食型》中未包含氨基酸组成相关的规定，鉴于乌兰察布马铃薯氨基酸组成显著优于普通马铃薯，建议在后期的标准修订工作中考虑增加 SRC 指标。

表 3-14　乌兰察布马铃薯氨基酸评分比对

品种	SRC	数据来源
费乌瑞它	83.88	
民丰 8 号	85.86	
国内广泛种植的 29 个品种马铃薯	16.69~65.94	赵凤敏，李树君，张小燕，等．不同品种马铃薯的氨基酸营养价值评价［J］. 中国粮油学报．2014，29（9）：13-18.
国内常见的 7 种彩色马铃薯	63.766~76.912	徐丽珊，戴一辉，谢子玉，等．七种彩色马铃薯的蛋白质营养评价［J］. 浙江师范大学学报．2020，43（1）：13-18.

3. 矿物质

乌兰察布马铃薯中含有丰富的钾、钙、铁、锌、磷等元素，见表 3-15。通过检测，乌兰察布马铃薯中钾含量是 3.23mg/kg~5.07mg/kg，其中，民丰 8 号含量最高，达5.07mg/kg，高于全国平均水平的 3.42mg/kg，以及美国农业部食物成分数据库中马铃薯钾含量（3.72mg/kg）。乌兰察布马铃薯中钙含量是 54.0mg/kg~87.7mg/kg，其中，费乌瑞它含量最高，达 87.7mg/kg，高于全国平均水平的 80mg/kg。民丰 8 号和费乌瑞它两个品种钙含量均高于美国农业部食物成分数据库中马铃薯钙含量(50mg/kg)。铁含量是 8.0mg/kg~14.0mg/kg，其中，民丰 8 号含量最高，达 14.0mg/kg，民丰 8 号和费乌瑞它两个品种铁含量均高于美国农业部食物成分数据库中马铃薯铁含量（3.4mg/kg）。锌含量是 3.7mg/kg~6.6mg/kg，其中，费乌瑞它含量最高，达 6.6mg/kg，高于全国平均水平的 3.7mg/kg，民丰 8 号和费乌瑞它两个品种锌含量均高于美国农业部食物营养成分数据库中马铃薯锌含量（2.8mg/kg）。磷含量在 5.08mg/100g~5.26mg/100g，民丰 8 号和费乌瑞它两个品种磷含量均高于美国农业部食物成分数据库中马铃薯磷含量（4.8mg/100g）。

表 3-15　乌兰察布马铃薯矿物质含量

品种	钾/(g/kg)	钙/(mg/kg)	铁/(mg/kg)	锌/(mg/kg)	磷/(mg/100g)
民丰 8 号	5.07	54	14	3.7	5.08
费乌瑞它	3.23	87.7	8	6.6	5.26
全国平均水平	3.42	80	8	3.7	—
美国农业部食物营养成分数据库	3.72	50	3.4	2.8	4.8

注：乌兰察布马铃薯数据来自农业部农产品质量与营养功能风险评估实验室（北京），其他数据来自《中国食物成分表》、美国农业部食物营养成分数据库以及中国农业科学院蔬菜花卉研究所。

综上所述，乌兰察布马铃薯部分品种的钾、钙、铁、锌含量高于全国平均水平。T/NMSP. MZB 01.3—2019《“蒙”字标农产品认证要求　乌兰察布马铃薯　鲜食型》中未包含具体矿物质的含量要求，鉴于乌兰察布马铃薯矿物质含量丰富，建议在今后的标准修订工作中加入钾、钙、铁、锌、磷等具体矿物质元素含量的要求。

4. 龙葵素

在乌兰察布马铃薯中均未检测出龙葵素。

5. 结论

通过对乌兰察布马铃薯营养成分比对分析，乌兰察布马铃薯中人体所需氨基酸组成均衡，其氨基酸比值系数（SRC）评分显著高于其他普通马铃薯以及紫色马铃薯。此外，乌兰察布马铃薯中矿物质含量丰富，部分品种的粗淀粉、干物质、铁、钙、钾、锌元素含量高于全国平均水平。因此，建议将 SRC 等指标作为“蒙”字标认证乌兰察布马铃薯的特征营养指标。

第五节　乌兰察布马铃薯团体标准实施与应用

一、标准认证内容

（一）认证流程

1. 对管理层“蒙”字标小组审核，包括体系总体策划、管理职责、方针与目标策划、应急准备与响应、社会责任、管理评审、持续改进等。

2. 对总经理办公室审核，包括职责权限、管理目标、人力资源、财务资源、信息与知识资源、员工福利、内部检查等。

3. 对采购供应中心、物流仓储中心、商品薯销售中心审核，包括生产用原材料采购、可追溯性控制、产品防护、销售过程管理、职责权限、管理目标考核等。

4. 对种薯培育场所及其商品薯大田种植基地巡查审核（商品薯种植基地）。

5. 对生产系统审核，包括脱毒组培中心、原原种生产管理中心、原种生产管理中心、商品薯种植基地、农机土地管理中心。

6. 对基础设施、生产过程管理、基地管理、产品防护等审核。

7. 对质量管理中心审核，包括职责、管理目标、技术资源、质量检测资源、可追溯性、生长环境中水、空气、土壤方面检测、商品薯出库（出厂）检验、风险管理等。

（二）文件评审内容

1. 是否建立所需的文件化管理体系；组织的管理体系是否覆盖申请的认证范围。

2. 管理体系是否有效运行。

3. 认证申请书、调查表信息是否充分，无明显问题。

4. 位置图、地块图、厂区图、工艺流程图等是否清晰；“规划”和（或）“计划”是否符合要求；风险评估的实施是否符合要求。

5. 组织策划的管理体系文件与认证依据标准及其他要求的符合性。

6. 合法经营资质文件（营业执照、土地使用权证明及合同等）是否符合要求。

7. 环境质量证明材料是否有效，包括检测（监测）报告。

二、标准应用效益

T/NMSP. MZB 01. 3—2019《“蒙”字标农产品认证要求　乌兰察布马铃薯　鲜食型》和 T/NMSP. MZB 01. 4—2019《“蒙”字标农产品认证要求　乌兰察布马铃薯　种薯》2 项团体标准提升了马铃薯行业的发展要求，大大促进了行业技术革新、市场秩序规范、行业发展，有效增强了内蒙古自治区马铃薯产品的国际市场竞争力和带动了出口贸易。同时，鼓励企业、社会团体、教育科研机构积极参与到国际标准化活动中，真正地使标准化工作能够与国际规则深度融合，更好地促进中国标准与国际标准之间的“软连通”，用标准化工作助力区域经济高水平的对外开放。

T/NMSP. MZB 01. 3—2019《“蒙”字标农产品认证要求 乌兰察布马铃薯 鲜食型》和 T/NMSP. MZB 01. 4—2019《“蒙”字标农产品认证要求 乌兰察布马铃薯 种薯》2 项团体标准的实施有效地补充了官方标准体系的不足，灵活地满足了市场和行业发展的需求，带动引领了行业创新驱动，有力提升内蒙古马铃薯区域品牌的市场知名度和品牌影响力，加速了马铃薯产业的快速发展，有效推动了马铃薯行业在经济、社会、生态等方面高质量发展。

第四章 河套小麦粉

第一节 河套小麦粉概述

小麦是重要的粮食作物。在全世界粮食产量中，小麦的总产量仅次于玉米，约40%的全球人口以小麦为主要食粮，小麦在口粮消费中占比超过60%，具有绝对优势地位，其生产对保障国家粮食安全具有重要意义。从世界小麦生产布局来看，据联合国粮农组织报告，2017年，世界小麦总产量7.45亿吨，其中，小麦产量超过千万吨国家有16个，分别为中国、印度、俄罗斯、美国、加拿大、法国、乌克兰、德国、巴基斯坦、澳大利亚、土耳其、阿根廷、哈萨克斯坦、英国、伊朗、波兰。总体来看，北美（美国和加拿大）作为国际小麦市场主要出口区，近年来受国际小麦价格低位波动，小麦播种面积、产量呈下降趋势，份额不断降低，世界小麦的生产区域正在向中国和印度为生产中心的亚洲集中。

我国是世界最大的小麦生产国之一，2017年，中国小麦产量为1.29亿吨，占世界小麦生产总量的17%，消费总量占全球的16%。我国小麦种植面积稳定在4.395亿亩，从小麦产区分布来看，我国小麦主产区集中在黄淮麦区（约占总产量70%）和长江中下游麦区，生产贡献最大的省份依次是河南、山东、河北、安徽和江苏等，这5个省份小麦产量占全国小麦总产量的75%。从小麦产量来看，近十年我国小麦总产量逐年提高，单产在全球中已处于较高水平，小麦单产从1978年的2.76万千克/亩提高到2017年的8.115万千克/亩，单产提高是小麦总产量增加的主要因素。

中国也是全球最大的小麦消费国。小麦出口量小于1万吨，可忽略不计，小麦

“自产自销”的特点尤为明显，小麦需求量等于小麦生产量和进口量的总和。从国内小麦供需形势来看，中国小麦供需处于紧平衡状态，供需总体宽松，然而优质小麦却供应不足，虽然近些年优质的小麦品种得到大面积种植，但是春麦区、西南冬麦区和北部冬麦区面积不断下降，高产、矮秆、抗逆、优质麦产业仍不能完全满足市场需求，市场需求约在600万~800万吨，优质小麦产量在350万~450万吨，缺口大概300万吨。以2017年为例，我国进口优质强筋小麦和弱筋小麦400万吨左右。

内蒙古自治区是我国13个小麦主产省（自治区）之一，小麦总产量超过80万吨，其中，巴彦淖尔是我国重要的优质小麦生产区，生产硬质小麦，巴彦淖尔有大大小小面粉加工厂300多家（包括村组范围内小加工厂），其中，日处理小麦80吨以上的加工企业30多家，已形成年加工小麦10亿千克的生产能力。2002~2008年，巴彦淖尔春小麦平均总产量为7.2亿千克，占内蒙古自治区总产量的54.3%。河套地区是国家和内蒙古自治区重要的商品粮基地，也是全国唯一的、国家发展和改革委员会立项建设的、规模化的优质春小麦生产基地。巴彦淖尔盛产的硬质小麦是小麦的一种，小麦分为硬质小麦和软质小麦。硬质小麦是指角质率不低于70%的小麦（新标准定义为硬质指数不低于60）。硬质小麦的胚乳结构紧密，呈半透明状，亦称为角质或玻璃质；就小麦籽粒而言，当其角质占其中部横截面1/2以上时，称其为角质粒，为硬麦。硬质小麦蛋白质含量较高、容量较大、出粉率较高，面粉面筋含量较多，延伸性和弹性较好，适于做馒头、面包等发酵食品。“巴彦淖尔小麦”成功注册为国家原产地证明商标。

巴彦淖尔形成这种优势的小麦品种和产业与其独特的地理气候息息相关，这里昼夜温差大、光照时间长、无霜期长，使得出产的小麦品质优秀而被人们所熟知。巴彦淖尔位于内蒙古自治区河套地区，河套地区是指黄河从宁夏横城到陕西府谷的一段，位于北纬37°线以北，是黄河的这一段和贺兰山、狼山、大青山之间的地区，黄河在这里沿着贺兰山向北，再由阴山阻挡向东，后沿着吕梁山向南，形成“几”字形，故称“河套”，区域包括宁夏、内蒙古、陕西。河套地区属温带大陆性气候，年降水量为90mm~300mm，日照时数为3100h~3300h，土地肥沃、灌溉条件好，积温高、日照充足，小麦品质好，其面筋含量30%~34%，稳定时间在10min以上，蛋白质含量14%以上，灰分0.4%~0.65%。内蒙古自治区春小麦播种面积稳定在600万亩以上，占到全国春小麦的1/4以上，并有增长趋势。

河套小麦平均千粒重43.2g、平均容重792g/L、平均蛋白质含量15.1%，均居全国前列。河套小麦还是“五项全能冠军”，即衡量小麦品质的蛋白质含量、面筋质含量、粉质指标、拉伸指标、沉降值5项综合指标，相较于国内其他地区的小麦，都是遥遥领先的。近几年，巴彦淖尔以打造巴彦淖尔农产品区域公用品牌“天赋河套”为着力点，加大绿色增产增效适用技术推广，培育改良优势品种，包括“永良4号”“巴优一号”“临优一号”等，河套小麦是全国小麦中的“尖子生”。

第二节　T/NMSP. MZB 01. 5—2019《“蒙”字标农产品认证要求　河套小麦粉》

通过广泛调研分析、研讨及与专家咨询、广泛征求意见完成了T/NMSP. MZB 01. 5—2019《“蒙”字标农产品认证要求　河套小麦粉》的制定工作，确保标准制定的规范性，适应产业发展。T/NMSP. MZB 01. 5—2019《“蒙”字标农产品认证要求　河套小麦粉》的制定旨在对“蒙”字标产品的认证，进一步提高河套小麦粉品质和市场竞争力，促进河套小麦粉产业经济稳定持续增长，提高企业产品质量，使内蒙古自治区的优势特色产品经过“蒙”字标认证走向全国、走向国际。

ICS 67.060
B 22

团 体 标 准

T/NMSP. MZB 01.5—2019

“蒙”字标农产品认证要求
河套小麦粉

“Nei Meng Gu Brand” certification requirements of agricultural products—Hetao flour

2019-10-16 发布 2019-11-01 实施

内蒙古标准发展促进会 发布

前　言

本标准按照 GB/T 1.1—2009 给出的规则起草。

本标准由内蒙古标准发展促进会提出并归口。

本标准主要起草单位：内蒙古自治区标准化院、内蒙古兆丰河套面业有限公司、内蒙古河套小麦产业化研究院起草、巴彦淖尔市农牧业技术推广中心、巴彦淖尔市农畜产品质量安全监督管理中心、巴彦淖尔市农牧业科学研究院、内蒙古自治区杭锦后旗气象局。

本标准主要起草人：贾双文、李国强、马军成、闫文芝、高翠霞、高飞翔、温埃清、张继平、朱晓春、刘劼、杨蕾、李颖、王春梅、蒋柠、宋鑫、吕慧枝、张培培、冯莹、王燕妮。

引　言

本标准是“蒙”字标产品认证标准之一。

本标准相关条款采用标准如下：

——第 3 章“产地环境”主要技术指标采纳内蒙古自治区地方标准《“河套小麦”产地环境要求》。

——第 4 章“生产加工”主要技术指标采纳内蒙古自治区地方标准《“河套小麦”品种选用及种子质量要求》《“河套小麦”栽培技术规程》和团体标准《小麦加工技术规范》。

——第 5 章“产品品质”主要技术指标采纳内蒙古自治区地方标准《“河套小麦”原粮及小麦粉》和团体标准《小麦产品标准》。

“蒙”字标农产品认证要求
河套小麦粉

1　范围

本标准规定了河套小麦粉“蒙”字标认证的产地环境、生产加工、产品品质、检验规则及包装、标签、运输、贮存要求。

本标准适用于河套小麦粉“蒙”字标认证。

2　规范性引用文件

下列文件对于本文件的应用是必不可少的。凡是注日期的引用文件，仅注日期的版本适用于本文件。凡是不注日期的引用文件，其最新版本（包括所有的修改单）适用于本文件。

GBJ 22　厂矿道路设计规范

GB 2715　食品安全国家标准　粮食

GB 2760　食品安全国家标准　食品添加剂使用标准

GB 2761　食品安全国家标准　食品中真菌毒素限量

GB 2762　食品安全国家标准　食品中污染物限量

GB 2763　食品安全国家标准　食品中农药最大残留限量

GB 3095　环境空气质量标准

GB 3096—2008　声环境质量标准

GB 4404. 1　粮食作物种子　第 1 部分：禾谷类

GB 5009. 3　食品安全国家标准　食品中水分的测定

GB 5009. 4　食品安全国家标准　食品中灰分的测定

GB 5491　粮食、油料检验　扦样、分样法

GB/T 5492　粮油检验　粮食、油料的色泽、气味、口味鉴定

GB/T 5494　粮油检验　粮食、油料的杂质、不完善粒检验

GB/T 5498　粮油检验　容重测定

GB/T 5506. 2　小麦和小麦粉　面筋含量　第 2 部分：仪器法测定湿面筋

GB/T 5507　粮油检验　粉类粗细度测定

GB/T 5508　粮油检验　粉类粮食含砂量测定

GB/T 5509　粮油检验　粉类磁性金属物测定

GB/T 5510　粮油检验　粮食、油料脂肪酸值测定

GB 5749　生活饮用水卫生标准

GB 6920　水质　pH 值的测定　玻璃电极法

GB 7467　水质　六价铬的测定　二苯碳酰二肼分光光度法

GB 7475　水质　铜、锌、铅、镉的测定　原子吸收分光光度法

GB 7485　水质　总砷的测定　二乙基二硫代氨基甲酸银分光光度法

GB 7494　水质　阴离子表面活性剂的测定　亚甲蓝分光光度法

GB 7718　食品安全国家标准　预包装食品标签通则

GB 8978　污水综合排放标准

GB 12348　工业企业厂界环境噪声排放标准

GB 13271　锅炉大气污染物排放标准

GB/T 14614　粮油检验　小麦粉面团流变学特性测试　粉质仪法

GB/T 14615　粮油检验　小麦粉面团流变学特性测试　拉伸仪法

GB 16297　大气污染物综合排放标准

GB/T 17109　粮食销售包装

GB/T 17138　土壤质量　铜、锌的测定　火焰原子吸收分光光度法

GB/T 17141　土壤质量　铅、镉的测定　石墨炉原子吸收分光光度法

GB/T 17320—2013　小麦品种品质分类

GB 17440　粮食加工、储运系统粉尘防爆安全规程

GB 18083　以噪声污染为主的工业企业卫生防护距离标准

GB/T 21119　小麦　沉降指数测定法　Zeleny 试验

GB/T 24905　粮食包装　小麦粉袋

GB 28050　食品安全国家标准　预包装食品营养标签通则

GB/T 35875　粮油检验　小麦粉面条加工品质评价

GB 50016　建筑设计防火规范（2018 年版）

GB 50058　爆炸危险环境电力装置设计规范

GB/T 50087　工业企业噪声控制设计规范

HJ 479　环境空气　氮氧化物（一氧化氮和二氧化氮）的测定　盐酸萘乙二胺分光光度法

HJ 482　环境空气　二氧化硫的测定　甲醛吸收-副玫瑰苯胺分光光度法

HJ 484　水质　氰化物的测定　容量法和分光光度法

HJ 491　土壤和沉积物　铜、锌、铅、镍、铬的测定　火焰原子吸收分光光度法

HJ 704　土壤　有效磷的测定　碳酸氢钠浸提-钼锑抗分光光度法

HJ 955　环境空气　氟化物的测定　滤膜采样/氟离子选择电极法

LS/T 6102　小麦粉湿面筋质量测定方法——面筋指数法

NY/T 3　谷类　豆类作物种子粗蛋白测定法（半微量凯氏法）

NY/T 53　土壤全氮测定法（半微量开氏法）

NY/T 421　绿色食品　小麦及小麦粉

NY/T 889　土壤速效钾和缓效钾含量的测定

NY/T 1094.2　小麦实验制粉　第2部分：布勒氏法　用于硬麦

NY/T 1121.5　土壤检测　第5部分：石灰性土壤阳离子交换量的测定

NY/T 1121.6　土壤检测　第6部分：土壤有机质的测定

NY/T 1739—2009　小麦抗穗发芽性检测方法

JJF 1070　定量包装商品净含量计量检验规则

定量包装商品计量监督管理办法（国家质量监督检验检疫总局令第75号）

3　产地环境

3.1　适宜气候

3~7月小麦生长季内，日平均气温为16℃~19℃，日较差为13℃~14℃。≥0℃积温为2200℃~2500℃，日照时数为1400h~1500h，降水量为60mm~120mm。

3.2　生态环境

内蒙古巴彦淖尔境内生态环境良好、无污染的河套灌区。

3.3　空气质量

环境空气污染物基本浓度限值符合表1的规定。

表1　环境空气污染物基本项目浓度限值

污染物项目	平均时间	浓度限值	单位	检测方法
总悬浮颗粒物	日平均	≤0.3	mg/m^3	GB/T 15432
	年平均	≤0.2		
二氧化硫	日平均	≤0.15	mg/m^3	HJ 482
	年平均	≤0.06		

表1（续）

污染物项目	平均时间	浓度限值	单位	检测方法
二氧化氮	日平均	≤0.08	mg/m^3	HJ 479
	年平均	≤0.04		
氟化物	日平均	≤3.5	$\mu g/m^3$	HJ 955
	年平均	≤7.5		

3.4 农田灌溉水质要求

农田灌溉水质符合表2的规定。

表2 农田灌溉水质要求

项目	指标	检测方法
pH	5.5~8.5	GB 6920
总汞/(mg/L)	≤0.001	HJ 597
总镉/(mg/L)	≤0.005	GB 7475
总砷/(mg/L)	≤0.05	GB 7485
总铅/(mg/L)	≤0.1	GB 7475
六价铬/(mg/L)	≤0.1	GB 7467
氟化物/(mg/L)	≤2.0	GB 7484
化学需氧量/(mg/L)	≤20	GB 11914
石油类	≤0.05	HJ 637

3.5 土壤质量要求

3.5.1 土壤环境质量

土壤环境质量应符合表3的规定。

表3 土壤环境质量要求

项目	指标	检测方法
pH	7.5~8.5	NY/T 1377
总镉/(mg/kg)	≤0.4	GB/T 17141
总汞/(mg/kg)	≤0.4	GB/T 22105.1
总砷/(mg/kg)	≤15	GB/T 22105.2
总铅/(mg/kg)	≤50	GB/T 17141
总铬/(mg/kg)	≤120	HJ 491
总铜/(mg/kg)	≤60	GB/T 17138

3.5.2　土壤肥力要求

土壤肥力要求应符合表 4 的规定。

表 4　土壤肥力要求

项目	指标	检测方法
有机质/(g/kg)	>13	NY/T 1121.6
全氮/(g/kg)	>0.7	NY/T 53
速效钾/(mg/kg)	>180	NY/T 889
有效磷/(mg/kg)	>15	HJ 704
阳离子交换量（cmol/kg)	15~20	NY/T 1121.5

4　生产加工

4.1　品种选用

4.1.1　一般要求

4.1.1.1　选用通过国家或自治区品种审定或引种备案，适宜河套灌区种植的春小麦品种。

4.1.1.2　品种抗病性达到《内蒙古自治区主要农作物品种审定标准》的相关要求。

4.1.1.3　白皮小麦抗穗发芽性应达到 NY/T 1739—2009 中抗（MR）以上级别。

4.1.2　品质要求

品种品质达到 GB/T 17320—2013 中筋以上品质指标要求，并满足表 5 的规定。

表 5　小麦品种选用品质指标要求

项目		指标	检测方法
籽粒	容重/(g/L)	≥790	GB/T 5498
	粗蛋白质（干基)/%	≥13.0	NY/T 3
实验磨粉	面筋质（以湿基计)/%	≥28.5	GB/T 5506.2
	沉淀值（Zeleny 法)/mL	≥30	GB/T 21119
	面团稳定时间/min	≥4.5	GB/T 14614
	面条评分/分	≥80	GB/T 35875

4.1.3　种子质量要求

种子质量应符合 GB 4404.1 的规定，即原种种子纯度≥99.9%、净度≥99.0%、芽率≥85%、水分≤13%；大田用种种子纯度≥99.0%、净度≥99.0%、芽率≥85%、水分≤13%。

4.2 栽培技术

4.2.1 选地与整地

4.2.1.1 选地

选择耕层深厚、结构良好、有机质含量1%以上，且前茬未施用高毒、高残留农药的中等肥力以上地块。

4.2.1.2 秋整地与基肥

秋耕翻18cm~24cm，每隔3年深松（35cm以上）或深翻（25cm以上）1次深度。结合耕翻，亩施腐熟有机肥2500kg~3000kg；封冻前进行浇水蓄墒。

4.2.1.3 播前整地

2月下旬~3月上旬，当日平均气温稳定在-4℃~-2℃时，适时耙磨整地，达到地平土碎。

4.2.2 播种

4.2.2.1 选用良种

选择适应当地生态条件、优质、抗病、抗倒、适应性强的品种，品质指标同4.1.2，种子质量同4.1.3。

4.2.2.2 种子处理

用福美双可湿性粉剂或粉锈宁按使用说明拌种，预防黑穗病和根腐病。

4.2.2.3 播种期

当日平均气温稳定在0℃~2℃，表土层解冻3cm~5cm，及时播种。

4.2.2.4 播种

选用种肥分层播种机播种，亩播量22.5kg~25.0kg；亩施磷酸二铵22.5kg~25.0kg或缓控释肥（养分含量46%以上）50kg；行距10cm~15cm，播深3cm~5cm。

4.2.3 田间管理

4.2.3.1 水肥管理

小麦3叶~4叶及时浇分蘖水，亩灌水40m^3~50m^3，结合浇水每亩追施尿素10kg~15kg（施用缓控释肥的不用追肥）。在一水后及时除草。小麦6叶~7叶露尖，适时浇拔节水，亩灌水50m^3~60m^3，弱苗地块每亩追5.0kg~7.5kg尿素。抽穗期，每亩灌水50m^3~60m^3；灌浆期，每亩灌水40m^3~50m^3，在无风天进行。

4.2.3.2 病虫害防治

当蚜虫、黏虫发生达到防治指标（标准）时，用抗蚜威或苦参碱植物农药按说明防治，禁用氧化乐果等高毒、高残留农药。

4.2.4　收获要求

在蜡熟末期适时进行机械收割，分品种单收、单晒、单贮。

4.3　加工要求

4.3.1　通则

加工企业应获得《食品生产许可证》。河套小麦加工及后续过程和非河套小麦加工及后续过程相互间在时间或空间上分开。

4.3.2　生产场所

4.3.2.1　一般原则

生产场所选址应遵守国家基本建设方针，执行国家技术政策，符合城市建设总体规划。应注意环境保护、节约用地，尽可能不占或少占耕地。

4.3.2.2　选址环境条件

选址应选择工程地质、水文地质良好，气象条件适宜地区。不宜选择在抗震设防烈度 9 度及以上地区。应避开滑坡、断层带、岩溶发育等地质地区，避开有可采矿藏、文化遗址等不利地段。为避免洪水、潮水和内涝威胁，场地的防洪标准应不低于 50 年一遇。

4.3.2.3　周边环境

厂址应位于居民区及对空气含尘量有严格要求的单位主导风向的下风侧。在全年主导风向不明显的地区，以夏季主导风向为全年主导风向；远离易燃、易爆及其他污染源，并避开其主导风向的下风侧。具备满足生产、生活及发展规划所必需的给水、排水、供电、供热、通信等基础设施。

4.3.2.4　物流环境

宜位于流向合理、集散便捷的集散地，并宜与粮油仓库就近建设；宜处于交通条件良好，具备大宗货物运输、装卸条件的地区。

4.3.3　厂区环境

4.3.3.1　功能与布局

厂区内建筑物、构筑物的布置应满足功能需要，合理用地。厂区布局应结合当地气象条件，使建筑物具有良好的朝向、采光和自然通风条件，并防止粉尘、噪声、易燃气体、有害气体等对周围环境的危害。仓库位置宜靠近运输干线（铁路、公路、河道）及相关的生产车间或辅助车间。易燃、易爆、有毒、有害物品仓库与其他车间的距离应符合国家有关安全、防火、防爆的标准和规范。变、配电所及锅炉房等动力车间位置宜靠近负荷中心。燃料堆场应设在厂区的下风侧，副产品的整理及其储运场所应隔离，并处于下风侧。办公设施应设在厂区的下上风向位置，并应布置在便于生产管理、环境洁净、靠近主要人流出入口、与城镇和居民住区联系方便的地点。

4.3.3.2 厂区道路

道路应保证路面平整、路基稳固、边坡整齐、排水良好，并应有完好的照明设施。应采用混凝土路面或其他易于清洁和维护且不产生有毒、有害物质的路面。应具有与场外道路直通的干路，根据流量，按照 GBJ 22 的规定确定厂内各级道路的宽度。仓库应设有便于出入及装卸作业的货物装卸通道与站台，通道宽度及站台型式应适应常用货运车辆装卸作业与停车调车，消防车辆畅通无阻。

4.3.3.3 厂区绿化

在不妨碍工程管线的敷设与维修及不影响行车安全的条件下，应绿化厂区空地。厂区不应种植对生产有害的植物。

4.3.4 作业场所环境要求

4.3.4.1 一般要求

在加工作业场所，应控制加工过程、原料与制成品的存放环境条件，防止生物、化学、物理危害因素损害原料与制品的质量和卫生安全；并避免加工与储运作业过程对人员和周边环境造成危害。

4.3.4.2 消防与电气安全

加工按照 GB 50016 的规定，有甲、乙类火灾危险性的生产车间和库房，其厂房（仓库）的耐火等级应不低于二级；具有丙类火灾危险性的生产车间和库房，其厂房（仓库）的耐火等级应不低于三级。厂区建筑物的设置布局和功能划分应符合GB 50016的规定。属于气体和粉尘爆炸危险场所的生产车间和库房，其电气设备的选型、安装、检查和维护，均应符合 GB 50058 和 GB 17440 的规定。对进出具有气体爆炸危险场所的人员和物品，要制定符合防范标准要求的制度并严格执行。厂区内物料处理系统设计与运行应符合 GB 17440 的规定。生产车间和库房的照明灯具应有防护罩，生产作业区应设置应急照明设备。

4.3.4.3 环境卫生

宜分别设置原料库、成品库、副产品库和包装材料库；若同一仓库贮存性质不同物品时，应适当区分阻隔。仓库的构造应以最有效地减缓库存原料、成品的品质劣化为原则，应有密闭和防止污染的构造，并应有防止鼠、鸟、虫等动物侵入的装置及构造。仓库面积应满足作业顺畅进行，并易于维持整洁。制成品散装仓的内壁材料应为食品级无毒材料，且应具有光滑、防潮性能，利于仓内物品流动且不残留。仓库应有温度记录，必要时应记录湿度。加工车间设备布局和工艺流程应当合理，以避免交叉污染；并配备必要的防虫、防鼠等设施。车间墙面应光洁、平整、不起灰、易清洗，具有防潮性能；墙面、地面、棚面相接处宜有一定弧度。车间地面应铺设防潮、不透水、应清洗消毒的材料，且应平坦不滑，不得有侵蚀、裂缝及积水。对输送管道及加工设备的食品接触面应制定定期清理制度，并按要求进行清洁处理。

生产车间的厕所应为水冲式，且设置在车间外侧，备有洗手、消毒设施和通风排臭装置；其出入口不得正对车间门，且应避开主要通道；其排污管道应与车间排水管道分设。

4.3.4.4　粉尘与烟尘的控制

在易发生粉尘外溢的原粮装卸点、设备衔接处、集尘箱、包装作业等区域应合理配置低压吸风除尘系统。加工厂排入周围大气的灰尘浓度应符合 GB 16297 和 GB 3095 的规定。加工厂使用的锅炉烟筒高度和大气污染物排放应符合 GB 13271 的规定，烟道出口与引风机之间应设置除尘装置。

4.3.4.5　噪声的控制

对噪声较大的设备宜酌情采取消声减震或隔音措施。车间内部噪声超过 GB/T 50087 规定的限值时，应设置隔音休息室。加工场所对周边环境的噪声影响，应符合 GB 12348 的规定。位于城市的加工厂的噪声影响，应至少满足 GB 3096—2008 中 3 类标准的规定。加工厂与居住区之间所需的卫生防护距离应符合 GB 18083 的规定。厂区布置应充分利用地形、地貌及其他建筑物的声障作用，在防护地带内加强绿化，以减少噪声污染，噪声污染源应与办公和生活区保持足够的距离。

4.3.4.6　加工工艺用水

加工工艺用水应符合 GB 5749 的规定。

4.3.4.7　污水排放要求

加工过程产生的污水排放应符合 GB 8978 的规定。作业场所的排水系统应具有便于清理、保持通畅的构造，并有适当的过滤或排除杂物的装置。

4.3.4.8　包装物使用与处理

应使用符合原料与制品包装要求的包装材料，不得使用无《检验合格证明》的包装材料。废弃包装物应集中存放回收处理，不得随意丢弃。

4.3.4.9　辅料处理

加工过程产生的辅料应建立相应仓库暂存，及时处理，不得随意露天丢弃。

4.3.5 人员及机构要求

4.3.5.1 机构及职责

企业负责人应对企业质量管理全面负责。企业应设立质量管理部门，负责质量管理、卫生管理、“蒙”字标管理。企业应设立内部检查员，负责本标准规定的体系内部检查工作，一般应由质量管理负责人兼任。质量管理部门应设检验室，负责原料、制品、成品的质量、卫生检验分析工作。质量管理部门应根据检验结果，有执行临时停止生产和产品出厂的权力。

4.3.5.2 教育培训

企业应制定培训计划，组织各部门负责人和从业人员参加各种职前、在职培训和学习，以增加员工的相关知识与技能。

4.3.5.3 食品加工人员健康

应建立并执行食品加工人员健康管理制度。食品加工人员每年应进行健康检查，取得《健康证明》；上岗前，食品加工人员应接受卫生培训。食品加工人员如患有痢疾、伤寒、甲型病毒性肝炎、戊型病毒性肝炎等消化道传染病，以及患有活动性肺结核、化脓性或者渗出性皮肤病等有碍食品安全的疾病，或有明显皮肤损伤未愈合的，应当调整到其他不影响食品安全的工作岗位。进入食品生产场所前应整理个人卫生，防止污染食品。进入作业区域应规范穿着洁净的工作服，并按要求洗手、消毒；头发应藏于工作帽内或使用发网约束。进入工作区域不应佩戴饰物、手表，不应化妆、染指甲、喷洒香水；不得携带或存放与食品生产无关的个人用品。使用卫生间、接触可能污染食品的物品或从事与食品生产无关的其他活动后，再次从事接触食品、食品器具、食品设备等与食品生产相关的活动前应洗手消毒。

4.3.5.4 来访者

非食品加工人员不得进入食品生产场所，特殊情况下，进入时应遵守和食品加工人员同样的卫生要求。

4.3.6 质量手册

应编制河套小麦粉生产、加工、经营质量管理手册，应至少包含下列内容：

a） 生产、加工、经营者简介；

b） 管理方针和目标；

c） 组织机构图及其相关岗位的责任和权限；

d） 标识管理；

e） 可追溯体系与产品召回制度；

f）　内部检查；

g）　文件和记录管理；

h）　客户投诉处理；

i）　持续改进体系。

4.3.7　原、辅料要求

4.3.7.1　原料

原料应符合以下规定：

a）　应符合 GB 2715、GB 2761、GB 2762、GB 2763 的相关规定。原料应经过验收合格后方可使用。经验收不合格的食品原料，应在制定区域与合格品分开放置并明显标记，并应及时进行退货等处理。

b）　原料加工前应进行感官检验，必要时应进行实验室检验；检验发现涉及食品安全项目指标异常的，不得使用。

c）　原料运输及贮存中应具备防雨、防尘设施。原料运输工具和容器应保持清洁，维护良好，必要时需进行清洗消毒。

d）　原料不得与有毒、有害物品及其他物质同时装运，防止原料受到污染。原料仓库应设专人管理，建立管理制度，定期（至少每周 1 次）检查质量和卫生情况，及时清理变质的原料，仓库出货顺序应遵循“先进先出”的原则。

4.3.7.2　食品相关产品

食品包装材料、容器、洗涤剂、消毒剂等食品相关产品应符合以下规定：

a）　采购食品包装材料、容器、洗涤剂、消毒剂等食品相关产品应查验产品的合格证明文件，实行许可管理的食品相关产品还应查验供货者的许可证；

b）　食品包装材料等食品相关产品必须经过验收合格后方可使用；

c）　运输食品相关产品的工具和容器应保持清洁、维护良好，并能提供必要的保护，避免污染食品原料和交叉污染；

d）　食品相关产品的贮存应有专人管理，定期检查质量和卫生情况。及时清理变质或超过保质期的食品相关产品。仓库出货顺序应遵循先进先出的原则。

4.3.8　质量控制

4.3.8.1　生产流程

生产加工流程见图 1。

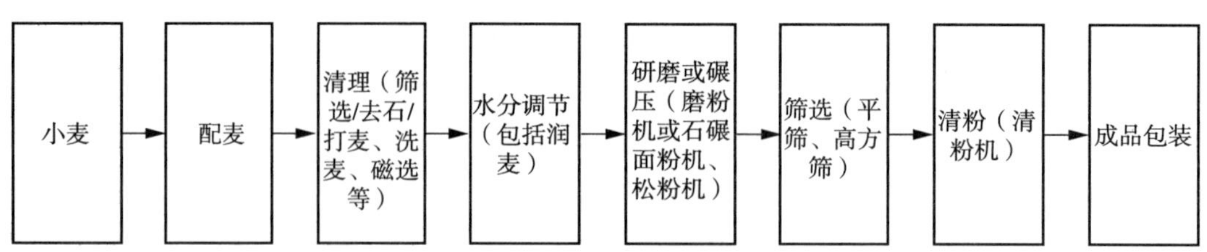

图1 生产加工流程图

4.3.8.2 原粮清理

入磨原料必须经过筛选、去石、打麦、洗麦、磁选等清理过程。风网系统的设备、除尘器、风机、管道应合理组合，使之处于最佳工作状态，以保证清理除尘，吸风效果良好。

4.3.8.3 制粉

制粉车间必须配备粉尘过滤设备，防止车间内粉尘超标。制粉车间粉尘浓度不得超过 10mg/m^3，排出室外的空气粉尘浓度不得超过 150mg/m^3。小麦粉输入成品打包工序之前，应经过磁选。磁选金属物含量不得超过相关规定中磁性金属物的限量。

4.3.8.4 容易出现的质量安全问题

参见附录 A。

4.3.9 文件与记录

加工企业应具备有害生物防治记录和加工、贮存、运输、设施清洁记录。加工企业应具备原料小麦收获记录，包括品种、数量、收获日期、收获方式、生产批号等。

4.3.10 内部检查

应建立内部检查制度，以保证河套小麦粉生产、加工、经营管理体系及生产过程符合本标准的规定，内部检查应由内部检查员来承担。内部检查员的职责包括以下方面：

a） 对本企业管理体系进行检查；

b） 对本企业生产、加工过程实施内部检查，并形成记录；

c） 配合“蒙”字标认证机构的检查和认证。

5 产品品质

5.1 原粮品质

5.1.1 原粮感官要求

应符合 GB 2715 的规定。

5.1.2　原粮质量要求

小麦籽粒质量要求符合表 6 的规定。

表 6　小麦籽粒质量要求

<table>
<tr><th colspan="3">项目</th><th>指标</th><th>检测方法</th></tr>
<tr><td rowspan="7">籽粒</td><td colspan="2">容重/(g/L)</td><td>≥770</td><td>GB/T 5498</td></tr>
<tr><td colspan="2">水分/%</td><td>≤12.5</td><td>GB 5009.3</td></tr>
<tr><td colspan="2">不完善粒/%</td><td>≤6.0</td><td rowspan="3">GB/T 5494</td></tr>
<tr><td rowspan="2">杂质/%</td><td>总量</td><td>≤1.0</td></tr>
<tr><td>矿物质</td><td>≤0.5</td></tr>
<tr><td colspan="2">粗蛋白质（干基)/%</td><td>≥13</td><td>NY/T 3</td></tr>
<tr><td colspan="2">气味、口味</td><td>正常</td><td>GB/T 5492</td></tr>
<tr><td rowspan="4">实验磨粉</td><td colspan="2">面筋质（以湿基计)/%</td><td>≥28</td><td>GB/T 5506.2</td></tr>
<tr><td colspan="2">面团稳定时间/min</td><td>≥4</td><td>GB/T 14614</td></tr>
<tr><td colspan="2">最大拉伸阻力/EU</td><td>≥220</td><td>GB/T 14615</td></tr>
<tr><td colspan="2">能量/cm^2</td><td>≥65</td><td>NY/T 1094.2</td></tr>
</table>

5.2　小麦粉品质要求

5.2.1　小麦粉感官要求

具有该产品固有的性状、色泽，气味口味正常、无异味。

5.2.2　小麦粉质量要求

小麦粉质量要求符合表 7 的规定。

表 7　小麦粉质量要求

项目	指标	检测方法
灰分（干基)/%	≤0.70	GB 5009.4
面筋质（以湿基计)/%	≥26.0	GB/T 5506.2
面筋指数/%	≥70	LS/T 6102
稳定时间/min	≥3.0	GB/T 14614
面条品尝评分/分	≥75	GB/T 17320
加工精度	按实物标样	按实物标准样品对照检验
粗细度/%	全通 CB 30 筛，留存 CB 36 号筛≤10	GB/T 5507
含砂量/%	≤0.02	GB/T 5508

表7（续）

项目	指标	检测方法
磁性金属物/(g/kg)	≤0.003	GB/T 5509
水分/%	≤14.5	GB 5009.3
脂肪酸值（以干物计）/(mgKOH/100g)	≤50	GB/T 5510
气味、口味	正常	GB/T 5492

5.2.3 净含量

应符合《定量包装商品计量监督管理办法》的规定，检验方法按照 JJF 1070 的规定执行。

5.3 卫生限量要求

5.3.1 真菌毒素限量指标

应符合 NY/T 421 的规定。

5.3.2 农药残留限量指标

应符合 NY/T 421 的规定。

5.3.3 污染物限量指标

应符合 NY/T 421 的规定。

5.3.4 食品添加剂

应符合 GB 2760 的规定，不得添加过溴酸钾、氧化苯甲酰。

6 检验规则

6.1 抽样

小麦粉抽样方法按照 GB 5491 的规定执行。

6.2 产品组批

同原料、同工艺、同设备、同班次加工的同种产品为一批。

6.3 出厂检验

每批出厂产品应进行检验，产品合格后方可出厂。

6.4 型式检验

有下列情况之一的应进行型式检验：

a) 原料工艺有较大变化，可能影响产品质量时；

b） 出厂检验结果与上次型式检验有较大差异时；

c） 国家市场监管部门提出进行型式检验要求时。

7 包装、标签、运输、贮存要求

7.1 包装

包装应符合 GB/T 17109 和 GB/T 24905 的规定。

7.2 标签

标签应符合 GB 7718 和 GB 28050 的规定及《“蒙”字标认证标识管理办法》的相关要求。

7.3 运输

运输器具应清洁干燥、无污染，并有防尘、防雨雪设施。

7.4 贮存

袋装产品应放在清洁、干燥、通风、无污染的专用库房中。包装物件应码放距地面、墙壁 20cm 以上，注意防虫、防鼠、防潮。

附录 A

（资料性附录）

容易出现的质量安全问题

A. 1　增白剂（过氧化苯甲酰）超标

自 2011 年 5 月 1 日起，禁止在面粉生产中添加过氧化苯甲酰、过氧化钙，食品添加剂生产企业不得生产、销售食品添加剂过氧化苯甲酰、过氧化钙；有关面粉（小麦粉）中允许添加过氧化苯甲酰、过氧化钙的食品标准内容自行废止。

A. 2　灰分

灰分应符合表 A. 1 的规定。

表 A. 1　灰分

等级	灰分（以干物计）/%	检测方法
特制一等	<0. 70	GB 5009. 4
特制二等	<0. 85	
标准粉	<1. 10	
普通粉	<1. 40	

A. 3　含砂量

含砂量应符合表 A. 2 的规定。

表 A. 2　含砂量

等级	含砂量/%	检测方法
特制一等	<0. 02	GB/T 5508
特制二等	<0. 02	
标准粉	<0. 02	
普通粉	<0. 02	

A. 4　磁性金属物

磁性金属物应符合表 A. 3 的规定。

表 A. 3　磁性金属物

等级	磁性金属物/(g/kg)	检测方法
特制一等	<0. 003	GB/T 5509
特制二等	<0. 003	
标准粉	<0. 003	
普通粉	<0. 003	

第三节　河套小麦粉品质分析研究

一、技术指标采用情况

T/NMSP. MZB 01. 5—2019《“蒙”字标农产品认证要求　河套小麦粉》规定了小麦产地环境、栽培工艺、生产加工的技术要求，该标准作为“蒙”字标产品认证系列标准之一。标准相关条款采用标准如下：

——第 3 章“产地环境”主要技术指标采纳内蒙古自治区地方标准《“河套小麦”产地环境要求》。

——第 4 章“生产加工”主要技术指标采纳内蒙古自治区地方标准《“河套小麦”品种选用及种子质量要求》《“河套小麦”栽培技术规程》和团体标准《小麦加工技术规范》。

——第 5 章“产品品质”主要技术指标采纳内蒙古自治区地方标准《“河套小麦”原粮及小麦粉》和团体标准《小麦产品标准》。

二、国内先进标准比对分析情况

在小麦产地环境质量要求方面，针对空气、水质、土壤都有现行国家标准。GB 3095—2012《环境空气质量标准》规定了空气的质量要求；GB 5084—2005《农田灌溉水质标准》规定了农田灌溉水的质量要求。GB 15618—2018《土壤环境质量 农用地土壤污染风险管控标准（试行）》规定了农用地土壤的质量要求，这 3 项国家标准是有机产品认证基础标准。在绿色食品认证方面，NY/T 391—2013《绿色食品 产地环境质量》规定了绿色食品产地环境的质量要求；T/NMSP. MZB 01. 5—2019《"蒙"字标农产品认证要求 河套小麦粉》规定了小麦产地水、土壤、空气的质量和产品品质要求。以下是 T/NMSP. MZB 01. 5—2019《"蒙"字标农产品认证要求 河套小麦粉》和现行国家标准、行业标准的指标技术比对情况。

（一）产地环境

1. 空气质量要求

在空气质量要求方面，T/NMSP. MZB 01. 5—2019《"蒙"字标农产品认证要求 河套小麦粉》与 GB/T 3095—2012《环境空气质量标准》、NY/T 391—2013《绿色食品 产地环境质量》各项指标比对情况见表 4-1。

表 4-1 河套小麦粉产地环境空气质量要求指标比对

项目	平均时间	单位	GB/T 3095—2012	NY/T 391—2013	T/NMSP. MZB 01. 5—2019	质量指标比对结果
总悬浮颗粒物	日平均	mg/m^3	≤0. 3	≤0. 3	≤0. 3	达到绿色食品标准
	年平均		≤0. 2	—	≤0. 2	—
二氧化硫	日平均	mg/m^3	≤0. 15	≤0. 15	≤0. 15	达到绿色食品标准
	年平均		≤0. 06	≤0. 50	≤0. 06	领先水平
二氧化氮	日平均	mg/m^3	≤0. 08	≤0. 08	≤0. 08	达到绿色食品标准
	年平均		≤0. 04	≤0. 20	≤0. 04	领先水平
氟化物	日平均	$\mu g/m^3$	≤7. 0	≤7. 0	≤3. 5	领先水平
	年平均		—	≤20. 0	≤7. 5	领先水平

由表 4-1 可知，T/NMSP. MZB 01. 5 中空气质量指标总体上领先于 NY/T 391。在指标对比中，T/NMSP. MZB 01. 5 中总悬浮颗粒物日平均指标、二氧化硫日平均指标、二氧化氮日平均指标达到绿色食品标准；二氧化硫年平均指标、二氧化氮年平均指标、氟化物指标领先于 NY/T 391。

2. 灌溉水质要求

在灌溉水质要求方面，T/NMSP. MZB 01.5—2019《“蒙”字标农产品认证要求 河套小麦粉》与 GB 5084—2005《农田灌溉水质标准》、NY/T 391—2013《绿色食品 产地环境质量》各项指标比对情况见表 4-2。

表 4-2 河套小麦粉产地环境灌溉水质要求指标比对

项目	GB 5084—2005	NY/T 391—2013	T/NMSP. MZB 01.5—2019	质量指标比对结果
pH	5.5~8.5	5.5~8.5	5.5~8.5	—
总汞/(mg/L)	≤0.001	≤0.001	≤0.001	达到绿色食品标准
总镉/(mg/L)	≤0.001	≤0.05	≤0.005	达到绿色食品标准
总砷/(mg/L)	≤0.1	≤0.05	≤0.05	达到绿色食品标准
总铅/(mg/L)	≤0.2	≤0.1	≤0.1	达到绿色食品标准
六价铬/(mg/L)	≤0.1	≤0.1	≤0.1	达到绿色食品标准
氟化物/(mg/L)	≤2.0	≤2.0	≤2.0	达到绿色食品标准
化学需氧量/(mg/L)	≤200	≤60	≤20	领先水平
石油类/(mg/L)	≤10	≤0.05	≤0.05	达到绿色食品标准
粪大肠菌群/(个/100mL)	≤4000	≤10000	—	—

由表 4-2 可知，T/NMSP. MZB 01.5 中总汞、总镉、总砷、总铅、六价铬、氟化物、石油类 7 项指标均达到绿色食品标准，化学需氧量指标领先于 NY/T 391。

3. 土壤环境质量要求

在土壤环境质量要求方面，河套地区土壤 pH 在 7.5~8.5，属于旱地碱性土壤，在相应 pH 范围内，T/NMSP. MZB 01.5—2019 与 GB 5084—2005、NY/T 391—2013

比对了土壤环境质量要求和土壤肥力要求两方面内容。其中，土壤环境质量要求指标比对有 6 项，分别是 pH、总镉、总砷、总铅、总铬、总铜；土壤肥力要求指标比对有5 项，分别是有机质、全氮、速效钾、有效磷、阳离子交换量。具体比对情况见表 4-3、表 4-4。

表 4-3　河套小麦粉产地环境土壤环境质量要求指标比对

项目	GB 15618—2018	NY/T 391—2013	T/NMSP. MZB 01. 5—2019	质量指标比对结果
pH	>7. 5	>7. 5	7. 5~8. 5	
总镉/(mg/kg)	≤0. 60	≤0. 4	≤0. 4	达到绿色食品标准
总砷/(mg/kg)	≤25	≤20	≤15	领先水平
总铅/(mg/kg)	≤170	≤50	≤50	达到绿色食品标准
总铬/(mg/kg)	≤250	≤120	≤120	达到绿色食品标准
总铜/(mg/kg)	≤100	≤60	≤60	达到绿色食品标准

表 4-4　河套小麦粉产地环境土壤肥力要求指标对比

项目	NY/T 391—2013	T/NMSP. MZB 01. 5—2019	质量指标比对结果
	Ⅱ		
有机质/(g/kg)	10~15	>13	达到绿色食品标准Ⅱ级水平
有效磷/(mg/kg)	5~10	>15	领先于绿色食品标准Ⅰ级水平
速效钾/(mg/kg)	80~120	>180	领先于绿色食品标准Ⅰ级水平
全氮/(g/kg)	0. 8~1. 0	>0. 7	达到绿色食品标准Ⅱ级水平
阳离子交换量/(cmol/kg)	15~20	15~20	达到绿色食品标准Ⅱ级水平

由表 4-3 可知，T/NMSP. MZB 01. 5 中总镉、总铅、总铬、总铜 4 项指标均达到绿色食品标准；总砷指标领先于 NY/T 391。

由表 4-4 可知，T/NMSP. MZB 01. 5 中有机质、全氮、阳离子交换量 3 项指标均达到绿色食品标准Ⅱ级水平；有效磷、速效钾 2 项指标均领先于国家绿色食品标准 Ⅰ 级水平。

（二）小麦及小麦粉产品质量要求

目前，在小麦及小麦粉产品标准方面，GB 1351—2008《小麦》规定了商品小麦的相关质量要求；GB 1355—1986《小麦粉》对小麦粉进行了特制一等、特制二等、标准粉和普通粉的分级。小麦及小麦粉的绿色食品认证标准是NY/T 421—2012《绿色食品　小麦及小麦粉》，其规定了绿色食品小麦及小麦粉的质量要求。

表4-5和表4-6给出了T/NMSP. MZB 01.5—2019《“蒙”字标农产品认证要求　河套小麦粉》与GB 17320—2013《小麦品种品质分类》、GB 1351—2008《小麦》、GB 1355—1986《小麦粉》及NY/T 421—2012《绿色食品　小麦及小麦粉》的技术指标比对情况。

表4-5　小麦技术指标比对

<table>
<tr><th colspan="3" rowspan="2"></th><th colspan="2">GB 17320—2013
（中强筋小麦）
GB 1351—2008</th><th rowspan="2">NY/T 421—2012</th><th rowspan="2">T/NMSP. MZB 01.5—2019</th><th rowspan="2">质量指标比对结果</th></tr>
<tr><th>一等</th><th>二等</th></tr>
<tr><td rowspan="10">理化指标</td><td colspan="2">容重/(g/L)</td><td>≥790</td><td>≥770</td><td>≥750</td><td>≥770</td><td>领先水平</td></tr>
<tr><td colspan="2">不完善粒/%</td><td colspan="2">≤6.0</td><td>≤6.0</td><td>≤6.0</td><td>达到绿色食品标准</td></tr>
<tr><td colspan="2">水分/%</td><td colspan="2">≤12.5</td><td>≤12.5</td><td>≤12.5</td><td>达到绿色食品标准</td></tr>
<tr><td rowspan="2">杂质/%</td><td>总量</td><td colspan="2">≤1.0</td><td>≤1.0</td><td>≤1.0</td><td>达到绿色食品标准</td></tr>
<tr><td>矿物质</td><td colspan="2">≤0.5</td><td>≤0.5</td><td>≤0.5</td><td>达到绿色食品标准</td></tr>
<tr><td colspan="2">粗蛋白质（干基）/%</td><td colspan="2">≥13.0</td><td>—</td><td>≥13.0</td><td>—</td></tr>
<tr><td colspan="2">湿面筋（以基计）/%</td><td colspan="2">≥28</td><td>—</td><td>≥28</td><td>—</td></tr>
<tr><td colspan="2">面团稳定时间/min</td><td colspan="2">≥8</td><td>—</td><td>≥4</td><td>—</td></tr>
<tr><td colspan="2">最大拉伸阻力/EU</td><td colspan="2">≥300</td><td>—</td><td>≥220</td><td>—</td></tr>
<tr><td colspan="2">能量/cm²</td><td colspan="2">≥65</td><td></td><td>≥65</td><td>—</td></tr>
</table>

表 4-6　小麦粉技术指标比对

<table>
<tr><th rowspan="2">项目</th><th colspan="2">GB 1355—1986</th><th rowspan="2">NY/T 421—2012</th><th rowspan="2">T/NMSP. MZB 01. 5—2019</th><th rowspan="2">质量指标比对结果</th></tr>
<tr><th>一等</th><th>二等</th></tr>
<tr><td>灰分/%</td><td>≤0. 70</td><td>≤0. 85</td><td rowspan="11">符合 GB 1355—1986</td><td>≤0. 70</td><td>达到国家小麦一等以上，符合绿色食品标准</td></tr>
<tr><td>面筋质/%</td><td>≥26. 0</td><td>≥25. 0</td><td>≥26</td><td>达到国家小麦一等以上，符合绿色食品标准</td></tr>
<tr><td>面筋指数/%</td><td colspan="2">—</td><td>≥70</td><td></td></tr>
<tr><td>稳定时间/min</td><td colspan="2">—</td><td>≥3. 0</td><td></td></tr>
<tr><td>面条品尝评分/分</td><td colspan="2">—</td><td>≥75</td><td></td></tr>
<tr><td>加工精度</td><td colspan="2">按实物标准样品对照</td><td>按实物标准样品对照</td><td>达到绿色食品标准</td></tr>
<tr><td>粗细度/%</td><td colspan="2">CB30 全通过，CB36 留存≤10</td><td>CB30 全通过，CB36 留存≤10</td><td>达到绿色食品标准</td></tr>
<tr><td>含砂量/%</td><td colspan="2">≤0. 02</td><td>≤0. 02</td><td>达到绿色食品标准</td></tr>
<tr><td>磁性金属物/（g/kg）</td><td colspan="2">≤0. 003</td><td>≤0. 003</td><td>达到绿色食品标准</td></tr>
<tr><td>脂肪酸值/（mgKOH/100g）</td><td colspan="2">≤80</td><td>≤50</td><td>达到绿色食品标准</td></tr>
<tr><td>气味、口味</td><td colspan="2">正常</td><td>正常</td><td>达到绿色食品标准</td></tr>
</table>

由表 4-5、表 4-6 可知，T/NMSP. MZB 01. 5 中原粮及小麦粉各项质量指标均高于国家标准中筋小麦质量要求，能达到中强筋等级。GB 1351 将小麦分为 5 个等级，T/NMSP. MZB 01. 5中规定了小麦容重≥770g/L，相当于 GB 1351 规定的二等以上小麦。水分、不完善粒和杂质指标与 GB 1351 一致。

GB/T 17320 规定中筋小麦的粗蛋白质含量≥13. 00%，T/NMSP. MZB 01. 5 规定二等小麦粗蛋白含量≥13. 0%。GB/T 17320 规定中筋小麦的湿面筋含量为≥26%，T/NMSP. MZB 01. 5 规定湿面筋最低含量≥28%。T/NMSP. MZB 01. 5 中面团稳定时间、最大拉伸阻力和能量等指标均领先于 GB/T 17320 中筋小麦的数值。面条品尝评分方面，河套小麦特别适合制作蒸煮类面食品，这是由它独特的口感决定的，所以加了这一项，参考国家标准制定。

（三）河套小麦粉营养品质比对

2020 年 1 月，农业农村部食物与营养发展研究所受内蒙古自治区标准化院委托，就“蒙”字标农产品认证关键品质指标进行研究。项目主要对 T/NMSP. MZB 01. 5—2019《“蒙”字标农产品认证要求 河套小麦粉》中河套小麦粉的特色营养指标进行研究，并最终完善其特色营养指标。项目组对内蒙古自治区河套地区代表性企业的小麦粉产品进行采集，每个企业至少 3 种主导产品，每个产品随机抽取 2 个不同生产季度产品，且所采集产品的小麦原粮和加工过程须满足已有团体标准的要求。检测营养指标包括维生素（A、E、B_1、B_2、B_3）和矿物质（钙、铁、硒、磷、镁）两类。

1. 维生素（A、E、B_1、B_2、B_3）

我国小麦品种多样且种植、加工环境差异较大，使得小麦加工制品间的营养品质存在巨大差异。表 4-7 是我国不同等级小麦粉和本项目采集小麦粉样品中维生素含量情况。表 4-7 数据整体显示，河套地区小麦粉 B 族维生素含量整体高于我国小麦粉普遍含量，尤其是维生素 B_2、B_3 含量。河套地区小麦粉维生素 B_2、B_3 含量分别是 1. 34mg/100g～1. 95mg/100g 和 3. 40mg/100g～4. 35mg/100g，而我国小麦粉维生素 B_2、B_2 含量平均代表值是 0. 06mg/100g 和 1. 57mg/100g，河套地区小麦粉明显高于我国小麦粉平均水平。

表 4-7 我国不同等级小麦粉和本项目采集小麦粉样品中维生素含量

小麦粉等级品种		维生素 A mg/100g	维生素 E mg/100g	维生素 B_1 mg/100g	维生素 B_2 mg/100g	维生素 B_3 mg/100g
标准粉		0	0. 32	0. 46	0. 05	1. 91
特二粉		0	1. 25	0. 15	0. 11	2. 00
特一粉（富强粉）		0	0. 73	0. 17	0. 06	2. 00
小麦粉（代表值）		0	0. 66	0. 20	0. 06	1. 57
河套小麦粉	河套瑞雪粉 1	0	0. 37	0. 16	1. 44	4. 25
	河套瑞雪粉 2	0	0. 44	0. 16	1. 51	4. 30
	河套雪 1	0	0. 15	0. 15	1. 85	3. 40
	河套雪 2	0	0. 15	0. 13	1. 95	3. 45
	河套雪花粉 1	0	0. 06	0	1. 52	3. 45
	河套雪花粉 2	0	0. 06	0	1. 52	3. 50
	兆丰石碾雪花粉 1#	0	0. 11	0. 20	1. 42	4. 15
	兆丰石碾雪花粉 2#	0	0. 33	0. 19	1. 34	4. 05
	兆丰精选有机瑞雪粉 1#	0	0. 27	0. 25	1. 48	4. 4
	兆丰精选有机瑞雪粉 2#	0	0. 41	0. 21	1. 62	4. 30
	兆丰有机特制颗粒粉 1#	0	0. 12	0. 22	1. 60	3. 65
	兆丰有机特制颗粒粉 2#	0	0. 06	0. 22	1. 60	3. 65
	北峰岭雪花粉 20191109	0	0. 27	0. 16	1. 50	4. 35

2. 矿物质（钙、铁、硒、磷、镁）

小麦籽粒化学成分主要包括淀粉、蛋白质、纤维素、脂肪、矿物质以及水；矿物质主要有钙、磷、镁等，小麦中42%的矿物质集中在糊粉层。表4-8是我国不同等级小麦粉和本项目采集小麦粉样品中矿物质含量情况。表4-8中数据显示，河套地区小麦粉铁含量高于我国整体小麦粉铁含量水平，硒含量与我国小麦粉整体水平相等，钙、磷、镁含量低于我国小麦粉平均水平。在铁含量方面，同一种小麦粉产品在不同季节批次条件下，相差较大，这说明有可能小麦粉铁含量与季节有关。

表4-8　我国不同等级小麦粉和本项目采集小麦粉样品中矿物质含量

小麦粉等级品种		钙/（mg/kg）	铁/（mg/kg）	硒/（mg/kg）	磷/（mg/kg）	镁/（mg/kg）
标准粉		310	0.60	0.07	1670	500
特二粉		300	3.00	0.06	1200	480
特一粉（富强粉）		270	2.70	0.07	1140	320
小麦粉（代表值）		280	1.40	0.07	1360	530
河套小麦粉	河套瑞雪粉1	187.15	4.08	0.06	1068.50	344.30
	河套瑞雪粉2	193.55	10.56	0.08	1058	350
	河套雪1	166.50	6.01	0.06	748.40	190
	河套雪2	158.50	4.51	0.06	723.60	180.10
	河套雪花粉1	143.25	3.40	0.04	669.45	167.75
	河套雪花粉2	145.45	4.37	0.04	668.65	171.45
	兆丰石碾雪花粉1#	182.35	8.41	0.26	1027	324.85
	兆丰石碾雪花粉2#	173.05	3.55	0.24	898.30	229.80
	兆丰精选有机瑞雪粉1#	133.10	8.07	0.16	821.45	274.30
	兆丰精选有机瑞雪粉2#	194.25	5.24	0.16	1037.50	331.45
	兆丰有机特制颗粒粉1#	146.95	3.15	0.07	721.70	186.55
	兆丰有机特制颗粒粉2#	149.65	21.63	0.04	656.60	177.35
	北峰岭雪花粉20191109	166.90	7.75	0	1021.50	261.95

3. “蒙”字标河套小麦粉营养品质特点分析

通过对我国小麦粉相关标准的梳理，在质量品质方面，大部分标准主要是对小麦粉物理和加工特性指标进行限定，鲜有对小麦粉营养品质指标进行规定。内蒙古自治区河套地区作为我国小麦主产区之一，水文资源丰富，农业灌溉发达。与我国小麦粉平均水平相比，河套地区小麦粉在营养品质上有其显著特色。通过对河套地区7种小麦粉产品（其中 6 种产品随机选取两个不同生产季度）的收集和营养指标检测（具体检测结果见表 4-7、表 4-8），结果显示，河套地区小麦粉中 B 族维生素含量整体高于我国小麦粉普遍含量，尤其是维生素 B_2、B_3 含量。河套地区小麦粉维生素 B_2、B_3 含量分别是 1.34mg/100g~1.95mg/100g 和 3.40mg/100g~4.35mg/100g，而我国小麦粉平均代表值是 0.06mg/100g 和 1.57mg/100g，河套地区小麦粉明显高于小麦粉平均水平。不同生产季度的同一产品，在维生素 B_2、B_3 含量方面差异并不大，说明河套地区小麦粉维生素 B_2、B_3 含量明显高于我国小麦粉平均水平是一个普遍现象。建议将维生素 B_2、B_3 含量作为河套地区小麦粉的限定营养指标；在数值设定方面，建议维生素 $B_2 \geq$ 1.20mg/100g，维生素 $B_3 \geq$ 3.30mg/100g。另外，在矿物质方面，河套地区小麦粉铁含量高于我国整体小麦粉铁含量水平，硒含量与我国小麦粉整体水平相当，钙、磷、镁含量小于我国小麦粉平均水平。在铁含量方面，虽然同一种小麦粉产品在不同季节批次条件下相差较大，但河套地区小麦粉铁含量普遍高于我国小麦粉铁含量平均水平，建议将铁含量作为河套小麦粉的特色营养指标；在数值设定方面，建议铁 ≥ 3.00mg/kg。

第四节　河套小麦粉团体标准实施与应用

一、标准认证内容

（一）检查计划（表 4-9）

表 4-9　检查计划

检查部门/场所/人员/活动	对应标准条款/要求
一、生产部/加工现场 （一）场所环境（包括生态环保、基础设施） （二）人员要求 （三）原辅料要求 （四）生产质量控制（包括食品防护） （五）包装、标签、运输、贮存要求（包括食品防护） （六）应急准备与响应 （七）人员访谈	T/NMSP. MZB 01.5—2019 中 4.3.1~4.3.3、4.3.4、4.3.6、7；DB15/T 1700.1—2019 中 6.5、8.2、8.3、11

表 4-9（续）

检查部门/场所/人员/活动	对应标准条款/要求
二、领导层沟通 （一）“蒙”字标总体要求 （二）领导作用 （三）资源 （四）社会责任 （五）持续改进	DB15/T 1700. 1—2019 中 4、5、6、10、12
三、综合部 （一）资源（人力资源） （二）人员要求 （三）持续改进	T/NMSP. MZB 01. 5—2019 中 4. 3. 4； DB15/T 1700. 1—2019 中 6. 1、12
四、收储中心 （一）原料要求 （二）辅料要求 （三）人员访谈	T/NMSP. MZB 01. 5—2019 中 4. 3. 5
五、品控部 （一）产品质量要求 （二）检验规则 （三）追溯管理 （四）风险评估 （五）人员访谈	T/NMSP. MZB 01. 5—2019 中 4. 3. 5； DB15/T 1700. 1—2019 中 8. 1、9
六、生产部（办公室部分） （一）种植生产工序记录核查（包括产地环境查验、品种选择、栽培技术） （二）核查各工序相应记录文件、加工记录，核算产品产量、追溯管理	T/NMSP. MZB 01. 5—2019 中 3、4、7； DB15/T 1700. 1—2019 中 9

（二）检查记录（表 4-10）

表 4-10　检查记录

序号	检查主体	检查情况
1	企业领导“蒙”字标意识	
2	“蒙”字标设施生产能力及资源	
3	产品检测	
4	认证范围的确认	
5	企业生产/品牌/管理的先进性	

（三）指标检测报告（表 4-11）

表 4-11　指标检测报告

检测依据标准	检测指标	检测报告
T/NMSP. MZB 01. 5—2019 中 5. 2. 1	外观	
	色泽	
	气味	
	杂质	
T/NMSP. MZB 01. 5—2019 中 5. 2. 2	灰分	
	面筋值	
	面筋指数	
	稳定时间	
	面条品尝评分	
	加工精度	
	粗细度	
	含砂量	
	磁性金属物	
	水分	
	脂肪酸酯	
	气味、口味	
NY/T 421—2012 中表 5	总砷	
	甲拌磷	
	乐果	
	磷化物	
	氯化苦	
NY/T 421—2012 中 A. 1	铅	
	镉	
	三唑酮	
	抗蚜威	
	辛硫磷	
	毒死蜱	
	吡虫啉	
	氯氰菊酯	
	溴氰菊酯	
	氰戊菊酯	
	黄曲霉毒素	
	脱氧雪腐镰刀菌烯醇	
	玉米赤霉烯酮	

表 4-11（续）

检测依据标准	检测指标	检测报告
T/NMSP. MZB 01. 5—2019 中 5. 3. 4	溴酸钾	
	过氧化苯甲酰	

二、标准应用效益

“蒙”字标认证通过建立标准体系、制度体系、产业体系、质量链体系、推广体系等五大体系，运用“高标准+严认证”国际通用认证方式，为世界甄选草原尚品。“蒙”字标认证的标准体是基础性工作，T/NMSP. MZB 01. 5—2019《“蒙”字标农产品认证要求　河套小麦粉》是第一批“蒙”字标认证产品的团体标准之一，技术内容反映了河套小麦粉的优良品质，是河套小麦粉的产品“说明书”。通过认证的形式推广使用，将极大地规范河套小麦粉生产加工企业产品质量管理水平，消除了区域公用品牌的运行风险，也为“蒙”字标这一内蒙古自治区高端区域公用品牌发展提供了有力保障。

第二篇

内蒙古自治区“蒙”字标畜产品

第五章 锡林郭勒羊肉

第一节 锡林郭勒羊肉概述

内蒙古自治区锡林郭勒盟地域面积20万平方千米，其中，优质天然草场18万平方千米，美丽富饶的锡林郭勒大草原正在其中。据说，当年成吉思汗西征回来路过锡林郭勒草原，被这里的景色吸引，因此，将这里命名为“锡林郭勒”，意思是水草茂盛的地方。锡林郭勒草原号称“天堂草原”，是我国四大天然草原之一，从古至今是北方游牧民族尤其是蒙古族赖以生存的根基，并造就了游牧文明。锡林郭勒天然牧场辽阔无垠、四季分明、水草丰美、风光旖旎，这里地理位置独特，光照充足，昼夜和季节温差大，生长着2400多种植物，其中，药用植物400多种，充足供养了草原上牛、羊。

随着时代的发展，勤劳智慧的锡林郭勒人由传统畜牧业发展到现代畜牧业，不断优化着锡林郭勒羊的品种。乌珠穆沁羊、苏尼特羊、察哈尔羊和乌冉克羊等是锡林郭勒优质羊种，其中，前三个已经是国家地理标志产品，乌珠穆沁羊更是“羊中贵族”，被称为“天下第一羊”，以体格大、活种高、产肉多、生长发育快、抗灾抗病力强、肉质鲜美、肥而不腻、无膻味著称；而苏尼特羊以体积结实丰美、生长发育快、产肉多、瘦肉率高、肉质细嫩、高蛋白、低脂肪、多汁味美、无膻味等特点，成为制作涮羊肉的绝佳食材。锡林郭勒羊依靠纯天然、无污染的锡林郭勒大草原的生长环境，以及其吃沙葱、喝矿泉水、散步多的环境生长特点，造就了锡林郭勒羊肉的上乘品质，因此也被誉为“肉中人参”。锡林郭勒羊肉以其极高的品质而闻名，随着锡林郭勒羊肉品牌的不断发展，每年有数万头乌珠穆沁羊从秦皇岛装船运往中东，成为中东贵族和沙特王室的特供品；人民大会堂招待伊斯兰国家外宾用的也是乌珠穆沁羊肉；北京老字号“东来顺”指定的羊肉就是锡林郭勒羊肉。

中华人民共和国成立后，锡林郭勒盟成为国家和内蒙古自治区重要的绿色畜产品输出基地。近年来，锡林郭勒盟加快绿色畜产品生产加工输出基地建设，发挥其绿色、有机、无污染畜产品资源优势，统一打造锡林郭勒牛羊肉品牌，带动牛羊肉企业可持续发展，大力推动畜牧业向质量效益与生态安全并重方向转变。

为了进一步打造内蒙古自治区优势农畜产品区域品牌，为“蒙”字标认证提供标准化基础，助推内蒙古自治区特色农牧产业实现高质量发展，内蒙古自治区标准化院开展了 T/NMSP. MZB 02. 1—2019《“蒙”字标畜产品认证要求　锡林郭勒羊肉》制定工作。该团体标准以锡林郭勒羊肉相关检验数据为研究基础，结合羊肉国家标准、行业标准和内蒙古自治区标准体系规划实际情况，为“蒙”字标认证提供有力依据。

第二节　T/NMSP. MZB 02. 1—2019《“蒙”字标畜产品认证要求　锡林郭勒羊肉》

通过广泛调研分析、研讨及与专家咨询、广泛征求意见完成了 T/NMSP. MZB 02. 1—2019《“蒙”字标畜产品认证要求　锡林郭勒羊肉》的制定工作，确保标准制定的规范性，适应产业发展。T/NMSP. MZB 02. 1—2019《“蒙”字标畜产品认证要求　锡林郭勒羊肉》的制定旨在对“蒙”字标产品的认证，进一步提高锡林郭勒羊肉品质和市场竞争力，促进锡林郭勒羊肉产业经济稳定持续增长，提高企业产品质量，使内蒙古自治区的优势特色产品经过“蒙”字标认证走向全国、走向国际。

ICS 67.120.10
B 22

团 体 标 准

T/NMSP.MZB 02.1—2019

“蒙”字标畜产品认证要求 锡林郭勒羊肉

“Nei Meng Gu Brand” certification requirements of livestock products—Xilinguole mutton

2019-10-16 发布　　2019-11-01 实施

内蒙古标准发展促进会　发布

前　言

本标准按照 GB/T 1. 1—2009 给出的规则起草。

本标准由内蒙古标准发展促进会提出并归口。

本标准主要起草单位：内蒙古自治区标准化院、内蒙古自治区食品检验检测中心、内蒙古自治区农牧业科学院、内蒙古自治区锡林郭勒盟畜牧工作站、锡林郭勒职业学院、内蒙古科鸿科技服务有限责任公司、内蒙古自治区气象局。

本标准主要起草人：籍凤英、郑玉山、王娟、张宏博、郭天龙、苏德斯琴、毕超、王嘉睿、张蒙、郭大伟、张智宇、张欣、贾安、张存飞、郭莉、郭梁、吴瑞芬、阿荣、郭元晟。

引　言

本标准是“蒙”字标产品认证标准之一。

本标准相关条款采用标准如下：

——第 3 章“产地环境”主要技术指标采纳内蒙古自治区地方标准《“锡林郭勒羊”产地环境要求》。

——第 9 章“包装、标识、储运、销售”主要技术指标采纳内蒙古自治区地方标准《锡林郭勒羊肉》。

——附录 C“绵羊人工授精要求”主要技术指标采纳内蒙古自治区地方标准《绵羊人工授精技术规程》。

——附录 D“乌珠穆沁羊养殖技术要求”主要技术指标采纳内蒙古自治区地方标准《乌珠穆沁羊饲养管理技术规程》。

——附录 E“锡林郭勒羊肉同位素丰度值测定方法”主要技术指标采纳内蒙古自治区地方标准《“锡林郭勒羊肉”同位素丰度值检测方法》。

“蒙”字标畜产品认证要求
锡林郭勒羊肉

1　范围

本标准规定了锡林郭勒羊肉“蒙”字标认证的产地环境、品种、养殖技术、质量、加工、检验规则、标识、包装、贮存和运输要求。

本标准适用于锡林郭勒羊肉“蒙”字标认证。

2　规范性引用文件

下列文件对于本文件的应用是必不可少的。凡是注日期的引用文件，仅注日期的版本适用于本文件。凡是不注日期的引用文件，其最新版本（包括所有的修改单）适用于本文件。

GB/T 191　包装储运图示标志

GB/T 3822　乌珠穆沁羊

GB/T 4456　包装用聚乙烯吹塑薄膜

GB 4806.7　食品安全国家标准　食品接触用塑料材料及制品

GB 5009.11　食品安全国家标准　食品中总砷及无机砷的测定

GB 5009.12　食品安全国家标准　食品中铅的测定

GB 5009.15　食品安全国家标准　食品中镉的测定

GB 5009.17　食品安全国家标准　食品中总汞及有机汞的测定

GB 5009.44　食品安全国家标准　食品中氯化物的测定

GB 5009.123　食品安全国家标准　食品中铬的测定

GB 5009.124　食品安全国家标准　食品中氨基酸的测定

GB/T 5750.4　生活饮用水标准检验方法　感官性状和物理指标

GB/T 5750.5　生活饮用水标准检验方法　无机非金属指标

GB/T 5750.6　生活饮用水标准检验方法　金属指标

GB/T 5750.12　生活饮用水标准检验方法　微生物指标

GB/T 6388　运输包装收发货标志

GB 7718　食品安全国家标准　预包装食品标签通则

GB/T 9695.19　肉与肉制品　取样方法

GB 13457　肉类加工工业水污染物排放标准

GB/T 17138　土壤质量　铜、锌的测定　火焰原子吸收分光光度法

GB/T 17141　土壤质量　铅、镉的测定　石墨炉原子吸收分光光度法

GB/T 17237　畜类屠宰加工通用技术条件

GB 18394　畜禽肉水分限量

GB/T 18646　动物布鲁氏菌病诊断技术

GB/T 18935　口蹄疫诊断技术

GB/T 19526　羊寄生虫病防治技术规范

GB/T 22105.1　土壤质量　总汞、总砷、总铅的测定　原子荧光法　第1部分：土壤中总汞的测定

GB/T 22105.2　土壤质量　总汞、总砷、总铅的测定　原子荧光法　第2部分：土壤中总砷的测定

GB/T 34755—2017　家庭牧场生产经营技术规范

HJ 491　土壤和沉积物　铜、锌、铅、镍、铬的测定　火焰原子吸收分光光度法

JJF 1070　定量包装商品净含量计量检验规则

NY 467　畜禽屠宰卫生检疫规范

NY/T 391—2013　绿色食品　产地环境质量

NY/T 472　绿色食品　兽药使用准则

NY/T 473　绿色食品　畜禽卫生防疫准则

NY/T 816　肉羊饲养标准

NY/T 1168　畜禽粪便无害化处理技术规范

NY/T 2799　绿色食品　畜肉

DB15/T 544　察哈尔羊

DB15/T 670　察哈尔羊饲养管理技术规程

DB15/T 1500　苏尼特羊饲养管理技术规程

定量包装商品计量监督管理办法（国家质量监督检验检疫总局令2006年第75号）

畜禽标识和养殖档案管理办法（中华人民共和国农业部令2006年第67号）

3　产地环境

3.1　地域要求

锡林郭勒盟现辖行政区域内。

3.2 气候要求

锡林郭勒草原属温带干旱、半干旱大陆性季风气候，寒冷、多风、干旱。各草原类型多年平均气温 1.88℃～4.34℃，多年平均降水量在 200mm～400mm。夏秋多雨、冬春少雨，降雨多集中在 6 月～9 月。

3.3 空气质量要求

锡林郭勒羊产地环境空气中各项污染物含量应符合 NY/T 391—2013 中第 5 章的规定。

3.4 水质要求

锡林郭勒羊养殖产地环境水质应符合表 1 的规定。

表 1 锡林郭勒羊养殖产地环境水质要求

项目	指标	检测方法
臭和味	不应有异臭、异味	GB/T 5750.4
pH	6.5～8.5	GB/T 5750.4
氟化物/(mg/L)	≤1.0	GB/T 5750.5
氰化物/(mg/L)	≤0.05	GB/T 5750.5
总砷/(mg/L)	≤0.05	GB/T 5750.6
总汞/(mg/L)	≤0.001	GB/T 5750.6
总镉/(mg/L)	≤0.01	GB/T 5750.6
六价铬/(mg/L)	≤0.05	GB/T 5750.6
总铅/(mg/L)	≤0.05	GB/T 5750.6
总大肠菌数/(MPN/100mL)	不得检出	GB/T 5750.12

3.5 土壤环境要求

锡林郭勒羊养殖产地环境土壤环境质量应符合表 2 的规定。

表 2 锡林郭勒羊养殖产地环境土壤环境质量要求

项目	指标	检测方法
总镉/(mg/L)	≤0.40	GB/T 17141
总汞/(mg/L)	≤0.35	GB/T 22105.1
总砷/(mg/L)	≤20	GB/T 22105.2
总铅/(mg/L)	≤50	GB/T 17141
总铬/(mg/L)	≤120	HJ 491
总铜/(mg/L)	≤60	GB/T 17138

4 品种

4.1 乌珠穆沁羊

乌珠穆沁羊品种符合 GB/T 3822 的规定。

4.2 苏尼特羊

苏尼特羊品种按附录 A 的规定。

4.3 察哈尔羊

察哈尔羊品种符合 DB15/T 544 的规定。

4.4 乌冉克羊

乌冉克羊品种按附录 B 的规定。

5 养殖技术

5.1 繁育

绵羊人工授精要求按附录 B 的规定。

5.2 养殖

5.2.1 乌珠穆沁羊养殖技术要求

乌珠穆沁羊养殖技术要求按附录 C。

5.2.2 苏尼特羊养殖技术要求

符合 DB15/T 1500 的规定。

5.2.3 察哈尔羊养殖技术要求

符合 DB15/T 670 的规定。

5.2.4 乌冉克羊养殖技术要求

符合 DB15/T 1500 的规定。

5.3 饲草供需

锡林郭勒羊养殖饲草供需应符合 GB/T 34755—2017 中 5.2、5.9 的相关规定。

5.4 疫病防控

5.4.1 锡林郭勒羊布鲁氏菌病防控符合 GB/T 18646 的相关规定。

5.4.2 锡林郭勒羊口蹄疫防控符合 GB/T 18935 的相关规定。

6 质量

6.1 感官指标

感官指标应符合表 3 的规定。

表 3 感官指标

项目	鲜羊肉	冻羊肉	检测方法
色泽	肌肉色泽鲜红或有光泽；脂肪呈乳白色	肌肉有光泽，色鲜艳；脂肪呈乳白色	目测
弹性（组织状态）	肌纤维致密、坚实，有弹性，指压后的凹陷立即恢复	肉质紧密，有坚实感，肌纤维韧性强	手触、目测
黏度	外表微干或有风干膜，不黏手	外表微干或有风干膜，或湿润不黏手	
滋味、气味	具有新鲜羊肉正常气味。煮沸后肉汤透明澄清，脂肪团聚于液面，肉质口感鲜嫩	具有羊肉正常气味。煮沸后肉汤透明澄清，脂肪团聚于液面，具有香气肉质口感鲜嫩	感官检验、GB 5009.44
杂质	无肉眼可见杂质	无肉眼可见杂质	将被检样品置于白瓷盘中，凭目测检验其是否有肉眼可见杂质

6.2 理化指标

6.2.1 理化指标应符合表 4 的规定。

表 4 理化指标

项目	鲜、冻羊肉	检测方法
水分/%	≤77	GB 18394
挥发性盐基氮/(mg/100g)	≤15	GB 5009.44
铅（以 Pb 计）/(mg/kg)	≤0.2	GB 5009.12
总砷（以 As 计）/(mg/kg)	≤0.5	GB 5009.11
总汞（以 Hg 计）/(mg/kg)	≤0.05	GB 5009.17
镉（以 Cd 计）/(mg/kg)	≤0.1	GB 5009.15
铬（以 Cr 计）/(mg/kg)	≤1.0	GB 5009.123

6.2.2　氨基酸指标应符合表5规定。

表5　氨基酸指标

项目	鲜、冻羊肉	检测方法
谷氨酸/(g/100g)	≥2.0	GB 5009.124
天冬氨酸/(g/100g)	≥1.2	
苏氨酸/(g/100g)	≥0.5	
蛋氨酸/(g/100g)	≥0.3	
赖氨酸/(g/100g)	≥1.2	
亮氨酸/(g/100g)	≥0.5	
异亮氨酸/(g/100g)	≥0.5	
苯丙氨酸/(g/100g)	≥0.5	
缬氨酸/(g/100g)	≥0.7	
色氨酸/(g/100g)	≥1.0	

6.3　卫生指标

6.3.1　微生物指标

微生物指标按照NY/T 2799的规定执行。

6.3.2　兽药残留限量

兽药残留限量按照NY/T 2799的规定执行。

6.4　稳定同位素丰度值指标

稳定同位素丰度值指标应符合表6规定。

表6　稳定同位素丰度值指标

项目	指标	检测方法
$\delta^{13}C$（干燥脱脂）/‰	-18.00~-27.00	附录D
$\delta^{15}N$（干燥脱脂）/‰	3.50~12.00	

6.5　净含量

6.5.1　净含量应符合《定量包装商品计量监督管理办法》的相关规定。

6.5.2　净含量检测方法应符合JJF 1070的相关规定。

7 加工要求

7.1 屠宰加工

7.1.1 屠宰厂应符合 GB/T 17237 的规定，屠宰检疫按照 NY 467 的规定执行。

7.1.2 采用吊挂断三管方式刺杀屠宰，放血完全，无瘀血。

7.1.3 剥皮，去头、蹄及内脏（包括肾脏），去腔动脉、乳房、生殖器、三腺（甲状腺、肾上腺、病变淋巴结）。

7.1.4 修割整齐，冲洗干净，无病变组织、无伤斑、无残留小片皮、无浮毛、无粪污、无胆污和泥污、无凝血块。

7.1.5 屠宰加工废污排放应符合 GB 13457 的规定。

7.2 分割

7.2.1 按产品生产要求对部位肉进行分割包装。

7.2.2 卷羊肉中不应有碎骨、软骨。

7.3 冷冻加工

7.3.1 冷却羊肉按照 NY 467 的规定执行。

7.3.2 冷冻羊肉其深层中心温度不高于-15℃。

7.4 质量手册

应编制锡林郭勒羊肉生产、加工、经营质量管理手册，应至少包含以下内容：

a） 生产、加工、经营者简介；

b） 管理方针和目标；

c） 组织机构图及其相关岗位的责任和权限；

d） 标识管理；

e） 可追溯体系与产品召回制度；

f） 内部检查；

g） 文件和记录管理；

h） 客户投诉处理；

i） 持续改进体系。

7.5 档案管理

按照《畜禽标识和养殖档案管理办法》的规定建立养殖档案进行管理。

8 检验规则

8.1 组批

同一班次、同一规格的产品为一批。

8.2 抽样

按照 GB/T 9695.19 的规定执行。

8.3 产品检验

8.3.1 出厂检验

8.3.1.1 每批出厂产品应经检验合格，出具《检验合格证》方能出厂。

8.3.1.2 出厂检验项目为感官指标、标签和包装。

8.3.1.3 判定规则：感官指标有一项不合格时，应加倍抽样，如仍有不合格，则判该批产品不合格。

8.3.2 型式检验

8.3.2.1 每年至少进行 1 次。有下列情况之一的应进行型式检验：

a） 长期停产再恢复生产时；

b） 出厂检验结果与上次型式检验有较大差异时；

c） 国家市场监管部门提出型式检验要求时。

8.3.2.2 型式检验项目为本标准规定的全部项目。

8.3.2.3 判定规则：检测结果全部合格时，则判该批产品合格。感官指标、氨基酸指标和同位素指标有一项不合格时，应加倍抽样复检，以复检结果为准，其他任何一项指标不合格则判该批产品不合格。

9 标识、包装、贮存和运输

9.1 标识

9.1.1 销售包装产品标签按 GB 7718 的规定执行。

9.1.2 运输包装上的图形标志应符合 GB/T 191 和 GB/T 6388 的规定。

9.1.3 包装上有关认证标志（有机食品、绿色食品等）和商标等的印刷、加贴应符合有关法规及要求。

9.1.4 “蒙”字标产品专用标识的使用应符合“蒙”字标认证的规定。

9.1.5 获得批准的企业可在其产品外包装上使用“蒙”字标产品专用标识。

9.2　包装

9.2.1　包装材料应干燥、无异味、符合食品卫生规定。

9.2.2　内包装材料应符合 GB 4806.7 和 GB/T 4456 规定。

9.3　贮存

9.3.1　冷鲜羊肉应贮存在 0℃～4℃条件。

9.3.2　冷冻羊肉应贮存在-18℃的冷藏库，贮存不超过 12 个月。

9.4　运输

9.4.1　应使用清洁、干燥、无异味、符合食品卫生要求的冷藏车（箱）或保温车（箱）。

9.4.2　运输时不得与有毒、有害、有污染物混装、混运。

附录 A
（规范性附录）
苏尼特羊

A.1　品种标准

A.1.1　品种特性

苏尼特羊为耐寒、耐粗、宜牧，小脂尾型肉质优良的绵羊品种。

A.1.2　外貌特征

体格大，体质结实，结构匀称，公、母羊均无角，头大小适中，鼻梁隆起，耳大下垂，眼大明亮，颈部粗短。种公羊颈部发达，毛长达 15cm~30cm。背腰平直，体躯宽长，呈长方形，尻高稍高于鬐甲，后躯发达，大腿肌肉丰满，四肢强壮有力，脂尾小呈纵椭圆形，中部无纵沟，尾端细而尖且向一侧弯曲。被毛为异质毛，毛色洁白，头颈部、腕关节和飞节以下部、脐带周围有有色毛。

A.1.3　理想型指标

A.1.3.1　理想型最低体尺和体重指标

理想型最低体尺和体重指标见表 A.1。

表 A.1　理想型最低体尺和体重指标

组别	体高/cm	体长/cm	胸围/cm	体重/kg
成年公羊	70	78	100	80
成年母羊	65	70	90	60
1.5 岁公羊	65	72	88	60
1.5 岁母羊	62	68	85	50
注：羔羊初生重的公羔 4.5kg、母羔 3.5kg；4 月龄体重的种用公羔 35kg。				

A.1.3.2　理想型最低生产性能指标

A.1.3.2.1　产肉性能

屠宰率成年羯羊 55%以上，1.5 周岁端羊 50%以上；净内率成年羯羊 45%以上，1.5 周岁翔羊 40%以上。

A.1.3.2.2　产毛性能

成年公羊 2kg，成年母羊 1.5kg。

A.1.3.2.3 繁殖性能

经产母羊的产羔率为110%。

A.2 分级标准

A.2.1 苏尼特羊的鉴定等级可分为特级、一级、二级，不符合二级要求的羊均列为等外。

A.2.2 特级：体尺或体重超过一级羊15%的优秀个体，可列为特级。

A.2.3 一级：体型外貌、体尺体重符合理想型指标者为一级。

A.2.4 二级：体型外貌符合品种特征，而体尺和体重应达到的最低指标。最低指标见表A.2。

表A.2 二级羊体尺和体重最低指标

组别	体高/cm	体长/cm	胸围/cm	体重/kg
成年公羊	62	72	90	65
成年母羊	58	64	86	50
1.5岁公羊	60	66	82	55
1.5岁母羊	56	63	78	40
注：四月龄体重的种用公羔25kg。				

附录 B
（规范性附录）
乌冉克羊

B.1 品种特性

B.1.1 原产地

乌冉克羊产于东经 113°27′~116°11′，北纬 43°04′~45°26′的内蒙古自治区锡林郭勒盟阿巴嘎旗，中心产区在阿巴嘎旗中、北部的吉尔嘎郎图镇（苏木）、巴彦图嘎镇（苏木）、伊和高勒镇（苏木）、那仁宝拉格镇（苏木）和别力古台镇（苏木）。

B.1.2 外貌特征

乌冉克羊应具有以下特征：

a） 体格大，头略小，额较宽，鼻隆起；

b） 眼大而突出，颈中等长，颈基粗壮，鬐甲稍高，部分个体颈上部有鬃毛；

c） 胸宽而深，前胸突出，肋骨拱圆，胸深约占体高的 1/2，背腰平宽，体躯较长，后躯发育良好，肌肉丰满，十字部略低于鬐甲部；

d） 尾形呈方圆形，尾长宽度多数接近，尾中线有道微纵沟，尾尖细小而向上卷曲，并紧贴于尾端纵沟，呈 S 形细小尾尖；

e） 四肢端正而坚强有力，前肢腕关节发达，管骨修长，后肢两跗关节间距宽（即后档宽），蹄大而广，踵挺立，蹄冠明显鼓起，蹄质坚硬；

f） 全身结构匀称，体质结实，骨骼健壮，肌肉发育良好，皮肤致密而富有弹性，被毛厚密而绒多；

g） 公羊多数为螺旋形角，母羊大多无角；

h） 体躯基础毛色为白色，头部多为有色毛，以黄花头（颈）、黑花头（颈）、全白色个体居多，褐、青头（颈）个体较少。体貌特征见图 B.1、图 B.2、图 B.3、图 B.4、图 B.5、图 B.6。

图 B. 1　乌冉克无角公羊

图 B. 2　乌冉克有角公羊

图 B. 3　乌冉克羔羊

图 B.4　乌冉克母羊

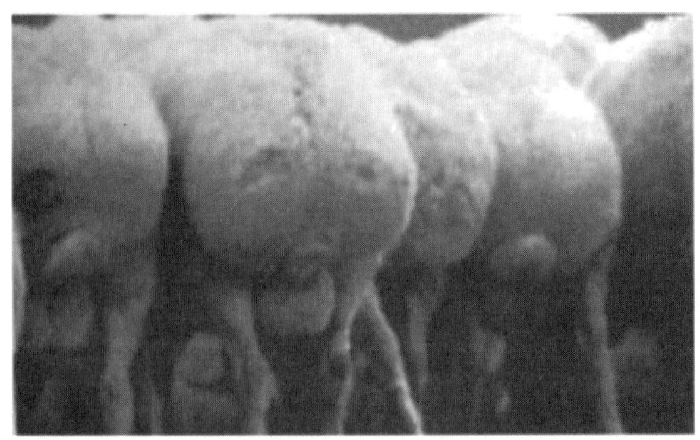

图 B.5　乌冉克羊尾型

图 B.6　乌冉克羊群体

B.1.3　生产性能

B.1.3.1　体尺和体重

B.1.3.1.1　乌冉克羊在纯天然草场全天放牧的饲养条件下，采食天然牧草生长抓膘。乌冉克羊成年羊体重和体尺见表B.1。

表B.1　乌冉克羊成年羊体尺和体重

内容		体长		胸围		管围		体重/kg	体高/cm
羊别	数值	数据/cm	指数/%	数据/cm	指数/%	数据/cm	指数/%		
公羊	平均数	76.25	106.09	101.89	142.97	8.87	12.35	77.93	71.88
	标准差	3.35	2.97	3.30	3.11	0.42	0.52	3.18	2.54
	变异系数/%	4.40	2.80	3.24	2.17	4.71	4.24	4.08	3.53
母羊	平均数	72.14	107.75	92.52	138.18	8.05	12.03	61.75	66.96
	标准差	2.97	1.31	3.76	1.67	0.46	0.66	2.59	2.74
	变异系数/%	4.11	1.21	4.06	1.21	5.73	5.50	4.20	4.09

B.1.3.1.2　羔羊初生重：公羔约4.1kg，母羔约3.8kg。

B.1.3.1.3　四月龄体重：公羔约33kg，母羔约30kg。

B.1.3.2　产肉性能

B.1.3.2.1　乌冉克羊产肉性能见表B.2。

表B.2　乌冉克羊产肉性能

内容		空腹体重 kg	胴体重 kg	内脏脂肪 kg	屠宰率 %	净肉重 kg	净肉率 %	骨骼重 kg	肉骼比	肌肉化学成分			
羊别	数据									干物质 %	蛋白质 %	脂肪 %	灰分 %
成年羯羊	平均数	82.50	44.04	2.99	53.34	40.05	48.34	4.99	8.19	98.79	19.51	6	1.48
	标准差	2.81	2.91	0.59	1.96	2.78	1.99	0.65	1.20	0.18	0.45	2.44	0.36
	变异系数/%	3.40	6.60	19.87	3.67	6.94	4.11	12.98	14.66	0.18	2.33	40.68	24.31
1.5岁羯羊	平均数	55.54	28.57	1.12	51.3	24.5	45.91	3.98	6.43	—	—	—	—
	标准差	6.81	4.96	0.13	5.02	4.75	4.94	0.36	0.97	—	—	—	—
	变异系数/%	12.26	17.35	11.41	9.78	19.41	10.76	8.95	15.06	—	—	—	—
公羔羊	平均数	39.50	19.65	0.71	49.71	16.93	42.67	3.72	4.53	—	—	—	—
	标准差	8.72	4.47	0.16	1.75	4.24	2.35	0.36	0.94	—	—	—	—
	变异系数/%	22.08	22.75	21.97	3.52	25.05	5.5	9.74	20.79	—	—	—	—

B. 1. 3. 2. 2　乌冉克羊具有多肋骨、多腰椎的形态学特征。经调查，乌冉克羊多肋骨个体高达 18. 9%，因此产肉率极高。

B. 1. 3. 3　繁殖性能

乌冉克羊的繁殖性能具有以下特征：

a）性成熟较早，一般出生后 6~7 月龄性成熟，母羔比公羔成熟略早；

b）公、母羊均在 1. 5 岁开始配种，繁殖年限 5 岁左右，发情期为半月左右；

c）产羔率为 113%，双羔率较低，一般在 10%；

d）乌冉克羊在大群放牧、棚圈条件简陋的情况下，羔羊成活率和母羊群繁殖率较高，羔羊成活率一般在 99% 左右。

B. 1. 3. 4　产毛性能

被毛为异质毛，年产毛量为成年公羊≥1. 32kg、成年母羊≥1. 07kg。

B. 2　等级评定

B. 2. 1　评定时间

等级评定在成年时进行。种羊以最后一次鉴定评出的等级为准。

B. 2. 2　评定方法

B. 2. 2. 1　外貌和体驱等级评定

外貌和体驱等级评定应按表 B. 3 规定的要求评出总分，外貌按表 B. 4 的内容进行等级评定。

表 B. 3　乌冉克羊外貌体驱评分方法

项目		评分要求	满分/分	
外貌	被毛	基础毛色为白色	10	7
	头型	头略小，鼻隆起，公羊无角或有角，母羊无角	8	7
	头部色泽	黄花头、黑花头、全白色个体居多，褐、青头个体较少	5	5
	外形	全身结构匀称，体格大，体质结实，体躯深长，肌肉丰满	5	5
	小计	—	28	24

表 B.3（续）

<table>
<tr><th colspan="2">项目</th><th>评分要求</th><th colspan="2">满分/分</th></tr>
<tr><td rowspan="7">体驱</td><td>颈部</td><td>公羊颈粗而短，母羊颈细而长，公母羊均无皱褶</td><td>10</td><td>10</td></tr>
<tr><td>前驱</td><td>胸宽而深</td><td>6</td><td>6</td></tr>
<tr><td>中驱</td><td>体躯较长，呈长方形</td><td>7</td><td>7</td></tr>
<tr><td>后驱</td><td>后躯发育良好，肌肉丰满</td><td>7</td><td>7</td></tr>
<tr><td>四肢</td><td>四肢端正而坚强有力，蹄质坚实</td><td>10</td><td>14</td></tr>
<tr><td>尾型</td><td>脂尾中等大小，尾中线有纵沟，尾细小向上卷曲紧贴尾端纵沟、S 形细小尾尖</td><td>7</td><td>8</td></tr>
<tr><td>小计</td><td>—</td><td>47</td><td>52</td></tr>
<tr><td rowspan="3">发育</td><td>外生殖器</td><td>发育良好</td><td>10</td><td>10</td></tr>
<tr><td>整体结构</td><td>体质结实，全身结构匀称</td><td>15</td><td>14</td></tr>
<tr><td>小计</td><td>—</td><td>25</td><td>24</td></tr>
<tr><td colspan="2">总计</td><td>—</td><td>100</td><td>100</td></tr>
</table>

表 B.4　乌冉克羊外貌等级划分

等级	公羊/分	母羊/分
特级	93 以上	93 以上
一级	83~92	83~92
二级	80~82	80~82

B.2.2.2　体尺和体重评定

B.2.2.2.1　体尺和体重的测定方法

B.2.2.2.1.1　测量用具：用台秤或地秤称量体重，用测杖测量体高、体长，用软尺测量胸围。

B.2.2.2.1.2　羊只姿势：测量体尺时，应使羊端正地站在平坦地面上，前后肢均处于一条直线。

B.2.2.2.1.3　体重：应在早晨空腹时进行。

B.2.2.2.1.4　体高：普甲最高处至地面的垂直距离。

B.2.2.2.1.5　体长：测定背甲前缘到坐骨结节的距离。

B.2.2.2.1.6　胸围：测定耆甲后缘绕经前胸部的周长。

B.2.2.2.2　体尺和体重等级评定

体尺和体重等级评定应按表 B.5 的规定进行。

表 B.5　乌冉克羊体尺和体重评定

年龄	等级	公羊				母羊			
		体高/cm	体长/cm	胸围/cm	体重/kg	体高/cm	体长/cm	胸围/cm	体重/kg
成年	特级	≥76	≥87	≥105	≥90	≥70	≥75	≥95	≥68
	一级	≥73	≥82	≥102	≥82	≥64	≥68	≥87	≥58
	二级	—				≥58	≥60	≥83	≥55

B.2.2.3　综合评定

种羊等级综合评定，以个体品质为主，可以参考系谱进行等级评定。

附录 C

（规范性附录）

绵羊人工授精要求

C.1　配种前的准备工作

C.1.1　整顿羊群

参加配种的母羊，应单独组群、分别管理。留做试情的公羊应选择性欲旺盛、体质健壮的羊只。试情时，需带上试情布。

C.1.2　饲养管理

延长放牧时间，应做到放好、吃饱、饮足、勤啖盐，保持圈舍干燥，夜间休息好，达到满膘配种。

C.1.3　选择种公羊

C.1.3.1　按照育种方向选择体质结实、体型匀称、生产性能高、遗传性能稳定、生殖器官正常、有明显的雄性特征、精液品质良好的做种公羊。

C.1.3.2　查看系谱，并鉴定本身和后代都为特级、一级种羊，做为采精种公羊。

C.1.4　器材、用具准备和消毒工作

C.1.4.1　器材、用具准备

C.1.4.1.1　供采精、输精与精液接触的一切器材都要求做到灭菌、清洁、干燥，存放于清洁的橱柜内。

C.1.4.1.2　假阴道、集精瓶的洗涤和灭菌。

C.1.4.2　洗涤

将集精瓶放入清水中，放入适量的洗涤剂，用试管刷刷洗干净，用清水冲洗数遍，再用蒸馏水冲洗一遍，放入纱布罐内。内胎放入清水中，加入适量的洗涤剂彻底清洗，再用清水冲洗数遍，吊在精液处理室内，用干净纱布蒙上。

C.1.4.3　消毒

操作者将指甲剪短磨平，手洗干净，用 75%酒精棉球消毒，安装假阴道。再用消毒的长柄镊子夹 75%酒精棉球，进行内胎消毒，自内胎一端开始一圈圈地擦拭至另一端，用 0.9%氯化钠水冲洗数次。外壳用酒精棉消毒一遍，再用 0.9%氯化钠水冲洗数次，放在消毒的瓷盘内，用灭菌纱布盖好备用。

C.1.4.4　输精器的洗涤和消毒

C.1.4.4.1　用清水加适量洗涤剂冲洗数次，再用清水冲洗，最后用 0.9%氯化钠水冲洗数次，宜用恒温干燥箱灭菌。

C.1.4.4.2 使用前，从灭菌器中取出0.9%氯化钠水冲洗数次。

C.1.4.4.3 输完一只母羊后，用0.9%氯化钠水棉球擦拭输精器，再给另一只母羊输精。

C.1.4.5 开膣器的消毒

用清水洗净擦干，再用0.1%新洁尔灭溶液消毒后，插入0.9%氯化钠水中即可备用。

C.1.4.6 其他器材的消毒

C.1.4.6.1 玻璃器材：用清水加适量洗涤剂洗净，再用清水洗2遍，用恒温干燥箱灭菌。

C.1.4.6.2 纱布、手巾、台布等用含适量的洗涤剂水洗干净，用清水洗2遍，蒸汽灭菌。

C.1.4.6.3 外阴部的消毒布用含适量洗涤剂水洗净，再用0.1%新洁尔灭溶液消毒和清水洗净，搭在室内晒干。

C.1.4.6.4 恒温干燥箱给玻璃器材灭菌时，温度应控制在105℃~110℃；采用蒸汽灭菌时，将上述提到的用蒸汽消毒的器材用具和0.9%氯化钠水等药液，有顺序的分别装入纱布罐内或直接放在蒸煮器里，将纱布罐盖上，打开通气孔，放入蒸煮器中，将蒸煮器的盖子盖严，水沸后蒸煮30min，不具备以上条件的地区可采用高压锅替代。

C.1.4.7 各种药液与酒精棉球的制备

C.1.4.7.1 75%酒精和0.9%氯化钠水可直接到药店购买。

C.1.4.7.2 棉花球应做成直径1.5cm~2.0cm大小，用75%酒精浸泡，置于广口玻璃瓶中备用。

C.1.5 制定配种计划

C.1.5.1 根据系谱、本身鉴定、后裔测验等综合材料制定。

C.1.5.2 实行同质选配和异质选配。

C.1.5.3 有共同缺点的不配，近亲的不配；公羊等级低于母羊的不配；极端矫正的不配。

C.1.5.4 每只公羊可选配母羊200~400只。预备公羊1~2只。

C.1.5.5 初次配种公羊，如果性欲不高、不会爬跨，应加以调教。

C.1.5.6 公羊配种时可令其他公羊在旁“观摩”。

C.1.5.7 将发情母羊阴道分泌物抹在公羊鼻尖上刺激性欲。

C.1.5.8 应用雄性激素，促其提高性欲。

C.1.5.9　调整饲料日粮，增喂鸡蛋，适当增加运动里程和运动强度。

C.1.5.10　种公羊在配种期的前 3 周开始排精。第 1 周每隔 2d 一次，第 2 周每隔 1d 一次，第 3 周 1d 一次，以提高种公羊的性欲和精液质量。

C.2　母羊的发情鉴定

C.2.1　母羊 7~8 月龄性成熟，在立秋后会出现多个发情周期，发情周期平均为 17d，发情持续时间平均为 40h。发情母羊频频走动、鸣叫、不安心采食，有强烈摆尾动作，外阴黏膜充血潮红，稍微肿胀。

C.2.2　用试情公羊识别发情母羊，应选择体质健壮、性欲旺盛的成年公羊做试情羊。按母羊数的 1∶40 配备。

C.3　采精

C.3.1　假阴道的准备

C.3.1.1　将安装好的假阴道，加入 50℃~55℃（随气温高低而调整其温度）150mL~180mL 热水，用漏斗注入假阴道的夹层内。

C.3.1.2　如公羊没有调教好或性欲不高，可在灌满水层的假阴道内腔内，用玻璃棒蘸消毒过的凡士林少许，从假阴道内胎后端向前均匀涂抹至 1/3 处后，在向回涂，严防凡士林过多或有油块，以免采精时混入精液内。

C.3.1.3　为使假阴道内腔松紧适度，需压入适量空气，一般看假阴道后端内胎呈三角形为合适。采精前，用消毒的温度计检查假阴道内的温度，此时以 38℃~40℃为宜。

C.3.2　采精

C.3.2.1　选择发情的健康母羊（或用假台羊），把母羊颈部卡在采精架上绑定。外阴部用 0.9%氯化钠水清洗并擦干。

C.3.2.2　先用温毛巾把种公羊阴茎包皮周围擦干净，操作者以右手拿假阴道与地面成 35 度~40 度角，当种公羊爬跨母羊伸出阴茎时，操作者应精神集中，动作敏捷，适当用左手轻拖阴茎包皮，将阴茎导入假阴道内。

C.3.2.3　射精后，将假阴道竖起，放出空气，用毛巾擦干外壳，谨慎地将集精瓶取下，盖上盖，放在操作台标有公羊号的固定的地方。

C.3.2.4　种公羊每天可采精 2~3 次，第 1~2 次采精后，休息 2h 方可进行第 3 次采精，每周休息 1d。

C.3.2.5　采精后要及时做好采精记录。

C.4 精液处理

C.4.1 精液品质检查

C.4.1.1 肉眼检查

正常射精量一般为0.8mL~1.2mL，精液为乳白色，呈云雾状，无味或略带腥味。如带有腐败臭味，呈现红色、褐色、绿色的精液时，不可用于输精。

C.4.1.2 显微镜检查

检查精液的室内温度应保持在20℃~25℃，用输精器吸少量精液，滴在载玻片上，盖上盖玻片，注意勿使发生气泡，然后在400~600倍显微镜下进行观察。

C.4.2 评定精液等级

C.4.2.1 密度

在视野里看见布满密集的精子，精子几乎无空隙，应评为“密”；如果精子与精子之间的空隙相当于一个精子的长度，能看见每一个精子的活动应评为“中”；在视野中看见少量的精子，精子之间空隙很大，超过了一个精子的长度为“稀”；如果精液内没有精子，可用“无”字做记号。为了得知较准确精子含量，可用血球计算器检查精子数量，每天都应做1次检查。

C.4.2.2 活力

以直线前进运动精子计算，用5分制评定。在显微镜下，用目力来衡量，如果精子100%做直线运动，评为5分；80%做直线运动，评为4分；以下每少20%减1分。精子摇摆而不前进，则用“摆”字标记；精子全部不活动，用“死”字标记。

C.4.2.3 精液评定

公羊的精液，必须被评为“密-五”、“密-四”或“中-五”、“中-四”的方可用于输精。

C.4.2.4 精液稀释倍数

一般以不超过1∶3为宜，常用的稀释液有生理盐水稀释液、葡萄糖卵黄稀释液和牛奶稀释液。稀释液的配制方法同B.4.2.5。

C.4.2.5 稀释液的配置

C.4.2.5.1 生理盐水稀释液：用注射用生理盐水或经过过滤消毒的0.9%氯化钠溶液做稀释液。此种稀释液简单易行，稀释后的精液应在短时间内使用，是目前生产实践中最为常用的稀释液。但用这种稀释液稀释时，稀释的倍数不宜太高，一般以2倍以下为宜。

C.4.2.5.2 葡萄糖卵黄稀释液：在100mL蒸馏水中加葡萄糖3g、柠檬酸钠1.4g，溶解后过滤 3～4 次，蒸煮 30min 后灭菌，降至室温，再加新鲜卵黄（不要混入蛋白）20mL，再加青霉素 10 万单位振荡溶解。这种稀释液有增加营养的作用，可作 7 倍以下的稀释。

C.4.2.5.3　牛奶稀释液：牛奶先用 7 层纱布过滤后，煮沸消毒 10min～15min，降至室温，去掉表面脂肪即可。这种稀释液稀释效果好，但稀释倍数不能太高，以 3 倍以下为宜。

C.5　输精

C.5.1　将输精母羊固定后，外阴部先用 0.1%的新洁尔灭溶液消毒后，再用温水洗净擦干。消毒液和温水用两个水盆盛装，两块擦布不能混用，温水要勤换。

C.5.2　原精液的输精量，每只母羊为 0.05mL～0.1mL，稀释精液为 0.1mL～0.2mL，输入子宫颈内的精液量要足量。

C.5.3　输精器吸入精液后，应将管内气泡排除，然后滴出一小滴，在显微镜下进行检查，合格者方可用于输精。

C.5.4　输精时，用消毒的开膣器轻轻插入阴道内，轻度旋转 90 度，慢慢张开，先检查阴道内有无疾病（出血、有浓等），有病者不能输精。无疾病即可寻找子宫颈口，找到后，将开膣器固定在适应位置，将输精器插入子宫颈 0.5cm～1.0cm，再用大拇指轻压活塞，注入定量的精液。

C.5.5　可采用一次试情、两次输精的方法，即早上试情 1 次，发情当时输精，下午再输精 1 次。也可采用一次试情、一次输精的方法，即早上试情 1 次，第二天早上输精 1 次。输完精的母羊做好标记，便于识别，并做好配种记录。

附录 D
（规范性附录）
乌珠穆沁羊养殖技术要求

D.1 天然放牧饲养管理

D.1.1 夏季放牧

D.1.1.1 夏季放牧应早出牧、晚归牧；中午在凉爽处休息，下雨后尽量避免早出牧。

D.1.1.2 放牧应选择牧草长势较好的草场，以小区轮牧为宜。

D.1.1.3 放牧时要避开蚊蝇多的低洼牧场，羊群迎风放牧。中午气温高时在背阴处放牧。

D.1.1.4 如在高山草原上放牧，可上午在阳坡放牧，下午在阴坡放牧；上午顺风放牧，下午逆风放牧。

D.1.1.5 夏季应保证绵羊的饮水充足，盐砖放在饮水处或宿卧地处。

D.1.1.6 放牧时控制羊群行走速度，缓慢移动，不宜行走太远。

D.1.1.7 种公羊夏季以放牧为主，每日放牧 8h 以上，在配种前期每日放牧 6h 以上，避免在灌丛有刺的草场放牧。

D.1.2 秋季放牧

D.1.2.1 秋季尽量延长放牧时间，但应避开早晨露水。中午可不休息，应让羊群多采食、少走路。

D.1.2.2 秋季放牧时，上午在前 1d 放牧过的草地放牧，下午在新的草地上放牧。羊只抓油膘期间，应有充足的饮水。

D.1.2.3 繁殖母羊配种前 45d～30d，应选择较好的牧场放牧，抓好膘。以针茅为主的草地要在结籽前放牧利用。

D.1.3 冬季放牧

D.1.3.1 入冬后，先放远坡，后放近坡；先放高处，后放低处；先放洼处，后放平处。

D.1.3.2 出牧时，逆风把羊群赶到草场，顺风赶回营盘。

D.1.3.3 妊娠前期（妊娠 1d～90d）的乌珠穆沁羊一般放牧即可。妊娠后期（妊娠 91d～分娩）应加强营养，要选优质牧场放牧。

D.1.3.4 应根据草场状况及气候情况确定放牧时间及持续时间，避免长距离放牧消耗。

D. 1. 3. 5　种公羊冬春季节每天放牧时间不少于 6h。

D. 1. 4　春季放牧

D. 1. 4. 1　在放牧方式上，放牧要逐渐过渡。初春放牧时应控制好羊群，挡住强羊，看好弱羊，防止“跑青”现象的发生。

D. 1. 4. 2　晚春时要勤换牧地（一般 2d～3d）。瘦弱的羊只春季可单独组群，带羔母羊应在近处草场放牧。有条件的牧户把羊群分羯羊、带羔羊进行管理。

D. 1. 4. 3　繁殖母羊在冬春季产羔时应以舍饲为主，减少放牧时间。

D. 1. 4. 4　春季休牧期应舍饲。

D. 2　人工补饲饲养管理

D. 2. 1　营养需要量要求

各类羊每日营养需要量应符合 NY/T 816 的规定。

D. 2. 2　常规补饲管理

D. 2. 2. 1　补饲应在冬春季节枯草期进行。

D. 2. 2. 2　参照典型草原一年中放牧羊的体况变化，牧户也可根据放牧羊的体况评分值来确定放牧羊的补饲时间和补饲量。

D. 2. 2. 3　乌珠穆沁羊体况评分操作步骤及评分标准同 B. 2. 3、B. 2. 4 和 B. 2. 5。

D. 2. 2. 4　一个群体中超过 20% 的羊体况评分值在 3 分以下应考虑补饲。

D. 2. 3　乌珠穆沁羊体况评分

体况评分是通过触摸评价绵羊体况膘情的一种方便直观的评分方法（分数 1~5 分）。主要是触摸脊柱（主要是椎骨棘突和腰椎横突）以及在眼肌上的脂肪覆盖程度。棘突和横突是体况评分的主要依据。如图 D. 1 所示，在绵羊的腰椎骨上（最后一根肋骨后面）可以摸到两个突起，连接腰椎的棘突形成高低不平的背中线，横突是从腰椎横向突出的骨头，很容易被摸到。

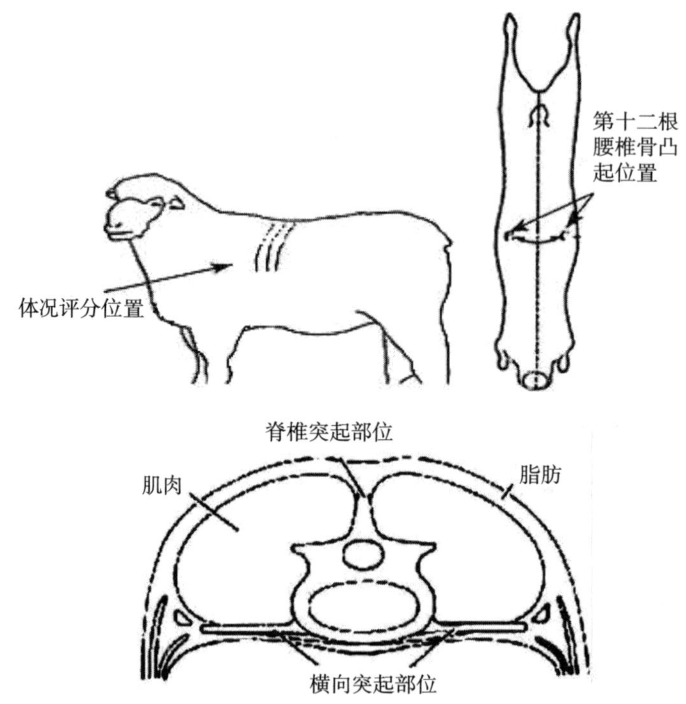

图 D.1　体况评分位置示意图

D.2.4　**体况评分具体操作**

D.2.4.1　用手指压腰椎评定棘突的突出程度。

D.2.4.2　通过挤压腰椎两侧评定横突的突出程度。

D.2.4.3　将手伸到最后几个腰椎下触摸横突下面的肌肉和脂肪组织。

D.2.4.4　评定棘突与横突间眼肌的丰满度。

D.2.4.5　见表 D.1 所示，给每只羊评分并做记录，用于进行个体之间或同一个体不同时间体况分的比较。

表 D.1　羊各生长阶段适宜的体况分数

分值	1	2	3	4	5
羊外形					
评分标准	脊椎骨突出，背部肌肉浅薄，无脂肪	脊椎骨突出，背部肌肉饱满，无脂肪	可以摸到脊椎骨，背部肌肉饱满，有少量脂肪	几乎摸不到脊椎骨，背部肌肉非常饱满，有较厚脂肪	摸不到脊椎骨，有非常厚的脂肪，脂肪存积覆盖尾部

D. 2. 5 理想的母羊外观体况分数

D. 2. 5. 1 配种期为3分，产羔期为3. 5分，哺乳后期为2. 5分以上，见表D. 2。配种期为1~1. 5分体况的母羊一般不发情，即使配种也会流产，应将体况评分提高到2分或3分水平。4分和5分的母羊偏肥，也不符合产羔，容易出现难产。

表D. 2 乌珠穆沁羊各生长阶段适宜的体况分数

母羊各生理阶段	理想分数/分
维持阶段	3
配种期	3~3. 5
妊娠早期（1d~35d）	3~3. 5
妊娠中期（35d~100d）	3
妊娠后期（101d~分娩）	2. 5~3
产羔期	3. 5
泌乳中期	3
泌乳晚期和干奶期	3. 5

D. 2. 5. 2 冬春季节精补料或干草的补饲量应根据草场类型及剩余草量进行，同时参考体况评分值。体况评分2. 5分以上、草场较好时，补饲精补料0. 15kg或牧草0. 4kg；草场较差或体况评分值在2. 5以下时，补饲精补料0. 35kg或干草0. 6kg。在放牧前补给干草，晚归牧后补给精补料。

D. 2. 5. 3 如果体况持续均在2. 5分以上时，可仅补草，最好安排在归牧后。可以在圈舍内补饲糖蜜尿素营养舔砖。

D. 2. 5. 4 极端低温或连续10d以上气温在-15℃以下的情况下，适当增加精补料或牧草的补饲量。

D. 2. 5. 5 羊舍内应提供矿物质盐砖供羊自由舔食。

D. 2. 6 母羊的饲养管理

D. 2. 6. 1 空怀期母羊的饲养管理

配种前45d~30d，对膘情较差、体况得分在3以下的母羊应用催情补饲料饲养20d左右，体重达50kg~55kg再配种。

D. 2. 6. 2 妊娠母羊饲养管理

D. 2. 6. 2. 1 妊娠后期（妊娠91d~分娩）应加强营养，若草场较差、母羊体况得分在3以下时，应进行补饲。妊娠后期，母羊每天补给青干草0. 5kg、精补料0. 3kg~0. 4kg，自由舔食矿物质盐砖。

D. 2. 6. 2. 2　不得饲喂发霉、变质、冰冻或其他异常饲料，禁止空腹饮冰水。在放牧中禁止惊吓、急跑、跳沟等剧烈运动，出入圈舍门时应防止互相挤压。

D. 2. 6. 2. 3　母羊妊娠期不宜进行防疫注射。

D. 2. 6. 2. 4　每个月进行 1 次体况评分，20% 母羊得分在 3 以下时增加补饲量。

D. 2. 6. 3　哺乳母羊饲养管理

D. 2. 6. 3. 1　哺乳期可根据母羊体况评分和羔羊的发育情况确定哺乳期的长短，一般为 60d~90d。

D. 2. 6. 3. 2　哺乳期应对母羊进行补饲，可补饲质量好的青干草或精补料。

D. 2. 6. 3. 3　产双羔的母羊每天补给精料 0. 4kg~0. 5kg、青干草 0. 5kg；产单羔的母羊补给精料 0. 3kg~0. 4kg、青干草 1kg。

D. 2. 7　哺乳羔羊的饲养管理

D. 2. 7. 1　哺乳前期

D. 2. 7. 1. 1　让羔羊尽早吃到初乳，如初生羔羊体弱无法自行站立时，应人工辅助其吃到初乳。

D. 2. 7. 1. 2　羔羊出生后 7d 左右开始在圈舍中放置开食料，任其自由采食。15d 左右，每只羊开始日补精料 0. 05kg~0. 075kg，自由采食优质青干草。

D. 2. 7. 1. 3　羔羊 7 日龄后，在无风、温暖、晴天的中午把羔羊赶到运动场，进行运动和日光浴。运动场应清扫干净、无羊毛、无异常食物等。

D. 2. 7. 1. 4　羔羊一般单独组群舍饲，不随母羊放牧，晚上母羊归牧后合群让羔羊吃足母乳。

D. 2. 7. 1. 5　自由饮水，自由舔食矿物质盐砖。

D. 2. 7. 2　哺乳中期

D. 2. 7. 2. 1　哺乳中期饲料种类要多，饲料的质量要好，少量多次饲喂或自由采食。每只羔羊每天饲喂精补料约 0. 1kg。

D. 2. 7. 2. 2　原则上，白天母羊与羔羊分开饲养，羔羊留在羊舍内饲喂，晚上母羊归牧后与羔羊合群管理。如果草场已返青且条件较好，可上午单独饲养，下午随母羊放牧饲养。

D. 2. 7. 2. 3　45 日龄时，单羔羊体重达 10kg 以上，双羔羊体重达 9kg 以上。

D. 2. 7. 3　哺乳后期

D. 2. 7. 3. 1　羔羊单独组群，白天在草场上放牧，夜里与母羊合群。补饲 60d~90d 后，每只羔羊每天补饲精补料 0. 2kg；补饲 90d~120d 后，每只羔羊每天补饲精补料

0. 25 kg~0. 3 kg。

D. 2. 7. 3. 2　羔羊 90 日龄左右即可断奶。

D. 2. 7. 3. 3　羔羊断奶时，公羔体重达 20kg 以上，母羔体重 15kg 以上。

D. 2. 7. 4　代乳品哺乳

母羊死亡或产双羔母乳不足时，应使用代乳粉哺喂，羔羊补喂量。

D. 2. 7. 5　开水溶解

羔羊代乳品须用冷却到约 50℃的开水溶解，不可使用未煮开的凉水。

D. 2. 8　育成母羊的饲养管理

D. 2. 8. 1　对刚断奶的母羔，继续补料，每日补精补料 0. 3kg~0. 4kg，直至吃饱为止。

D. 2. 8. 2　增加饮水次数，在饮水点或营盘处投放矿物质盐砖，供羊自由舔食。

D. 2. 8. 3　冬春季羊群除了放牧外，补充青干草和精补料。每只羊每日补青干草 0. 5kg、精补料 0. 3kg。

D. 2. 9　羔羊补饲育肥

D. 2. 9. 1　乌珠穆沁羔羊采取放牧加补饲育肥方式，育肥应分前、后两个时期，补饲不同的饲料配方。

D. 2. 9. 2　每日每只羔羊精补料补饲量为 0. 3kg~0. 45kg 为宜，应从 0. 15kg 逐渐增加，7d 内达到预期补饲量。

D. 2. 9. 3　进入育肥后期时须换料，换料时应有 5d 过渡期，逐渐完成换料。过渡期应将前期、后期补饲料等量混合饲喂。

D. 2. 9. 4　育肥前期羔羊以补饲为主，放牧为辅，补饲期为 30d~45d；后期以放牧育肥为主。

D. 2. 10　种公羊的饲养管理

D. 2. 10. 1　分群管理

种公羊应单独分群，以放牧为主，配种期补饲。

D. 2. 10. 2　膘情管理

种公羊应全年保持较好的体况，体况评分在 3~4 分，忌过肥或过瘦。

D. 2. 10. 3　饲养方式

D. 2. 10. 3. 1　种公羊的饲养应采取放牧与补饲相结合的方法，并分为配种预备期、配种期和非配种期，给予不同的营养供给。

D. 2. 10. 3. 2　6 月初~8 月中旬为配种预备期，除放牧外，精料喂量从配种期精料标准的 60%~70% 的比重，逐渐增加到配种期的标准。

D.2.10.3.3 配种期每天饲喂精补料量为 1.0kg～1.2kg，加鸡蛋 2～4 枚，食盐 0.015kg。精料分早、午、晚 3 次喂给，早午 2 次可少喂些，晚上可多喂些。每天要补喂胡萝卜等多汁饲料 1.0kg～1.5kg。

D.2.10.3.4 非配种期应减少公羊的运动，并与母羊分群，加强放牧与补饲，逐步减少精饲料饲喂量。

D.2.10.3.5 进入冬季以后，除满足种公羊的热能需要外，还应注意蛋白质、维生素、矿物质的补充。在减少精料的情况下，保证持续增重不掉膘，保持体况评分 3~4 分。

D.2.10.3.6 补饲期日喂精补料 0.4kg～0.5kg、优质干草或豆科牧草 0.8kg～1.0kg、胡萝卜 0.5kg～0.6kg。

D.3 羊舍及配套设施

D.3.1 羊舍

D.3.1.1 羊舍与住宅的距离要相隔 30m 以上。

D.3.1.2 羊舍应利于通风、采光、冬季保暖和夏季避暑，冬季羊舍温度应不低于 5℃，夏季应不高于 27℃。

D.3.1.3 羊舍面积：种公羊应为每只 $3m^2$～$4m^2$，成年母羊应为每只 $0.8m^2$～$1.0m^2$，育成羊应为每只 $0.5m^2$～$0.8m^2$，羔羊应为每只 $0.3m^2$～$0.4m^2$。

D.3.2 配套设施

D.3.2.1 草架：应使用专门的补草料架，补饲草料架应高于地面 40cm。

D.3.2.2 自由采食料槽：补饲精料时可使用自由采食料槽，防止饲料受到污染。

D.4 卫生防疫

D.4.1 按照 NY/T 473 的规定执行。

D.4.2 定期对羊舍、器具及环境进行消毒。

D.4.3 兽药使用应符合 NY/T 472 的规定。

D.4.4 按照 GB/T 19526 的规定定期对羊只进行驱虫。

D.4.5 按照 NY/T 1168 的规定清理圈舍内的粪便。

D.4.6 病羊应隔离治疗。

D.4.7 死亡的病羊应按照中华人民共和国农业部农医发 2017 年第 25 号的规定进行处理。

D.5 养殖档案

应按照中华人民共和国农业部令 2006 年第 67 号的规定建立养殖档案，并进行管理。

附录 E
（规范性附录）
锡林郭勒羊肉同位素丰度值测定方法

E.1　原理

羊肉经过粉碎，索氏抽提器提取脱脂干燥后，根据不同羊肉中 δ13C、δ15N 值具有显著性差异的特性，采用稳定同位素质谱仪（配有元素分析仪）测定脱脂羊肉中稳定性碳、氮同位素。通过检测羊肉中碳、氮同位素并计算其丰度值，确定羊肉的产地范围。

E.2　仪器、设备与试剂

E.2.1　稳定同位素质谱仪（配有元素分析仪）。

E.2.2　干燥箱：可控温 103℃±2℃。

E.2.3　分析天平：感量 0.0001g。

E.2.4　绞肉机：多孔板的孔径不超过 4mm 的绞肉机。

E.2.5　索氏抽提器：接收瓶体积为 250mL。

E.2.6　100 目筛。

E.2.7　称量瓶：直径不小于 40mm。

E.2.8　石油醚（30℃~60℃沸程）。

E.2.9　滤纸筒：经脱脂。

E.2.10　脱脂棉。

E.2.11　锡箔杯。

E.2.12　铝杯。

E.2.13　粉碎机。

E.3　分析方法

E.3.1　试样前处理

从肉样样品中取出部分瘦肉，用绞肉机（D.2.4）绞碎。用铝杯（D.2.12）称取 3g~5g 试样，置于干燥箱（D.2.2）中完全干燥后，用手捏碎成块状，移入滤纸筒（D.2.9）中（上面用绵覆盖）。用石油醚（D.2.8）和索氏抽提器（D.2.5）将滤纸筒中样品脱脂 6h~8h，收集剩余残渣（主要成分为粗蛋白）于铝杯（D.2.12）中，在干燥箱（D.2.2）中烘干。将烘干后样品冷却，用粉碎机（D.2.13）粉碎成粉状，过 100 目筛（D.2.6）后，收集备用。

E. 3. 2 同位素测定

E. 3. 2. 1 稳定同位素质谱仪工作参数

元素分析仪：进样器氦气吹扫流量为200mL/min，燃烧炉温度为1000℃，还原炉温度为650℃，载气He流量为90mL/min～100mL/min。

ConfloⅢ 条件设定：He稀释压力为0.6MPa，CO_2参考气压力为0.6MPa，N_2参考气压力为1.0MPa。

质谱仪条件：用USGS24（$\delta^{13}C_{PDB}=-16.00$ ‰）标定CO_2钢瓶，用IAEAN（$\delta^{15}N_{air}=0.4$ ‰）标定CO_2钢瓶，用标定的钢瓶器作为标准。

E. 3. 2. 2 样品测定

称取适量备用样品放入锡箔杯中（称样量由仪器峰值大小决定），通过元素分析仪进行测定稳定性碳、氮同位素。每个样品重复测定3次，碳、氮同位素的测定精度均为0.2‰。

E. 3. 2. 3 结果计算

稳定性碳、氮同位素比率分别用$\delta^{13}C$ ‰、$\delta^{15}N$ ‰表示，其中$\delta^{13}C$的相对标准为V-PDB，$\delta^{15}N$的相对标准为空气。

E. 3. 2. 4 计算公式

按式（E.1）进行计算：

$$\delta^{15}‰=(R_{样品}/R_{标准}-1)\times1000 \quad\cdots\cdots\cdots\cdots (E.1)$$

式中：

R——重同位素原子丰度与轻同位素原子丰度之比，即$^{13}C/^{12}C$、$^{15}N/^{14}N$。

E. 4 精密度

在重复性条件下获得的两次独立测定结果的绝对差值不得超过算术平均值的20%。

第三节 锡林郭勒羊肉品质分析研究

一、国内先进标准比对分析情况

（一）产地环境

1. 水质要求

在水质要求方面，T/NMSP. MZB 02. 1—2019《"蒙"字标畜产品认证要求 锡林郭勒羊肉》与 GB 3838—2002《地表水环境质量标准》、NY/T 391—2013《绿色食品 产地环境质量》各项指标比对情况见表 5-1。

表 5-1 锡林郭勒羊养殖产地环境水质要求指标比对

项目	GB 3838—2002	NY/T 391—2013	T/NMSP. MZB 02. 1—2019	质量指标比对结果
pH	6~9	6. 5~8. 5	6. 5~8. 5	达到绿色食品标准
总镉/（mg/L）	0. 01	≤0. 01	≤0. 01	达到绿色食品标准
总铅/（mg/L）	0. 1	≤0. 05	≤0. 05	达到绿色食品标准
总砷/（mg/L）	0. 1	≤0. 05	≤0. 05	达到绿色食品标准
总汞/（mg/L）	0. 001	≤0. 001	≤0. 001	达到绿色食品标准
六价铬/（mg/L）	0. 1	≤0. 05	≤0. 05	达到绿色食品标准
氟化物/（mg/L）	1. 5	≤1. 0	≤1. 0	达到绿色食品标准
氰化物/（mg/L）	0. 2	≤0. 05	≤0. 05	达到绿色食品标准
总大肠菌数/（MPN/100mL）	无此指标	不得检出	不得检出	达到绿色食品标准
臭和味	无此指标	不应有异臭、异味	不应有异臭、异味	达到绿色食品标准

由表 5-1 可知，T/NMSP. MZB 02. 1 中各项指标均达到绿色食品标准。

2. 土壤环境质量要求

在土壤环境质量要求方面，依据 DB15/T 1706—2019《"锡林郭勒羊"产地环境要求》中锡林郭勒地区土壤 pH8. 0~9. 0，T/NMSP. MZB 02. 1—2019《"蒙"字标畜产品认证要求 锡林郭勒羊肉》在此范围内与GB 15618—2018《土壤环境质量 农用地土壤污染风险管控标准（试行）》、NY/T 391—2013《绿色食品 产地环境质量》各项指标比对情况见表5-2。

表5-2 锡林郭勒羊养殖产地环境土壤环境质量要求指标比对

项目	GB 15618—2018	NY/T 391—2013	T/NMSP. MZB 02. 1—2019	质量指标比对结果
	pH> 7. 5	pH> 7. 5		
总镉/(mg/kg)	0. 6	≤0. 40	≤0. 40	达到绿色食品标准
总汞/(mg/kg)	3. 4	≤0. 35	≤0. 35	达到绿色食品标准
总铅/(mg/kg)	170	≤50	≤50	达到绿色食品标准
总铜/(mg/kg)	100	≤60	≤60	达到绿色食品标准

由表5-2可知，T/NMSP. MZB 02. 1中各项指标均达到绿色食品标准。

（二）质量

1. 理化要求

在理化要求方面，T/NMSP. MZB 02. 1—2019《“蒙”字标畜产品认证要求 锡林郭勒羊肉》与GB 2762—2017《食品安全国家标准 食品中污染物限量》、NY/T 2799—2015《绿色食品 畜肉》各项指标比对情况见表5-3。

表5-3 理化要求指标比对

项目	GB 2762—2017	NY/T 2799—2015	T/NMSP. MZB 02. 1—2019	质量指标比对结果
水分/%	无此指标	≤77	≤77	达到绿色食品标准
挥发性盐基氮/(mg/100g)	无此指标	≤15	≤15	达到绿色食品标准
铅（以Pb计)/(mg/kg)	0. 2	≤0. 2	≤0. 2	达到绿色食品标准
总砷（以As计)/(mg/kg)	0. 5	≤0. 5	≤0. 5	达到绿色食品标准
总汞（以Hg计)/(mg/kg)	0. 05	≤0. 05	≤0. 05	达到绿色食品标准
镉（以Cd计)/(mg/kg)	0. 1	≤0. 1	≤0. 1	达到绿色食品标准
铬（以Cr计)/(mg/kg)	1. 0	≤1. 0	≤1. 0	达到绿色食品标准

由表5-3可知，T/NMSP. MZB 02. 1中各项指标均达到绿色食品标准。

2. 氨基酸要求

在氨基酸要求方面，T/NMSP. MZB 02. 1—2019《“蒙”字标畜产品认证要求 锡林郭勒羊肉》与NY/T 2799—2015《绿色食品 畜肉》各项指标比对情况见表5-4。

表 5-4　氨基酸要求指标比对

项目	NY/T 2799—2015	T/NMSP. MZB 02. 1—2019	质量指标比对结果
谷氨酸/(g/100g)	无此指标	≥2. 0	—
天冬氨酸/(g/100g)	无此指标	≥1. 2	—
苏氨酸/(g/100g)	无此指标	≥0. 5	—
蛋氨酸/(g/100g)	无此指标	≥0. 3	—
赖氨酸/(g/100g)	无此指标	≥1. 2	—
亮氨酸/(g/100g)	无此指标	≥0. 5	—
异亮氨酸/(g/100g)	无此指标	≥0. 5	—
苯丙氨酸/(g/100g)	无此指标	≥0. 5	—
缬氨酸/(g/100g)	无此指标	≥0. 7	—
色氨酸/(g/100g)	无此指标	≥1. 0	—

由表 5-4 可知，T/NMSP. MZB 02. 1 相较于 NY/T 2799 新增了 10 种氨基酸指标。

二、锡林郭勒羊肉营养品质指标比对

（一）肉羊生产优势区域

我国肉羊生产区域遍布内地 31 个省、自治区、直辖市，在各种因素的影响作用下，我国肉羊生产表现出明显的区域性特征。自 21 世纪以来，为了加快肉羊产业发展，原农业部实施了区域性非均衡发展战略，制定出台了《优势农产品区域布局规划（2003—2007 年）》《全国肉羊优势区域布局规划（2008—2015 年）》和《全国草食畜牧业发展规划（2016—2020 年）》，试图通过政策引导，促使肉羊产业向具备资源禀赋优势和市场条件良好的区域集中，提升产业竞争能力。依据各地区资源条件、产业基础、发展潜力和养殖规模水平，将全国肉羊生产区域划分为中东部农牧交错带产区、中原产区、西北产区和西南产区 4 个优势区域，覆盖 21 个省、自治区、直辖市的 153 个优势县。

从生产布局实际情况看，我国肉羊养殖区域主要集中在北方省（自治区）。北方肉羊主产省（自治区）大多地域辽阔、人口相对稀少、草地资源丰富，又是玉米、大豆等主要饲料作物主产区，具有生产成本较低的优势，适合于大规模发展肉羊养殖。内蒙古、新疆拥有适合放牧的大面积天然草场；河北、河南、山东等省由于地处农区，秸秆和饲料资源丰富，与羊肉主销区距离较近，适合肉羊舍饲养殖。相比之下，南方地区土地资源紧缺，湿热的气候条件不利于绵羊养殖，肉羊生产以小规模山羊养殖为主，肉羊生产潜力远不如北方地区。2015 年，内蒙古、新疆、山东、河北、四川和河南 6 个羊肉产量超过 20 万吨以上的省（自治区）中有 5 个省（自治区）是北方地区，5 个省（自治区）羊肉产量合计达到 269 万吨，占全国羊肉总产量的 55%。

1995—2015 年，我国牧区省（自治区）羊肉产量增长趋缓，而中原农区省羊肉产量迅速增长，肉羊生产重心呈现牧区向农区转移的趋势。河南、河北、四川、江苏、安徽、山东等省凭借丰富的饲料资源和劳动力优势，肉羊产业取得迅速发展。2001 年，除内蒙古和新疆的羊肉产量在国内仍位居前列以外，农区主产省的羊肉产量均已大大超过其他牧区省（自治区），6 个农区省的羊肉产量全国占比达到 44. 5%，而 6 个牧区省（自治区）羊肉产量全国占比为 33. 9%。2006 年，羊肉生产重心重新转移回到牧区省（自治区），牧区羊肉主产省（自治区）羊肉产量全国占比上升到 39. 9%，而农区羊肉主产省羊肉产量占比下降为 38. 3%。2015 年，6 个牧区省（自治区）肉羊产量合计 197 万吨，比 1995 年的 53. 6 万吨增长 2. 68 倍，同期，6 个农区省的羊肉产量由1995 年的 79. 1 万吨增加到 145. 7 万吨，增长 84. 2%。牧区省（自治区）中内蒙古和新疆的羊肉生产能力明显处于全国领先地位，2015 年，内蒙古和新疆的羊肉产量合计已经超过 6 个农区省的羊肉产量总和，相比之下，甘肃、青海、宁夏、西藏 4 个牧区省（自治区）的羊肉生产能力并无明显优势。1995—2015 年我国肉羊主产区分布及羊肉产量情况见表 5-5；1995—2015 年我国肉羊主产区分布及羊肉产量趋势如图 5-1 所示；1995—2015 年内蒙古、新疆、山东羊肉产量全国占比情况如图 5-2 所示。

表 5-5 1995—2015 年我国肉羊主产区分布及羊肉产量

年份	全国/万吨	占比/%			牧区/万吨						农区/万吨					
		内蒙古	新疆	山东	内蒙古	新疆	甘肃	青海	宁夏	西藏	山东	河北	四川	河南	安徽	江苏
1995	160. 8	9. 5	13	19. 6	15. 2	20. 8	5. 2	6. 5	1. 6	4. 3	31. 5	11. 8	6. 3	12. 6	3. 8	13. 1
2000	273. 9	11. 6	13. 7	0. 9	31. 8	37. 5	7. 5	7	3. 3	5. 7	24. 8	24. 6	16. 2	32	11. 2	15. 8
2001	292. 3	11. 2	13. 9	8. 4	32. 6	40. 5	8. 4	7. 6	3. 7	6. 2	27. 6	25. 6	16. 3	34. 5	10. 9	15. 3
2002	316. 5	10. 6	13. 5	9. 5	33. 8	42. 6	9. 3	8	4. 5	6. 9	30. 2	26. 7	16. 8	37. 8	11. 9	17. 2
2003	357. 2	12. 7	12. 7	9. 2	45. 3	45. 5	10. 6	8. 5	5. 5	7. 4	32. 9	29	17. 4	42	15. 1	17. 6
2004	399. 3	15. 1	13. 2	8. 8	60. 4	52. 7	11. 2	8. 8	6. 1	7. 6	35	31. 1	18. 8	44. 6	16. 4	17. 4
2005	435. 5	16. 7	13. 8	8. 4	72. 4	59. 9	12. 5	9. 2	6. 4	7. 5	36. 4	33. 7	20	46. 7	16. 4	17. 9
2006	469. 7	17. 2	14. 3	7. 8	81	67	14. 4	9. 6	7. 2	8. 1	36. 6	35. 4	21	51. 2	17. 6	18
2007	382. 6	21. 1	15. 9	8. 7	80. 8	60. 5	14. 6	8. 7	5. 7	8. 2	33	24. 3	23. 8	25. 3	13. 2	7. 1
2008	380. 3	22. 3	12	8. 7	84. 8	46	15. 4	8. 7	5. 9	8. 3	33. 2	26. 5	24	26. 5	13. 4	7
2009	389. 4	22. 7	11. 2	8. 4	88. 2	43. 8	15. 6	8. 8	6. 8	8. 4	32. 9	28	24. 3	25. 9	13. 8	7. 5
2010	398. 9	22. 4	11. 8	8. 2	89. 2	47	15. 6	9. 8	7. 3	8. 7	32. 7	29. 3	24. 8	25. 2	14. 2	7. 4
2011	393. 1	22. 2	11. 8	8. 3	87. 2	46. 4	15. 4	9. 9	7. 9	8. 6	32. 5	28. 4	23. 9	24. 8	14. 2	7. 3
2012	401	22. 1	12	8. 3	88. 6	48	15. 9	10. 4	8. 5	8. 5	33. 1	28. 7	24	24. 8	14. 6	7. 6
2013	408. 1	21. 8	12. 2	8. 3	88. 8	49. 7	16. 6	10. 5	9	8. 6	33. 7	29. 1	24. 5	24. 8	15	7. 8
2014	428. 2	21. 8	12. 5	8. 4	93. 3	53. 6	17. 9	10. 9	9. 5	7. 9	36	30. 4	25. 3	25. 4	15. 5	8
2015	440. 8	21	12. 6	8. 4	92. 6	55. 4	19. 6	11. 6	10. 1	8. 2	37. 1	31. 7	26. 3	25. 9	16. 6	8. 1

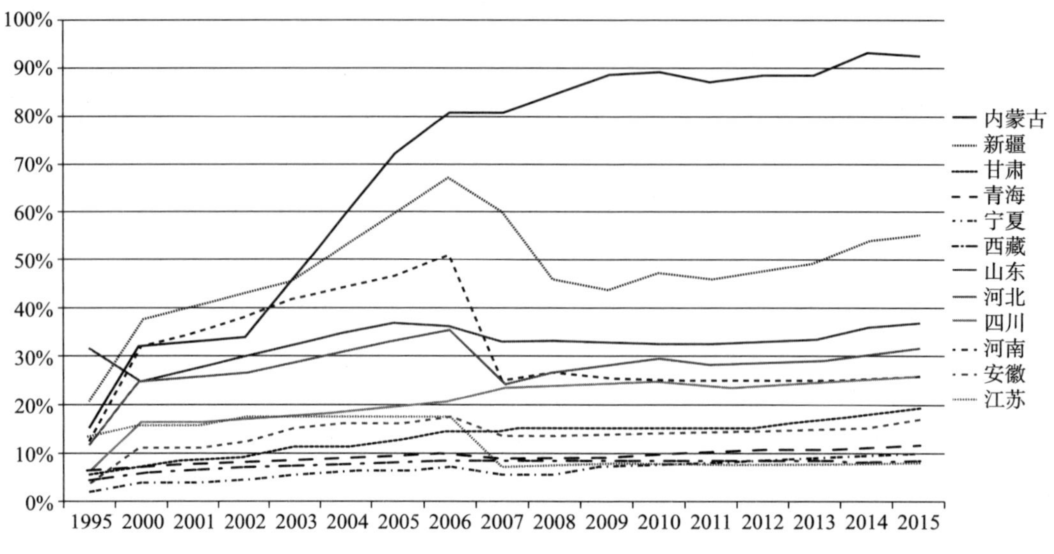

图 5-1　1995—2015 年我国肉羊主产区分布及羊肉产量趋势图

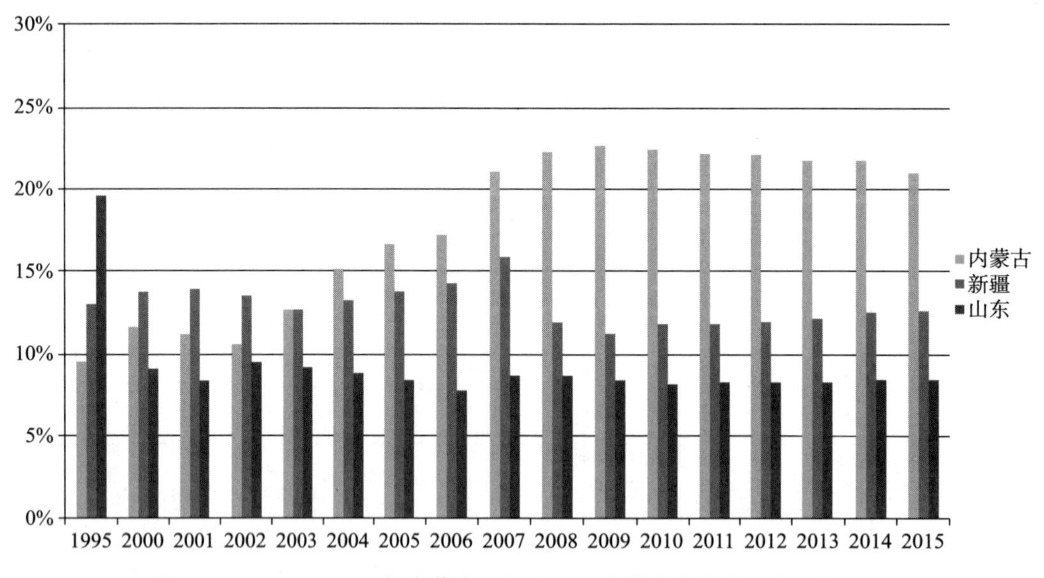

图 5-2　1995—2015 年内蒙古、新疆、山东羊肉产量全国占比柱状图

(二)研究方法

为合理确定“蒙”字标锡林郭勒羊肉的关键指标，对内蒙古、山东和新疆代表性企业的绵羊肉产品进行采集，分别从内蒙古自治区锡林郭勒盟苏尼特左旗、山东省济南市、新疆维吾尔自治区喀什和伊犁地区抽取 1 家企业生产的绵羊肉产品，并从每个

产品随机抽取1卷羊肉产品进行检测。检测指标包括铅、砷、汞、镉、铬、钾、钙、钠、镁、锌、铁、磷、锰、钴、铜、钼元素及碳稳定同位素丰度值、氮稳定同位素丰度值，检测方法见表5-6。

表5-6 羊肉理化指标检测方法

项目	检测方法
铅	GB 5009.12
砷	GB 5009.11
汞	GB 5009.17
镉	GB 5009.15
铬	GB 5009.123
钾	GB 5009.91—2017
钙	GB 5009.92—2016
钠	GB 5009.91—2017
镁	GB 5009.241—2017
锌	GB 5009.14—2017
铁	GB 5009.90—2016
磷	GB 5009.87—2016
锰	GB 5009.242—2017
钴	—
铜	GB 5009.13—2017
钼	—
碳稳定同位素丰度值（$\delta^{13}C$）	—
氮稳定同位素丰度值（$\delta^{15}N$）	—

首先，通过文献查找和相关权威网站查询，收集我国羊肉相关标准和关键指标数据，并归纳总结出关键品质特点；其次，根据肉样品的理化指标检测结果、国家标准和各地区标准，与T/NMSP. MZB 02.1—2019《“蒙”字标畜产品认证要求 锡林郭勒羊肉》进行比对，找出“蒙”字标锡林郭勒羊肉中具有特色的关键指标。

（三）锡林郭勒羊肉理化指标分析

1. 污染物限量指标（铅、砷、汞、镉、铬）

铅、砷、汞、镉、铬是一类污染物，对人体危害很大，被称为“五毒”。与NY/T 2799—2015《绿色食品 畜肉》相比，T/NMSP. MZB 02.1—2019《“蒙”

字标畜产品认证要求　锡林郭勒羊肉》中 5 项指标均达到绿色食品标准限量指标，见表 5-7。根据内蒙古科鸿科技服务有限责任公司出具的《专业技术服务报告》，山东、新疆伊犁和喀什羊肉数值也均达到绿色食品标准限量指标，而内蒙古苏尼特羊肉中 5 项检测结果均为未检出，见表 5-8。搜集国内羊肉相关标准，如新疆维吾尔自治区地方标准 DB65/T 4086—2018《地理标志产品　柯坪羊肉》、吉林省地方标准 DB22/T 1003—2018《优质羊肉品质要求》、陕西省地方标准 DB61/T 557.14—2012《富硒羊肉》和 DB61/T 1038—2016《地理标志产品　靖边羊肉》、甘肃省地方标准 DB62/T 2584—2015《地理标志产品　民勤羊肉》均未有 5 项指标全未检出的情况。所以，锡林郭勒羊肉在污染物限量方面优于我国其他地区羊肉产品。

表 5-7　污染物限量值比对

项目	铅（以 Pb 计）mg/kg	总砷（以 As 计）mg/kg	总汞（以 Hg 计）mg/kg	镉（以 Cd 计）mg/kg	铬（以 Cr 计）mg/kg
T/NMSP. MZB 02. 1—2019	≤0. 2	≤0. 5	≤0. 05	≤0. 1	≤1. 0
NY/T 2799—2015	≤0. 2	≤0. 5	≤0. 05	≤0. 1	≤1. 0

表 5-8　四地区羊肉中污染物值比对

项目	苏尼特羊肉	山东羊肉	新疆伊犁羊肉	新疆喀什羊肉
铅（以 Pb 计）/(mg/kg)	未检出	0. 084	0. 11	0. 18
总砷（以 As 计）/(mg/kg)	未检出	0. 0085	0. 0098	0. 012
总汞（以 Hg 计）/(mg/kg)	未检出	未检出	未检出	未检出
镉（以 Cd 计）/(mg/kg)	未检出	未检出	未检出	未检出
铬（以 Cr 计）/(mg/kg)	未检出	0. 15	0. 19	0. 18

数据来源：内蒙古科鸿科技服务有限公司《专业技术服务报告》。

2. 主要营养物质

绿色无污染的饲养环境、丰美的牧草和以放牧为主的饲养方式决定了锡林郭勒羊肉的高蛋白和高不饱和脂肪酸的优点。羊肉的化学成分主要包括蛋白质、脂肪、矿物质以及水。如图 5-3 所示，苏尼特羊的硬脂酸含量显著低于小尾寒羊。研究认为，肉的膻味与硬脂酸含量有关，硬脂酸含量越大，肉的膻味越大。如图 5-4 所示，苏尼特羊的饱和十五烷酸、十六烷酸含量比小尾寒羊高近 3 倍；油酸（18：1）是羊肉中最重要的单不饱和脂肪酸，油酸有降低血液胆固醇和低密度脂蛋白（LDL）的作用。如图

5-5所示，苏尼特羊肉中油酸含量为35.96%，显著高于小尾寒羊。如图5-6所示，苏尼特羊的饱和脂肪酸的含量显著低于小尾寒羊，不饱和脂肪酸的含量显著高于小尾寒羊。上述数据说明，苏尼特羊肉具有良好的脂肪酸特性，建议将不饱和脂肪酸含量作为苏尼特羊肉的特色营养指标。

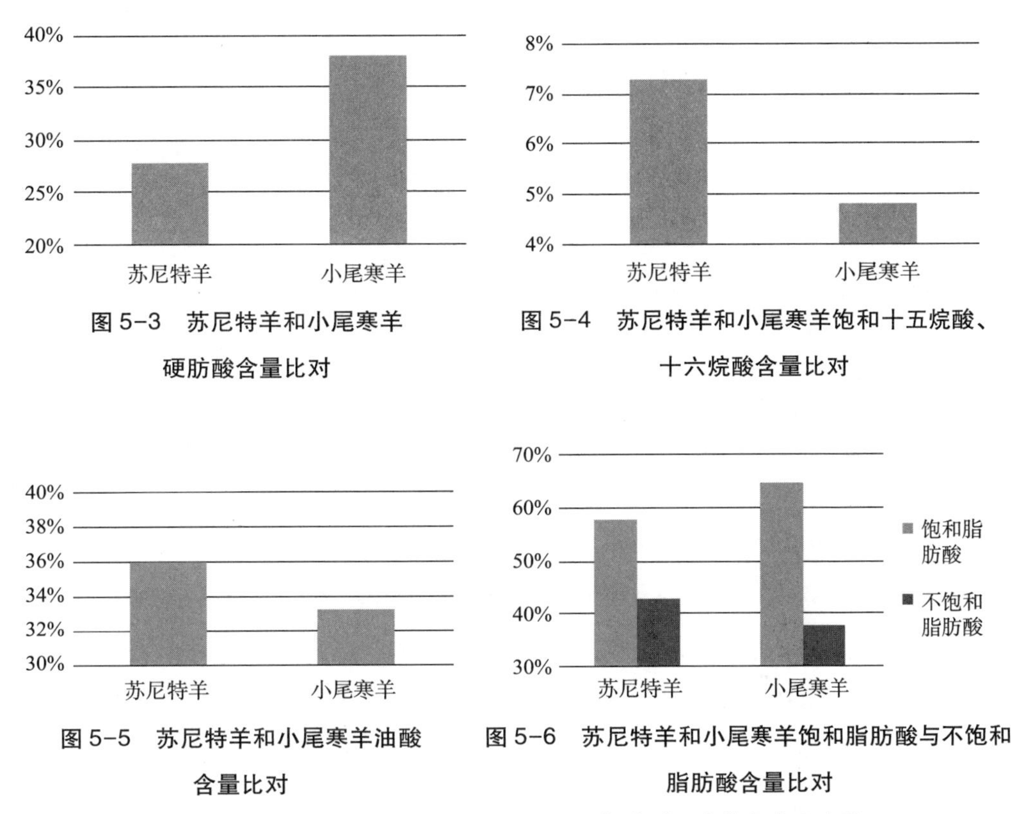

图5-3　苏尼特羊和小尾寒羊硬肪酸含量比对

图5-4　苏尼特羊和小尾寒羊饱和十五烷酸、十六烷酸含量比对

图5-5　苏尼特羊和小尾寒羊油酸含量比对

图5-6　苏尼特羊和小尾寒羊饱和脂肪酸与不饱和脂肪酸含量比对

数据来源：莎丽娜.自然放牧苏尼特羊肉品质特性的研究［D］.内蒙古农业大学，2009。

3. 稳定同位素

动物体中的稳定同位素组成与其所摄食的食物中稳定同位素组成是相对应的。当动物所摄食的食物中稳定同位素组成或数量发生变化时，相对应地，动物体内组织稳定同位素也发生变化。不同类型饲草的碳稳定同位素丰度值（$\delta^{13}C$）不同，C_3饲草（青草、干草、大豆等）的$\delta^{13}C$值较低，而C_4饲草（玉米、高粱等）的$\delta^{13}C$值较高，景天酸代谢植物（仙人掌、凤梨）的$\delta^{13}C$值居中。通过稳定同位素技术来追溯动物的饲料来源、饲养方式等情况，以鉴定其产品是否为有机产品或溯源其产地。天然草场上的植物几乎都是C_3植物（表5-10），因此，采用有机方式饲养的动物产品的$\delta^{13}C$值较普通产品更低。氮稳定同位素在动物体内的数量与土壤、气候、施肥及饲料等因素有关。固氮植物如大豆、苜蓿等氮稳定同位素丰度值（$\delta^{15}N$）较低，约为0‰~1‰。

植物的 $\delta^{15}N$ 值还受农业发展方式的影响（农区羊组织样品中 $\delta^{15}N$ 值明显低于牧区样品），农区经常施用无机 ^{15}N 标记氮肥，使土壤贫化，其植物 $\delta^{15}N$ 值偏低。

表 5-10　植物 CO_2 的固定方式

项目	C_3 植物	C_4 植物
CO_2 固定方式	C_3 途径	C_3 途径和 C_4 途径
植物类型	典型的温带植物	典型的热带、亚热带植物
植物种类	禾本科植物、大豆	玉米、甘蔗、高粱
碳稳定同位素丰度值（$\delta^{13}C$）/‰	−22～−33	−9～−20

分别在内蒙古锡林郭勒盟苏尼特左旗、新疆伊犁和喀什及山东 4 个地区采集当地饲养的羊肉样品，对其进行 $\delta^{13}C$ 值和 $\delta^{15}N$ 值的测定，研究表明，4 个地区羊肉样品中碳、氮稳定同位素丰度值均在 T/NMSP. MZB 02. 1—2019《"蒙"字标畜产品认证要求　锡林郭勒羊肉》规定的范围值（−18‰～−27‰，3. 50‰～12. 00‰）之内。通过对 $\delta^{13}C$ 值的比对（表 5-11），内蒙古苏尼特羊肉、新疆伊犁和喀什羊肉中 $\delta^{13}C$ 值在−18‰～−27‰；山东羊肉中 $\delta^{13}C$ 值为−14. 16‰。通过和 C_3、C_4 植物的 $\delta^{13}C$ 值比对，说明内蒙古苏尼特、新疆伊犁和喀什肉羊的饲养模式趋向于放牧饲养，多食牧草（C_3 植物）。舍饲喂养的山东羊多食饲料（玉米），饲料多为 C_4 植物，因此，山东羊肉中 $\delta^{13}C$ 值为−14. 16‰，在 C_4 植物的 $\delta^{13}C$ 值范围内。建议将 $\delta^{13}C$ 值作为苏尼特羊肉的特色指标。

通过对 $\delta^{15}N$ 值的比对（表 5-11），内蒙古苏尼特羊肉、新疆伊犁羊肉中 $\delta^{15}N$ 值高于山东羊肉。研究发现，合成氮肥的 $\delta^{15}N$ 值接近于零，而有机肥料的 $\delta^{15}N$ 值则较高。根据内蒙古苏尼特羊肉的 $\delta^{15}N$ 值 8. 41‰和新疆伊犁羊肉的 $\delta^{15}N$ 值 6. 348‰，说明，内蒙古自治区锡林郭勒盟苏尼特左旗和新疆伊犁的放牧环境中合成氮肥较低，饲养环境更加天然，产于该地区的食品更加有机、天然。建议将 δ^{15} 值作为苏尼特羊肉的特色指标。

表 5-11　羊肉稳定同位素丰度范围值表

项目	T/NMSP. MZB 02. 1—2019	苏尼特羊肉	山东羊肉	新疆伊犁羊肉	新疆喀什羊肉
碳稳定同位素丰度值（$\delta^{13}C$）/‰	−18～−27	−20. 49	−14. 16	−24. 4	−19. 01
氮稳定同位素丰度值（$\delta^{15}N$）/‰	3. 50～12. 00	8. 41	5. 057	6. 348	4. 156

4. 结论

锡林郭勒草原是中国当今保存完好的天然无污染的草原之一，水草丰美，生长着碱草、针茅、苜蓿、冰草等多种营养丰富的牧草。因其得天独厚的饲养环境，产于锡林郭勒草原的羊肉也更加天然、无污染、有机。通过上述对苏尼特羊肉与山东、新疆伊犁和喀什4种羊肉指标的检测比对分析，锡林郭勒羊肉中铅、砷、汞、镉、铬5项污染物元素均未检出，苏尼特羊肉碳稳定同位素丰度值为-20.49‰，氮稳定同位素丰度值为8.41‰，因此，建议将T/NMSP. MZB 02.1中污染物铅、砷、汞、镉、铅和同位素（$\delta^{13}C$、$\delta^{15}N$）指标作为锡林郭勒羊肉的特色指标。

第四节 锡林郭勒羊肉团体标准实施与应用

一、标准认证内容

（一）现场检查文件清单（表5-12）

表5-12 现场检查文件清单

序号	文件名称	序号	文件名称
1	证书内容确认表	21	任务书
2	认证申请书	22	文件评审报告
3	农场调查表	23	检查计划
4	经营资格证明文件	24	检查员声明
5	专业技术、管理人员、内部检查员资质文件	25	首末次会议签到表
6	集者或小农户织信息清单（必要时）	26	小农户人员走访记录（必要时）
7	农场环境证明文件	27	产品认证检查总报告
8	加工用水、禽畜饮用水检测报告	28	产品认证检查表
9	生产场所行政位置图	29	不符合报告及整改材料（如有）
10	生产单元分布图或平面布局图	30	有机产品认证样品采样委托书（必要时）
11	年度生产计划、转换计划（必要时）	31	采样通知单（必要时）
12	生产过、工艺流程图	32	现场检查组照片
13	产品检测报告	33	现场影像资料（必要时）
14	有害生物防控位置分布团（必要时）	34	上一年度证书及附件复印件
15	生产投入物符合证明材料	35	产品生产、加工、经营质量管理手册
16	加工所用配料符合性材料	36	生产、加工，经营操作规程

表 5-12（续）

序号	文件名称	序号	文件名称
17	终产品各类包装袋（箱）及包装标签实物复印件照片	37	生产、加工、经营外来文件清单
18	未使用禁用物质证明	38	生产、加工、经营记录清单及记录
19	申请评审表	39	生产、加工规划
20	检查通知书	—	—
注 1：包括营业执照、许可证，租赁/分包合同等其他证明文件； 注 2：包括内部检查员证明、技术员、学位证书、资格证书等； 注 3：包括土/底泥/大气/水质等产地环境监（检）测报告成结论； 注 4：包括生产所用种子/种苗/种畜禽/鱼苗/植保产品/肥料/兽药/饲料/添加剂/助剂/等投入物符合证； 注 5：至少包括证明某批次样本可追测的相关记录以及产品召回演练、内部检查等记录； 注 6：证书内容确认表、检查总报告、现场检查组照片电子版请一并发给认证工作管理人员； 注 7：在确保能满足合格评定所需文件的要求下，检查组长可以选择不再提供未有变化的文件。			

（二）检查计划（表 5-13）

表 5-13 检查计划

涉及的部门/区域	检查过程涉及相关的标准条款和内容
领导层、体系推进相关部门	DB15/T 1700. 1—2019：4 总体要求、5 领导作用、6 资源、8 风险管理、9 追溯管理、10 社会责任、11 生态环保、12 评价与改进
养殖基地	羊的养殖涉及羊舍、饲料库、手艺等，包括对养殖管理人员、操作者进行访谈 DB15/T 1700. 1—2019：6 资源、7 生产管理、8 风险管理、9 追溯管理、11 生态环保 T/NMSP. MZB 02. 1—2019：3 产地环境、4 品种、5 养殖技术、7. 5 档案管理 关注： （1）对产地和生产环境质量状况进行确认，评估对生产的潜在污染风险； （2）对产地环境质量状况的检查； （3）对投入品的检查； （4）对认证产品的产量与销售量进行汇总和核算
加工基地/厂	加工厂现场检查，涉及原料处理、包材库、化学品库、中间产品库和成品库等 DB15/T 1700. 1—2019：6 资源、7 生产管理、8 风险管理、9 追溯管理、11 生态环保 T/NMSP. MZB 02. 1—2019：6 质量、7 加工要求、8 检验规则、9 标识、包装、贮存和运输 关注： （1）适时需进行产品抽样； （2）对生产加工环境质量状况进行确认，评估对生产、加工的潜在污染风险； （3）对产地环境质量状况的检查； （4）对投入品的检查； （5）对认证产品的产量与销售量进行汇总和核算

二、标准实施效益

T/NMSP. MZB 02. 1—2019《“蒙”字标畜产品认证要求　锡林郭勒羊肉》的主要核心技术指标均高于现有国家标准和行业标准，主动提升了畜产品行业的品质要求，规范了畜产品行业的市场秩序，提升了产品的市场竞争力，有效带动了内蒙古自治区羊肉产品的出口贸易和增强了国际市场竞争力。同时，鼓励企业、社会团体、教育科研机构积极参与到国际标准化活动中，真正地使标准化工作能够与国际规则深度融合，更好地促进中国标准与国际标准之间的“软连通”，用标准化工作助力区域经济高水平的对外开放。该团体标准的实施有效地补充了官方标准体系的不足，灵活满足了市场和行业发展的需求，带动了内蒙古自治区羊肉区域品牌发展，显著提升了内蒙古自治区羊肉产品在市场上的溢价程度，有效推动了内蒙古自治区畜产品行业在经济、社会、生态等方面高质量发展。

第六章 科尔沁牛肉

第一节 科尔沁牛肉概述

美丽富饶的科尔沁大草原位于内蒙古自治区东部，是全世界少数未被污染的大草原之一。4000 万亩的天然牧场、900 余种优良牧草，充沛的阳光、雨水，科尔沁牛自然放养于其间。科尔沁大草原是西门塔尔牛、科尔沁牛的主要繁育基地。这里饲养着历经 50 年不断改良的优良肉牛品种，合理的饲养方法，科学的加工方式，造就了科尔沁牛肉的非凡品质。1990 年通过鉴定，由内蒙古自治区人民政府正式验收命名为“科尔沁牛”，并确定为通辽市特产。目前，科尔沁辖区有 5 个国有农牧场：胡力原种繁殖场、莫力庙羊场、哲南农场、三义堂农场和半截店牧场。

近年来，科尔沁牛产业发展迅速，在牛群规模、生产水平、适用技术推广、屠宰加工、品牌价值推广等方面均处于全国前列。科尔沁牛生长环境的各项指标都高于绿色食品标准或接近于绿色食品标准的要求，其牛肉无污染、口感好、营养丰富，蛋白质含量较高，有益于人体健康，在国内外牛肉市场赢得了较高的知名度，尤其在港澳牛肉市场深受广大消费者的欢迎，多年来都是港澳牛肉市场的主导品牌。2008 年，科尔沁肥牛肉被原国家质量监督检验检疫总局评为国家地理标志产品。科尔沁牛肉获得多项国际贸易认可和国家级有关认证，包括俄罗斯、中东地区伊斯兰国家、印度尼西亚、马来西亚等国家的出口权，并由中国绿色食品发展中心颁发了《绿色食品证书》及被伊斯兰协会注册为清真食品标志。

为树立内蒙古自治区产品“高品质、纯天然、绿色有机、生态环保”的品牌形象，提升产品核心竞争力及市场认可度，凸显特色区域品牌价值和影响力，内蒙古自治区标准化院开展 T/NMSP. MZB 02. 2—2019《“蒙”字标畜产品认证要求　科尔沁牛肉》的制定工作。该团体标准以科尔沁牛肉相关检验数据为研究基础，结合相关国家标准、行业标准，规范了科尔沁牛肉的各项指标，为“蒙”字标认证提供有力依据，助推自治区特色农牧业高质量发展。

第二节　T/NMSP. MZB 02. 2—2019《“蒙”字标畜产品认证要求　科尔沁牛肉》

通过广泛调研分析、研讨及与专家咨询、广泛征求意见完成了 T/NMSP. MZB 02. 2—2019《“蒙”字标畜产品认证要求　科尔沁牛肉》的制定工作，确保标准制定的规范性，适应产业发展。T/NMSP. MZB 02. 2—2019《“蒙”字标畜产品认证要求　科尔沁牛肉》的制定旨在对“蒙”字标产品的认证，进一步提高科尔沁牛肉品质和市场竞争力，促进科尔沁牛肉产业经济稳定持续增长，提高企业产品质量，使内蒙古自治区的优势特色产品经过“蒙”字标认证走向全国、走向国际。

ICS 67.120.10
X 22

团体标准

T/NMSP.MZB 02.2—2019

"蒙"字标畜产品认证要求 科尔沁牛肉

"Nei Meng Gu Brand" certification requirements of livestock products—Kerqin beef

2019-10-16 发布　　2019-11-01 实施

内蒙古标准发展促进会　发布

前　言

本标准按照 GB/T 1. 1—2009 给出的规则起草。

本标准由内蒙古标准发展促进会提出并归口。

本标准主要起草单位：内蒙古自治区标准化院、内蒙古科尔沁牛业股份有限公司、内蒙古食品检验检测中心、通辽市畜牧兽医科学研究所。

本标准主要起草人：王娟、韩明山、贾伟星、王嘉睿、毕超、张蒙、康宏昌、贾安、高丽娟、郭大伟、张欣、张智宇、石宇、张存飞、王敏、常菲、云娜娜、张泽冉、张崇燕、侯昕。

引　言

本标准是“蒙”字标产品认证标准之一。

本标准相关条款采用标准如下：

——第 4 章“产地环境”主要技术指标采纳内蒙古自治区地方标准《“科尔沁牛肉”产地环境要求》。

——第 6 章“养殖技术”主要技术指标采纳内蒙古自治区地方标准《“科尔沁牛”饲养管理技术规程》。

——第 9 章“质量”主要技术指标采纳内蒙古自治区地方标准《科尔沁牛肉》。

——附录 A“科尔沁牛品种要求”主要技术指标采纳内蒙古自治区地方标准《科尔沁牛》。

——附录 B“科尔沁牛布鲁氏菌病防控技术要求”主要技术指标采纳内蒙古自治区地方标准《“科尔沁牛”布鲁氏菌病防控技术规范》。

“蒙”字标畜产品认证要求
科尔沁牛肉

1　范围

本标准规定了科尔沁牛肉“蒙”字标认证的产地环境、品种、养殖技术、疫病防控、加工、质量、检验规则及标识、包装、贮存和运输。

本标准适用于科尔沁牛肉“蒙”字标认证。

2　规范性引用文件

下列文件对于本文件的应用是必不可少的。凡是注日期的引用文件，仅注日期的版本适用于本文件。凡是不注日期的引用文件，其最新版本（包括所有的修改单）适用于本文件。

GB/T 4456　包装用聚乙烯吹塑薄膜

GB 4789.2　食品安全国家标准　食品微生物学检验　菌落总数测定

GB 4789.3　食品安全国家标准　食品微生物学检验　大肠菌群计数

GB 4789.4　食品安全国家标准　食品微生物学检验　沙门氏菌检验

GB 4789.6　食品安全国家标准　食品微生物学检验　致泻大肠埃希氏菌检验

GB 4789.10　食品安全国家标准　食品微生物学检验　金黄色葡萄球菌检验

GB 4789.30　食品安全国家标准　食品微生物学检验　单核细胞增生李斯特氏菌检验

GB 4806.1　食品安全国家标准　食品接触材料及制品通用安全要求

GB 4806.7　食品安全国家标准　食品接触用塑料材料及制品

GB 5009.11　食品安全国家标准　食品中总砷及无机砷的测定

GB 5009.12　食品安全国家标准　食品中铅的测定

GB 5009.13　食品安全国家标准　食品中铜的测定

GB 5009.15　食品安全国家标准　食品中镉的测定

GB 5009.17　食品安全国家标准　食品中总汞及有机汞的测定

GB/T 5009.19　食品中有机氯农药多组分残留量的测定

GB 5009.33　食品安全国家标准　食品中亚硝酸盐与硝酸盐的测定

GB 5009.44　食品安全国家标准　食品中氯化物的测定

GB/T 5009.116　畜禽肉中土霉素、四环素、金霉素残留量的测定（高效液相色谱法）

GB 5009.123　食品安全国家标准　食品中铬的测定

GB 5009.228　食品安全国家标准　食品中挥发性盐基氮的测定

GB 5749　生活饮用水卫生标准

GB 6388　运输包装收发货标志

GB/T 6543　运输包装用单瓦楞纸箱和双瓦楞纸箱

GB 7718　食品安全国家标准　预包装食品标签通则

GB 12694　食品安全国家标准　畜禽屠宰加工卫生规范

GB 13078　饲料卫生标准

GB 13457　肉类加工工业水污染物排放标准

GB/T 15432　环境空气　总悬浮颗粒物的测定　重量法

GB/T 17141　土壤质量　铅、镉的测定　石墨炉原子吸收分光光度法

GB 18394　畜禽肉水分限量

GB 18596　畜禽养殖业污染物排放标准

GB/T 18646　动物布鲁氏菌病诊断技术

GB/T 18935　口蹄疫诊断技术

GB/T 20755　畜禽肉中九种青霉素类药物残留量的测定 液相色谱-串联质谱法

GB/T 20756　可食动物肌肉、肝脏和水产品中氯霉素、甲砜霉素和氟苯尼考残留量的测定 液相色谱-串联质谱法

GB/T 20766　牛猪肝肾和肌肉组织中玉米赤霉醇、玉米赤霉酮、己烯雌酚、己烷雌酚、双烯雌酚残留量的测定　液相色谱-串联质谱法

GB/T 21311　动物源性食品中硝基呋喃类药物代谢物残留量检测方法　高效液相色谱/串联质谱法

GB/T 21312　动物源性食品中 14 种喹诺酮药物残留检测方法　液相色谱-质谱/质谱法

GB/T 21316　动物源性食品中磺胺类药物残留量的测定　液相色谱-质谱/质谱法

GB/T 21320　动物源食品中阿维菌素类药物残留量的测定　液相色谱-串联质谱法

GB/T 21981　动物源食品中激素多残留检测方法　液相色谱-质谱/质谱法

GB/T 22105.1　土壤质量　总汞、总砷、总铅的测定　原子荧光法　第 1 部分：

土壤中总汞的测定

GB/T 22105.2 土壤质量 总汞、总砷、总铅的测定 原子荧光法 第2部分：土壤中总砷的测定

GB/T 22286 动物源性食品中多种β-受体激动剂残留量的测定 液相色谱串联质谱法

GB 23200.94 食品安全国家标准 动物源性食品中敌百虫、敌敌畏、蝇毒磷残留量的测定 液相色谱-质谱/质谱法

HJ 479 环境空气 氮氧化物（一氧化氮和二氧化氮）的测定 盐酸萘乙二胺分光光度法

HJ 481 环境空气 氟化物的测定 石灰滤纸采样氟离子选择电极法

HJ 482 环境空气 二氧化硫的测定 甲醛吸收-副玫瑰苯胺分光光度法

HJ 483 环境空气 二氧化硫的测定 四氯汞盐吸收-副玫瑰苯胺分光光度法

HJ 491 土壤和沉积物 铜、锌、铅、镍、铬的测定 火焰原子吸收分光光度法

HJ 955 环境空气 氟化物的测定 滤膜采样/氟离子选择电极法

JJF 1070 定量包装商品净含量计量检验规则

NY/T 471 绿色食品 饲料及饲料添加剂使用准则

NY/T 473 绿色食品 畜禽卫生防疫准则

NY/T 815 肉牛饲养标准

NY/T 1335 牛人工授精技术规程

NY/T 1377 土壤pH的测定

NY/T 2663—2014 标准化养殖场 肉牛

定量包装商品计量监督管理办法（国家质量监督检验检疫总局令第75号）

农业部781号公告—5—2006 动物源食品中阿维菌素类药物残留量的测定 高效液相色谱法

畜禽标识和养殖档案管理办法（中华人民共和国农业部令2006年第67号）

3 术语和定义

下列术语和定义适用于本文件。

3.1

妊娠母牛 pregnant cow

受孕至分娩的母牛。

3.2

空怀母牛　empty cow

产犊（流产）后至下次妊娠前的母牛。

3.3

围产期母牛　perinatal cow

产前15d至产后15d的母牛。

3.4

犊牛　calf

出生至6月龄的牛。

3.5

育肥牛　finishing cattle

通过集中饲养、科学饲喂，达到屠宰标准的牛。

3.6

日粮　ration

根据动物对营养物质的需要，提供给一头（只）动物一天（24h）的各种饲料总量。

3.7

青贮饲料　silage

将新鲜的青饲料切短装入密封容器内经微生物发酵制成的一类饲料。

3.8

秸秆　straw

农作物籽实收获后所剩余的茎秆和残存的叶片。

3.9

布鲁氏菌病　brucellosis

又名布氏杆菌病。由布鲁氏菌属细菌引起的人畜共患的常见传染病。

3.10

潜伏期　incubation period

病原体侵入机体至出现临床症状的时间。

3.11

检疫　quarantine

按照国家法规对各种动物及其产品进行的疫病检查。

3.12

监测　monitoring

对疾病的发生、流行及影响因素进行有计划地、系统地长期观察。

4　产地环境

4.1　地域要求

通辽市行政区域内。

4.2　气候要求

通辽地区地处中纬度，属中温带，干旱和半干旱大陆性季风气候，春季干旱多风；夏季炎热降雨集中；秋季凉爽短促、气温下降快、霜冻北早南晚；冬季寒冷漫长少雪，年降水量的70%集中在6月~8月。

4.3　空气质量要求

环境空气中各项污染物指标应符合表1的规定。

表1　环境空气中各项污染物指标要求

项目	单位	指标		检测方法
		日平均	小时平均	
总悬浮颗粒物	mg/m^3	≤0.30	—	GB/T 15432
二氧化硫	mg/m^3	≤0.12	≤0.40	HJ 482、HJ 483
二氧化氮	mg/m^3	≤0.08	≤0.12	HJ 479
氟化物	$\mu g/m^3$	≤7	≤20	HJ 955
	$\mu g/(dm^2 \cdot d)$	≤1.8		HJ 481

4.4　水质要求

水质符合GB 5749的规定。

4.5　土壤环境要求

土壤环境质量应符合表2的规定。

表2　土壤环境质量要求

项目	单位	指标			检测方法
pH	—	<6.5	6.5~7.5	>7.5	NY/T 1377
镉	mg/kg	≤0.30	≤0.30	≤0.40	GB/T 17141
汞	mg/kg	≤0.25	≤0.30	≤0.35	GB/T 2105.1
砷	mg/kg	≤25	≤20	≤20	GB/T 2105.2
铅	mg/kg	≤50	≤50	≤50	HJ 491
铬	mg/kg	≤120	≤120	≤120	
铜	mg/kg	≤50	≤60	≤60	

4.6　牛舍要求

牛舍建设应符合 NY/T 2663—2014 中第 6 章的规定。

5　品种

科尔沁牛品种要求按附录 A。

6　养殖技术

6.1　繁育

6.1.1　科尔沁牛采用人工授精方式进行配种。按照 NY/T 1335 的规定执行。

6.1.2　父本品种选择科尔沁牛或西门塔尔牛。

6.1.3　后备母牛初配体重 350kg 以上。

6.1.4　配种 35d 后进行妊娠检查。

6.1.5　发现母牛有分娩征兆时，用 0.1%~0.2%高锰酸钾温水或 2%~3%来苏尔溶液洗涤外阴部及其附近，并用毛巾擦干，待其自然分娩。当出现难产征兆时，应进行人工助产。

6.2　饲养管理

6.2.1　一般性饲养管理

6.2.1.1　饲养

依据 NY/T 815 确定不同生长阶段牛的营养需要，配制日粮、科学饲喂、自由饮水。母牛每日采食量见表 3；育肥牛日采食量见表 4。

表3 母牛日采食量

阶段		干物质占比体重/%	精料补充料占比体重/%
后备		2.3~2.7	0.3~0.5
妊娠	前期（1d~90d）	2.3~2.7	0.3
	中期（91d~180d）	2.3~2.7	0.4
	后期（181d~265d）	2.3~2.7	0.5
围产	产前	2.3~2.6	0.3~0.5
	产后	2.3~2.6	0.3~0.5
哺乳		2.6~3.0	0.6~1.0
空怀		2.1~2.5	0.2~0.3
注：干物质数值、精料补充料数值分别为各自占比体重。			

表4 育肥牛日采食量

名称	体重阶段	干物质占比体重/%	精料补充料占比日粮干物质/%
育肥牛	200kg~350kg（体重）	2.0~2.3	40
	350kg~450kg（体重）	2.3~2.5	40
	450kg~650kg（体重）	2.5~2.8	55
	650kg~750kg（体重）	2.0~2.5	60~70
注：干物质数值为干物质采食量占比体重；精料补充料数值为精料补充占比干物质。			

6.2.1.2 饲料原料

6.2.1.2.1 应符合 GB 13078 的规定。

6.2.1.2.2 粗饲料应选用通辽地区产的青贮、黄贮、秸秆、天然牧草。

6.2.1.2.3 能量饲料应选用产于通辽地区的优质玉米。

6.2.1.2.4 其他饲料应符合 NY/T 471 的规定。

6.2.1.3 日常管理

根据牛的年龄、体重等情况分群饲养，保持圈舍清洁，观察牛群采食、排粪和精神状况，发现问题及时处理。冬季保温，夏季防暑，做好生产记录。

6.2.2 母牛分群

分为后备母牛、妊娠母牛、围产期母牛、哺乳母牛、空怀母牛，对其进行饲养管理。

6.2.3 犊牛饲养管理

6.2.3.1 饲养

6.2.3.1.1 犊牛在出生后 1h 内应吃足初乳，7d 龄内应吃初乳，10d 龄开料并给予优质干草。

6.2.3.1.2　人工饲喂或自然哺乳。

6.2.3.1.3　犊牛在3月龄左右且日采食1.0kg以上精补料时即可断奶。

6.2.3.1.4　自由饮水。

6.2.3.2　管理

6.2.3.2.1　犊牛出生时，应用洁净毛巾掏净口腔、鼻腔黏液，再擦拭干净头部黏液。在距腹部5cm~7cm处将脐带剪断，用5%碘酊涂擦剪口。犊牛身上的黏液应由母牛舔干或人工擦干。并测量记录体尺、体重，建档立卡。

6.2.3.2.2　犊牛1月龄内单圈饲养，1月龄后按体重分栏饲养。

6.2.3.2.3　栏内应每天更换垫草并消毒，不应残留粪、尿。

6.2.3.2.4　犊牛舍冬暖夏凉，通风良好，干燥清洁。

6.2.4　育肥牛饲养管理

6.2.4.1　采用拴系饲养或散栏饲养。

6.2.4.2　根据市场行情或者牛体重已达预期肥育出栏体重，适时出栏。

6.2.4.3　牛出栏后，及时清洗圈舍，消毒2周后，方可重新进牛。

6.2.5　养殖场废弃物排放

科尔沁牛养殖场废弃物排放应符合GB 18596的规定。

7　疫病防控

7.1　科尔沁牛卫生防疫应符合NY/T 473的规定。

7.2　科尔沁牛口蹄疫诊断防控应符合GB/T 18935的规定。

7.3　科尔沁牛布鲁氏菌病防控应符合附录B的规定。

8　加工

8.1　屠宰加工及卫生

应符合GB 12694的规定。

8.2　冷却、分割、贮藏或冻结

8.2.1　胴体冷却

牛经屠宰放血后，胴体应在45min内移入冷却间内进行冷却。胴体之间的间距不应小于10cm。预冷间温度在0℃~4℃，相对湿度在80%~95%。在36h内使胴体后腿部、肩胛部中心温度降至7℃以下。

8.2.2　质量分级

应符合 NY/T 676 的规定。

8.2.3　分割间温度及修整

8.2.3.1　分割间温度

应确保分割间温度在 12℃以下，生产冷鲜分割产品时，分割间温度应在 8℃~10℃。

8.2.3.2　修整

修整时应平直持刀，保持肌膜、肉块完整。肉块上不得带伤斑、血瘀、血污、碎骨、软骨、病变组织、淋巴结、脓包、浮毛或其他杂质。

8.2.4　贮藏或冻结

8.2.4.1　贮藏

分割肉块应该在温度 0℃~4℃、相对湿度 80%~95%的贮藏间贮存。

8.2.4.2　冻结

分割肉块应在-28℃以下的冷冻库内冷冻 48h，使肉块的中心温度达到-18℃以下。

8.3　屠宰加工废弃物处理

屠宰加工废弃物排放应符合 GB 13457 的规定。

8.4　质量手册

应编制科尔沁牛养殖、加工、经营质量管理手册，应至少包含下列内容：

a） 养殖、加工、经营者简介；

b） 管理方针和目标；

c） 组织机构图及其相关岗位的责任和权限；

d） 标识管理；

e） 可追溯体系与产品召回制度；

f） 内部检查；

g） 文件和记录管理；

h） 客户投诉处理；

i） 持续改进体系。

8.5　档案管理

参照《畜禽标识和养殖档案管理办法》的规定建立养殖档案进行管理。

9 质量

9.1 感官指标

感官指标应符合表 5 的规定。

表 5 感官指标

项目	鲜牛肉	冻牛肉（解冻后）	检测方法
色泽	肌肉有光泽，色鲜红或深红；脂肪呈乳白	肌肉色鲜红，有光泽；脂肪呈乳白色	目测、手触鉴别
黏度	外表微干或有风干膜，不黏手	肌肉外表微干，或有风干膜，或外表湿润，不黏手	目测、手触鉴别
弹性（组织状态）	指压后有凹陷可恢复	肌肉结构紧密，有坚实感，肌纤维韧性强	
气味	具有鲜牛肉正常的气味	具有牛肉正常的气味	嗅觉鉴别
煮沸后肉汤	透明澄清，脂肪团聚于表面，具特有香味	澄清透明，脂肪团聚于表面，具有牛肉汤固有的香味和鲜味	GB 5009.44
肉眼可见异物	不得带伤斑、血瘀、血污、碎骨、病变组织、淋巴结、脓包、浮毛或其他杂质		目测、手触鉴别

9.2 理化指标

理化指标应符合表 6 的规定。

表 6 理化指标

项目	指标	检测方法
挥发性盐基氮/(mg/100g)	≤13	GB 5009.228
铅（pb）/(mg/kg)	≤0.1	GB 5009.12
无机砷/(mg/kg)	≤0.05	GB 5009.11
镉（Cd）/(mg/kg)	≤0.1	GB 5009.15
总汞（以 Hg 计）/(mg/kg)	≤0.05	GB 5009.17
铬（Cr）/(mg/kg)	≤0.5	GB 5009.123
铜（Cu）/(mg/kg)	≤8	GB 5009.13
亚硝酸盐（以 $NaNO_2$ 计）/(mg/kg)	≤3	GB 5009.33

9.3 水分限量

应符合 GB 18394 的规定。

9.4　农药、兽药及非法添加物质残留限量

农药、兽药及非法添加物质残留限量指标应符合表7的规定。

表7　农药、兽药及非法添加物质残留限量指标

序号	项目	最高限量/(mg/kg)	检测方法
1	六六六	≤0.05	GB/T 5009.19
2	滴滴涕	≤0.05	
3	蝇毒磷	≤0.5	GB 23200.94
4	敌敌畏	≤0.01	GB 23200.94
5	青霉素	<0.05	GB/T 20755
6	伊维菌素	≤0.01	GB/T 21320
7	恩诺沙星	<0.1	GB/T 21312
8	阿莫西林	<0.05	GB/T 20755
9	磺胺二甲基嘧啶	不得检出（检出限<0.05)	GB/T 21316
10	磺胺二甲氧嘧啶	不得检出（检出限<0.05)	
11	磺胺间甲氧嘧啶	不得检出（检出限<0.05)	
12	磺胺甲噁唑	不得检出（检出限<0.05)	
13	磺胺喹噁啉	不得检出（检出限<0.05)	
14	四环素	不得检出（检出限<0.1)	GB/T 5009.116
15	金霉素	不得检出（检出限<0.1)	
16	土霉素	不得检出（检出限<0.1)	
17	玉米赤霉醇	不得检出（检出限<0.005)	GB/T 20766
18	己烯雌酚	不得检出（检出限<0.05)	GB/T 20766
19	呋喃唑酮	不得检出（检出限<0.01)	GB/T 21311
20	氯霉素	不得检出（检出限<0.001)	GB/T 20756
21	群勃龙	不得检出（检出限<0.001)	GB/T 21981
22	盐酸克伦特罗	不得检出（检出限<0.0005)	GB/T 22286
23	莱克多巴胺	不得检出（检出限<0.0005)	
24	沙丁胺醇	不得检出（检出限<0.0005)	

9.5　微生物指标

微生物指标应符合表8的规定。

表8 微生物指标

项目	指标		检测方法
	鲜牛肉	冻牛肉	
菌落总数/(CFU/g)	$\leqslant 1\times10^6$	$\leqslant 5\times10^5$	GB 4789.2
大肠菌群/(MPN/100g)	$<1\times10^4$	$<1\times10^3$	GB 4789.3
沙门氏菌	不得检出	不得检出	GB 4789.4
致泻大肠埃希氏菌	不得检出	不得检出	GB 4789.6
单核细胞增生李斯特菌	不得检出	不得检出	GB 4789.30
金黄色葡萄球菌	不得检出	不得检出	GB 4789.10

9.6 净含量

9.6.1 净含量应符合《定量包装商品计量监督管理办法》的相关规定。

9.6.2 净含量检测方法应符合 JJF 1070 的规定。

10 检验规则

10.1 出厂检验

10.1.1 产品出厂前由工厂技术检验部门按本标准逐批检验，并出具《质量合格证》方可出厂。

10.1.2 检验项目包括感官、挥发性盐基氮、菌落总数、大肠菌群、水分、净含量。

10.2 型式检验

10.2.1 一般情况下，型式检验每半年进行 1 次，有下列情况之一的应进行型式检验：

a) 产品投产时；

b) 停产 3 个月以上恢复生产时；

c) 出厂检验结果与上次型式检验有较大差异时；

d) 国家市场监督管理部门提出要求时。

10.2.2 型式检验项目为 9.1~9.6 中规定的项目。

10.3 组批

同一班次、同一种类的产品为一批。

10.4 抽样

10.4.1 从成品库中码放产品的不同部位，按表 9 规定的数量抽样。

表 9 抽样数量及判定规则

批量范围/箱	样本数量/箱	合格判定数 Ac	不合格判定数 Re
<1200	5	0	1
1200~2500	8	1	2
>2500	13	2	3
注：从全部抽样数量中抽取 2kg 试样，用于感官、水分、挥发性盐基氮和菌落总数、大肠菌群检验。			

10.4.2 判定规则：按 9.1~9.6 和表 9 判定产品。

10.4.3 复检规则：经检验某项指标不符合本标准规定时，可加倍抽样复检。复检后有一项指标不符合本标准，则判定为不合格产品。

11 标识、包装、贮存和运输

11.1 标识

11.1.1 内包装标识应符合 GB 7718 的规定。外包装标识应符合 GB/T 6388 的规定。

11.1.2 按伊斯兰教风俗屠宰、加工的分割牛肉，应在包装箱上注明。

11.1.3 产品可追溯信息标记应清晰。

11.1.4 包装上有关认证标志（有机食品、绿色食品等）和商标等的印刷、加贴应符合有关法规及要求。

11.1.5 “蒙”字标产品专用标识的使用应符合“蒙”字标认证的规定。

11.1.6 获得批准的企业可在其产品外包装上使用“蒙”字标产品专用标识。

11.2 包装

11.2.1 内包装材料应符合 GB/T 4456、GB 4806.1、GB 4806.7 的规定。

11.2.2 外包装材料应符合 GB/T 6543 的规定，包装箱应完整、牢固，底部应封牢。

11.2.3 包装箱内肉块应排列整齐，定量包装箱内允许有一小块补加肉。

11.3 贮存

11.3.1 无包装的鲜分割牛肉应贮存在温度 0℃~4℃、相对湿度 80%~95% 的条件下，最多不超过 7d。

11.3.2 预包装冷鲜分割牛肉，一次真空热缩包装完整，冷链无断裂，保质期可达到 30d 以上。

11.3.3 冻分割牛肉应贮存在低于-18℃的冷藏库内，昼夜温差±1℃，相对湿度 90% 以上，贮存期可达到 12 个月以上。

11.4 运输

应使用符合卫生要求的冷藏车。

附录 A
（规范性附录）
科尔沁牛品种要求

A.1 品种形成

科尔沁牛是在内蒙古科尔沁草原上以西门塔尔牛为父本，蒙古牛及三河牛和蒙古的杂种牛为母本，级进杂交至二代或三代，选择理想型横交固定，自群繁育而培育成的乳肉兼用品种。

A.2 品种特征

A.2.1 体型外貌

科尔沁牛毛色为黄（红）、白、花色，体大结实、结构匀称、骨骼坚实、肌肉丰满、头大小适中、颈肩结合良好、胸宽深、肋骨开张、背腰平直、后躯发育良好、四肢端正健壮。母牛乳房发育良好，乳头分布均匀、大小适中；公牛雄相明显。

A.2.2 外貌鉴定试行方法

母牛评分项目包括整体结构、体躯、泌乳系统、四肢 4 部分，公牛除生殖系统外与母牛相同。外貌鉴定按与生产性能、体质关系的重要性分别定出不同评分标准，用百分制评定。外貌鉴定评分标准见表 A.1。

表 A.1 外貌鉴定评分标准

项目	要求	公牛满分	母牛满分
整体结构	品种特征明显，毛色黄（红）、白、花色，体质结实、头大小适中、各部位结构匀称、结合良好。公牛有雄相；母牛有较好的兼用体型	40	30
体躯	颈肩结合良好，胸部宽深，肋骨开张，背腰平直、宽厚。公牛腹部发育正常，肌肉丰满；母牛腹围扩张，尻长宽平	25	30
泌乳系统与生殖系统	母牛乳房发育良好，质地柔软、有弹性，附着好，乳静脉曲张明显，乳头分布均匀，长短适中；公牛睾丸发育良好，有弹性，左右匀称	20	30
四肢	肢势端正，运步灵活有力，系部健强，蹄形正，蹄质坚实	15	10

A.2.3 外貌鉴定评分等级

外貌鉴定评分按百分制评定，见表 A.2。

表 A.2　外貌鉴定评分等级指标

性别	等级			
	特级/分	一级/分	二级/分	三级/分
公牛	85	80	75	70
母牛	80	75	70	65

A.2.4　体高、体重

A.2.4.1　各年龄牛体高、体重最低指标见表 A.3。

表 A.3　各年龄牛体高、体重最低指标

年龄	性别			
	公牛		母牛	
	体高/cm	体重/kg	体高/cm	体重/kg
初生	76	40	72	36
6 月龄	94	150	91	140
18 月龄	120	350	115	250
成年牛	145	850	125	400
注：成年牛公牛 4 岁、母牛 5 岁。				

A.2.4.2　成年牛体重分级指标见表 A.4。

表 A.4　成年牛体重分级指标

性别	等级			
	特级/kg	一级/kg	二级/kg	三级/kg
4 周岁公牛	1050	950	900	850
5 周岁母牛	550	450	420	400

A.3　生产性能

A.3.1　产乳量指标（下限）

A.3.1.1　在放牧为主、半舍饲的条件下 280d 产乳量见表 A.5。

表 A. 5　半舍饲的条件下 280d 产乳量

等级＼胎次	一胎/kg	二胎/kg	三胎/kg	四胎/kg	五胎/kg
特	2500	3000	3200	3400	3600
一	2100	2500	2700	2900	3000
二	1800	2100	2300	2500	2600
三	1500	1800	2000	2100	2200

A. 3. 1. 2　冬春适当补饲的条件下，季节性挤奶 120d 产乳量见表 A. 6。

表 A. 6　冬春适当补饲的条件下，季节性挤奶 120d 产乳量

等级＼胎次	一胎/kg	二胎/kg	三胎/kg	四胎/kg	五胎/kg
特	1300	1600	1700	1800	1900
一	1100	1300	1400	1500	1600
二	1000	1100	1200	1300	1400
三	800	1000	1100	1150	1200
注：包括犊牛哺乳量按 300kg 计。					

A. 3. 2　乳脂率指标（下限）

乳脂率为 4. 0%。

A. 3. 3　产肉性能

A. 3. 3. 1　体重

经短期育肥的 18 月龄阉牛，体重不低于 320kg。

A. 3. 3. 2　屠宰率

经短期育肥的 18 月龄阉牛，屠宰率不低于 53%。

A. 3. 3. 3　净肉率

经短期育肥的 18 月龄阉牛，净肉率不低于 41%。

A. 3. 4　适应性

科尔沁牛适应性强，宜牧、耐粗饲、耐寒、抗病力强。

A. 4　综合评定方法

A. 4. 1　科尔沁牛母牛的综合评定等级

评定母牛时，按照产奶性能、体重、外貌三项进行评定，见表 A. 7。

表 A.7　科尔沁牛母牛的综合评定等级

产奶性能	特	特	特	特	特	特	特	特	特	特	一	一	一	一	一	一	二	二	二	三
体重	特	特	特	特	一	一	一	二	二	三	一	一	一	二	二	三	二	二	三	三
外貌	特	一	二	三	一	二	三	二	三	三	一	二	三	二	三	三	二	三	三	三
总评等级	特	特	一	二	一	一	二	二	二	三	一	一	二	二	二	三	二	二	三	三

A.4.2　科尔沁牛种公牛的综合评定

种公牛综合评定以后裔测定结果为准。

A.5　鉴定和品种登记

A.5.1　公牛于 1.5 岁和 4 周岁时各评定 1 次；母牛于 1.5 岁、3 周岁和 5 周岁（产后 2 个月时）各评定 1 次。

A.5.2　凡登记的公、母牛须体质健康，谱系三代清楚，体尺、体重、体型外貌、生产性能均符合要求的，方可进行登记。

A.6　科尔沁牛外貌图

科尔沁牛种公牛见图 A.1；科尔沁牛母牛见图 A.2。

图 A.1　科尔沁牛种公牛

图 A.2　科尔沁牛母牛

附录 B

（规范性附录）

科尔沁牛布鲁氏菌病防控技术要求

B.1 流行病学特点

B.1.1 流行病学

B.1.1.1 潜伏期：14d~180d。

B.1.1.2 传染源：患牛和带菌牛为主要的传染源。

B.1.1.3 传播途径：可通过皮肤、消化道、呼吸道、交配以及蚊虫叮咬进行传播。

B.1.1.4 流行规律：无明显季节性，但在产犊期较为高发，且呈地方性流行。

B.1.2 临床症状

B.1.2.1 怀孕母牛主要表现为怀孕 5~8 个月时发生流产，产出死胎或弱胎儿，有时流产后伴有胎衣不下、子宫内膜炎以及卵巢炎，患病后长期不孕，有时伴有关节炎症状。

B.1.2.2 公牛患病后表现为睾丸炎、附睾炎以及关节炎。

B.1.3 病理变化

B.1.3.1 成年牛主要表现为生殖器官的炎性坏死，淋巴结、肝、脾、肾等器官有特异性肉芽肿，关节炎性病变等。

B.1.3.2 流产胎儿主要呈败血症病变，脾脏和淋巴结肿大，肝脏有坏死灶，并常伴发支气管肺炎。

B.2 诊断

B.2.1 临床诊断

根据流行病学、临床症状和病理变化进行临床诊断。

B.2.2 实验室诊断

B.2.2.1 病原学诊断

B.2.2.1.1 显微镜检查

采集流产胎衣、绒毛膜水肿液、肝、脾、淋巴结、胎儿胃内容物等组织，制成抹片，用柯兹罗夫斯基染色法染色，镜检，布鲁氏菌为红色球杆状小杆菌，而其他菌为蓝色。

B.2.2.1.2 分离培养

新鲜病料可用胰蛋白胨琼脂面或血液琼脂斜面、肝汤琼脂斜面、3% 甘油 0.5% 葡萄糖肝汤琼脂斜面等培养基培养；若为陈旧病料或传染病料，可用选择性培养基培养。培养时，一份在普通条件下，另一份放于含有 5% ~10% 二氧化碳的环境中，37℃培养

7d~10d。进行菌落特征检查和单价特异性抗血清凝集试验。应做种型鉴定。如病料被污染或含菌极少时，可将病料用生理盐水稀释 5~10 倍，健康豚鼠腹腔内每只注射 0.1mL~0.3mL。如果病料腐败时，可接种于豚鼠的股内侧皮下。接种后 4~8 周，将豚鼠扑杀，从肝、脾分离培养布鲁氏菌。

B.2.2.2　血清学诊断

B.2.2.2.1　虎红平板凝集试验（RBPT）按照 GB/T 18646 的规定执行。

B.2.2.2.2　全乳环状试验（MRT）按照 GB/T 18646 的规定执行。

B.2.2.2.3　试管凝集试验（SAT）按照 GB/T 18646 的规定执行。

B.2.2.2.4　补体结合试验（CFT）按照 GB/T 18646 的规定执行。

B.2.3　结果判定

B.2.3.1　符合 B.2.1 的，判定为疑似患病牛。

B.2.3.2　符合 B.2.3.1 且 B.2.2.1.1 或 B.2.2.1.2 阳性时，判定为患病牛。

B.2.3.3　当 B.2.2.2.1、B.2.2.2.2 之一阳性时，判定为疑似患病牛。

B.2.3.4　当 B.2.2.1.2、B.2.2.2.3、B.2.2.2.4 之一阳性时，判定为患病牛。

B.2.3.5　符合 B.2.3.3 但 B.2.2.2.3、B.2.2.2.4 均为阴性时，30d 后应重新采样检测；B.2.2.2.1、B.2.2.2.3、B.2.2.2.4 之一为阳性时，判定为患病牛。

B.3　防控措施

B.3.1　防控原则

坚持“预防为主”方针。疫区以免疫接种为主，受威胁区以监测、扑杀阳性畜、免疫接种为主。不从疫区和受威胁区引入牛只。

B.3.2　检疫

B.3.2.1　牛群每年至少检疫 1 次，扑杀阳性病牛，尸体做无害化处理。

B.3.2.2　种公牛每年至少检疫 2 次，确定健康后才可利用。

B.3.2.3　引入活畜、冻精和胚胎应检疫。

B.3.3　免疫接种

按相关法律、法规要求执行免疫接种。

B.3.4　监测

对规模饲养场、家庭牧场、活畜交易市场、屠宰场等场点进行抽样监测；对种畜场、种公牛站的个体进行逐头检测。

B.3.5　疫情处理

B.3.5.1　发现疑似患牛时，立即限制移动，及时报告。

B.3.5.2　当地动物防疫监督机构要立即派人到现场，采集病料进行实验室诊断。

B.3.5.3　扑杀患病牛。

B. 3. 5. 4　受威胁牛群实施隔离。

B. 3. 5. 5　病畜及其分泌物进行无害化处理。

B. 3. 5. 6　当疫情暴发时，按国家的法律、法规处理。

B. 3. 5. 7　对患病牛污染的场所、用具、用品等进行消毒。

第三节　科尔沁牛肉品质分析研究

一、国内先进标准比对分析情况

（一）产地环境

1. 空气质量要求

在空气质量要求方面，T/NMSP. MZB 02. 2—2019《“蒙”字标畜产品认证要求　科尔沁牛肉》与 GB 3095—2012《环境空气质量标准》、NY/T 391—2013《绿色食品　产地环境质量》各项指标比对情况见表 6-1。

表 6-1　科尔沁牛养殖产地环境空气质量要求指标比对

项目	GB 3095—2012		NY/T 391—2013		T/NMSP. MZB 02. 2—2019		质量指标比对结果
	日平均	小时平均	日平均	小时平均	日平均	小时平均	
总悬浮颗粒物/(mg/m^3)	≤0. 30	—	≤0. 30	—	≤0. 30	—	达到绿色食品标准
二氧化硫/(mg/m^3)	≤0. 15	≤0. 50	≤0. 15	≤0. 50	≤0. 12	≤0. 40	领先水平
二氧化氮/(mg/m^3)	≤0. 08	≤0. 20	≤0. 08	≤0. 20	≤0. 08	≤0. 12	领先水平
氟化物/($\mu g/m^3$)	≤7	≤20	≤7	≤20	≤7	≤20	达到绿色食品标准

由表 6-1 可知，T/NMSP. MZB 02. 2 中二氧化硫、二氧化氮 2 项指标均领先于 NY/T 391；总悬浮颗粒物、氟化物指标 2 项均达到绿色食品标准。

2. 土壤环境质量要求

在土壤环境质量要求方面，T/NMSP. MZB 02. 2—2019《"蒙"字标畜产品认证要求　科尔沁牛肉》与 GB 15618—2018《土壤环境质量　农用地土壤污染风险管控标准（试行）》、NY/T 391—2013《绿色食品　产地环境质量》各项指标比对情况见表 6-2。

表 6-2　科尔沁牛养殖产地环境土壤环境质量要求指标比对

项目	GB 15618—2018			NY/T 391—2013			T/NMSP. MZB 02. 2—2019			质量指标比对结果
pH	5. 5~6. 5	6. 5~7. 5	>7. 5	<6. 5	6. 5~7. 5	>7. 5	<6. 5	6. 5~7. 5	>7. 5	
镉/（mg/kg）	0. 3	0. 3	0. 6	≤0. 30	≤0. 30	≤0. 40	≤0. 30	≤0. 30	≤0. 40	达到绿色食品标准
汞/（mg/kg）	1. 8	2. 4	3. 4	≤0. 25	≤0. 30	≤0. 35	≤0. 25	≤0. 30	≤0. 35	达到绿色食品标准
砷/（mg/kg）	40	30	25	≤25	≤20	≤20	≤25	≤20	≤20	达到绿色食品标准
铅/（mg/kg）	90	120	170	≤50	≤50	≤50	≤50	≤50	≤50	达到绿色食品标准
铬/（mg/kg）	150	200	250	≤120	≤120	≤120	≤120	≤120	≤120	达到绿色食品标准
铜/（mg/kg）	50	100	100	≤50	≤60	≤60	≤50	≤60	≤60	达到绿色食品标准

由表 6-2 可知，T/NMSP. MZB 02. 2 中各项指标均达到绿色食品标准。

（二）质量

1. 理化要求

在理化要求方面，T/NMSP. MZB 02. 2—2019《"蒙"字标畜产品认证要求　科尔沁牛肉》与 GB 2762—2017《食品安全国家标准　食品中污染物限量》、NY/T 2799—2015《绿色食品　畜肉》各项指标比对情况见表 6-3。

表 6-3　理化要求指标比对

项目	GB 2762—2017	NY/T 2799—2015	T/NMSP. MZB 02. 2—2019	质量指标比对结果
挥发性盐基氮/(mg/100g)	无此指标	≤15	≤13	领先水平
铅（pb)/(mg/kg)	0. 2	≤0. 2	≤0. 1	领先水平
无机砷/(mg/kg)	无此指标	无此指标	≤0. 05	—
镉（Cd)/(mg/kg)	0. 1	≤0. 1	≤0. 1	达到绿色食品标准
总汞（以 Hg 计)/(mg/kg)	0. 05	≤0. 05	≤0. 05	达到绿色食品标准
铬（Cr)/(mg/kg)	1. 0	≤1. 0	≤0. 5	领先水平
铜（Cu)/(mg/kg)	无此指标	无此指标	≤8	—
亚硝酸盐（以 $NaNO_2$ 计）/(mg/kg)	无此指标	无此指标	≤3	—

由表 6-3 可知，T/NMSP. MZB 02. 2 中挥发性盐基氮、铅、铬 3 项指标均领先于 NY/T 2799；镉、总汞 2 项指标均达到绿色食品标准；其他指标在 NY/T 2799 中没有涉及，无法进行比对。

2. 农药、兽药及非法添加物质残留限量要求

在农药、兽药及非法添加物质残留限量要求方面，T/NMSP. MZB 02. 2—2019《“蒙”字标畜产品认证要求　科尔沁牛肉》与 NY/T 2799—2015《绿色食品　畜肉》各项指标比对情况见表 6-4。

表 6-4　农药、兽药及非法添加物质残留限量要求指标比对

单位为 mg/kg

序号	项目	NY/T 2799—2015	T/NMSP. MZB 02. 2—2019	质量指标比对结果
1	六六六	无此指标	≤0. 05	—
2	滴滴涕	无此指标	≤0. 05	—
3	蝇毒磷	无此指标	≤0. 5	—
4	敌敌畏	无此指标	≤0. 02	—
5	青霉素	无此指标	<0. 05	—
6	伊维菌素	无此指标	≤0. 02	—
7	恩诺沙星	无此指标	<0. 1	—
8	阿莫西林	无此指标	<0. 05	—

表 6-4（续）

单位为 mg/kg

序号	项目	NY/T 2799—2015	T/NMSP. MZB 02. 2—2019	质量指标比对结果
9	四环素	≤100	不得检出（检出限<0. 1）	领先水平
10	金霉素		不得检出（检出限<0. 1）	领先水平
11	土霉素		不得检出（检出限<0. 1）	领先水平
12	玉米赤霉醇	无此指标	不得检出（检出限<0. 005）	—
13	己烯雌酚	无此指标	不得检出（检出限<0. 05）	—
14	群勃龙	无此指标	不得检出（检出限<0. 001）	—

由表 6-4 可知，T/NMSP. MZB 02. 2 中四环素、金霉素、土霉素 3 项指标均领先于 NY/T 2799。六六六、滴滴涕、蝇毒磷、敌敌畏、青霉素、伊维菌素、恩诺沙星、阿莫西林、玉米赤霉醇、己烯雌酚、群勃龙 11 项指标为新增指标，无法进行比对。

3. 微生物要求

在微生物要求方面，T/NMSP. MZB 02. 2—2019《“蒙”字标畜产品认证要求　科尔沁牛肉》与 NY/T 2799—2015《绿色食品　畜肉》各项指标比对情况见表 6-5。

表 6-5　微生物要求指标比对

项目	NY/T 2799—2015	T/NMSP. MZB 02. 2—2019		质量指标比对结果
		鲜牛肉	冻牛肉	
沙门氏菌	0/25g	不得检出		领先水平
致泻大肠埃希氏菌	不得检出	不得检出		达到绿色食品标准
单核细胞增生李斯特菌	无此指标	不得检出		—
金黄色葡萄球菌	无此指标	不得检出		—

由表 6-5 可知，T/NMSP. MZB 02. 2 中沙门氏菌指标领先于 NY/T 2799；致泻大肠埃希氏菌指标达到绿色食品标准；单核细胞增生李斯特菌、金黄色葡萄球菌 2 项指标为新增指标，无法进行比对。

第四节　科尔沁牛肉团体标准实施与应用

一、标准认证内容

（一）检查内容（表6-6）

表6-6　检查内容

一、DB15/T 1700. 1—2019《“蒙”字标认证通用要求　农业生产加工领域》
（一）组织的整体运行情况是否满足 DB15/T 1700. 1—2019 中 4 规定的内容
（二）组织的最高管理者是否履行 DB15/T 1700. 1—2019 中 5. 1 的规定
（三）组织的战略制定、战略实施是否符合 DB15/T 1700. 1—2019 中 5. 2. 1、5. 2. 2 的规定
（四）组织的资源管理制度是否符合 DB15/T 1700. 1—2019 中 6 的规定
（五）组织的生产管理是否符合 DB15/T 1700. 1—2019 中 7 的规定
（六）组织的风险管理是否符合 DB15/T 1700. 1—2019 中 8 的规定
（七）组织的追溯管理是否符合 DB15/T 1700. 1—2019 中 9 的规定
（八）组织是否能够按 DB15/T 1700. 1—2019 中 10 的规定履行社会责任
（九）组织在生态环保方面是否符合 DB15/T 1700. 1—2019 中 11 的规定
（十）组织的评价与改进制度是否符合 DB15/T 1700. 1—2019 中 12 的规定
（十一）检查期间是否有单位生产、加工管理人员、内部检查员以及操作者在场，并对他们进行了访谈。列出在场陪同及访谈人员的姓名和职位
（十二）单位是否已获得相关体系的认证，如 ISO/GMP，若是，何年、何机构认证
二、T/NMSP. MZB 02. 2—2019《“蒙”字标畜产品认证要求　科尔沁牛肉》
（一）地域是否符合 T/NMSP. MZB 02. 2—2019 中 4. 1 的规定
（二）气候是否符合 T/NMSP. MZB 02. 2—2019 中 4. 2 的规定
（三）空气质量、水质、土壤环境是否符合 T/NMSP. MZB 02. 2—2019 中 4. 3~4. 5 的规定
（四）牛舍建设是否符合 T/NMSP. MZB 02. 2—2019 中 4. 6 的规定
（五）品种是否符合 T/NMSP. MZB 02. 2—2019 中 5 的规定
（六）繁育过程是否符合 T/NMSP. MZB 02. 2—2019 中 6. 1 的规定
（七）饲养管理是否符合 T/NMSP. MZB 02. 2—2019 中 6. 2. 1. 1 的规定
（八）饲料原料是否符合 T/NMSP. MZB 02. 2—2019 中 6. 2. 1. 2 的规定
（九）日常管理是否符合 T/NMSP. MZB 02. 2—2019 中 6. 2. 1. 3 的规定
（十）母牛分群是否符合 T/NMSP. MZB 02. 2—2019 中 6. 2. 2 的规定
（十一）犊牛饲养管理是否符合 T/NMSP. MZB 02. 2—2019 中 6. 2. 3 的规定

表 6-6（续）

二、T/NMSP. MZB 02. 2—2019《“蒙”字标畜产品认证要求　科尔沁牛肉》
（十二）育肥牛饲养管理是否符合 T/NMSP. MZB 02. 2—2019 中 6. 2. 3 的规定
（十三）养殖场废物排放是否符合 GB 18596 的规定
（十四）疫病防控是否符合 T/NMSP. MZB 02. 2—2019 中 7 的规定
（十五）屠宰加工及卫生是否符合 GB 12694 的规定
（十六）胴体冷却是否符合 T/NMSP. MZB 02. 2—2019 中 8. 2. 1 的规定
（十七）质量分级是否符合 NY/T 676 的规定
（十八）分割间温度及修整是否符合 T/NMSP. MZB 02. 2—2019 中 8. 2. 3 的规定
（十九）贮藏或冻结是否符合 T/NMSP. MZB 02. 2—2019 中 8. 2. 4 的规定
（二十）屠宰加工废污处理是否符合 GB 13457 的规定
（二十一）质量手册内容是否符合 T/NMSP. MZB 02. 2—2019 中 8. 4 的规定
（二十二）档案管理是否参照《畜禽标识和养殖档案管理办法》的规定建立养殖档案进行管理
（二十三）感官指标是否符合 T/NMSP. MZB 02. 2—2019 中 9. 1 的规定
（二十四）理化指标是否符合 T/NMSP. MZB 02. 2—2019 中 9. 2 的规定
（二十五）水分限量是否符合 GB 18394 的规定
（二十六）农药、兽药及非法添加物质残留限量是否符合 T/NMSP. MZB 02. 2—2019 中 9. 4 的规定
（二十七）微生物指标是否符合 T/NMSP. MZB 02. 2—2019 中 9. 5 的规定
（二十八）净含量是否符合 T/NMSP. MZB 02. 2—2019 中 9. 6 的规定
（二十九）检验规则是否符合 T/NMSP. MZB 02. 2—2019 中 10 的规定
（三十）标识是否符合 T/NMSP. MZB 02. 2—2019 中 11. 1 的规定
（三十一）包装是否符合 T/NMSP. MZB 02. 2—2019 中 11. 2 的规定
（三十二）贮存是否符合 T/NMSP. MZB 02. 2—2019 中 11. 3 的规定
（三十三）运输是否符合 T/NMSP. MZB 02. 2—2019 中 11. 4 的规定
（三十四）从销售、运输、贮藏、产品采集、疾病防治、饲喂、饲料生产、饲料作物栽培管理到种子的全过程跟踪，包括平行生产，以及收获/销售/库存平衡

二、 标准实施效益

T/NMSP. MZB 02. 2—2019《“蒙”字标畜产品认证要求　科尔沁牛肉》的主

要核心技术指标均高于现有国家标准和行业标准，主动提升了畜产品行业的品质要求，规范了市场秩序，提升了产品核心竞争力及市场认可度，有效增强了内蒙古牛肉产品的国际市场竞争力和带动了出口贸易。同时鼓励企业、社会团体、教育科研机构积极参与到国际标准化活动中，真正地使标准化工作能够与国际规则深度融合，更好地促进中国标准与国际标准之间的“软连通”，用标准化工作助力区域经济高水平的对外开放。T/NMSP. MZB 02. 2—2019《“蒙”字标畜产品认证要求　科尔沁牛肉》的实施有效地补充了官方标准体系的不足，灵活满足了市场和行业发展的需求，极大树立了内蒙古自治区产品“高品质、纯天然、绿色有机、生态环保”的品牌形象，凸显了特色区域品牌价值和影响力，有效推动了内蒙古的畜产品行业在经济、社会、生态等方面高质量发展。

第七章 呼伦贝尔牛肉

第一节 呼伦贝尔牛肉概述

呼伦贝尔草原是世界著名的高原牧场，草原上均为天然无污染的草本优质牧草，水资源丰富，是养殖呼伦贝尔牛优越的天然牧场。呼伦贝尔草原有碱草、针茅、苜蓿、冰草等120多种营养丰富的牧草，饲养于呼伦贝尔草原上的肉牛常吃野韭菜、碱草、苜蓿等牧草，化解掉了自身的膻味。由于呼伦贝尔牛多采用更为经济绿色环保的草原放牧补饲持续育肥模式，因此，呼伦贝尔牛肉具有脂肪少、肉质细、大理石纹明显、色泽鲜红等特点，口感更为鲜嫩多汁。

呼伦贝尔草原有着悠久的肉牛养殖历史。经过长期的品种筛选和培育，形成了以本地品种三河牛为主的优良杂交种系。养殖肉牛是当地牧民增收致富的主要渠道，由于还没有真正的一部标准来规范呼伦贝尔牛肉的全流程产业链，严重制约了呼伦贝尔牛肉的发展。为进一步提高呼伦贝尔牛肉品质和市场竞争力，内蒙古自治区标准化院制定了适合呼伦贝尔牛肉发展的团体标准——T/NMSP. MZB 02. 3—2019《“蒙”字标畜产品认证要求　呼伦贝尔牛肉》，从产地环境、养殖饲喂、屠宰加工、疾病防控、产品质量和检验检测等指标进行全程规范。引领品牌建设、整合品牌资源、统一市场营销，该团体标准为打造“蒙”字标呼伦贝尔牛肉品牌提供技术保障，不断促进产业提质增效、企业增收，为实现“呼伦贝尔牛肉”标准化、规模化、产业化奠定基础。

第二节　T/NMSP. MZB 02. 3—2019《“蒙”字标畜产品认证要求　呼伦贝尔牛肉》

通过广泛调研分析、研讨及与专家咨询、广泛征求意见完成了 T/NMSP. MZB 02. 3—2019《“蒙”字标畜产品认证要求　呼伦贝尔牛肉》的制定工作，确保标准制定的规范性，适应产业发展。T/NMSP. MZB 02. 3—2019《“蒙”字标畜产品认证要求　呼伦贝尔牛肉》的制定旨在对“蒙”字标产品的认证，进一步提高呼伦贝尔牛肉品质和市场竞争力，促进呼伦贝尔牛肉产业经济稳定持续增长，提高企业产品质量，使内蒙古自治区的优势特色产品经过“蒙”字标认证走向全国、走向国际。

ICS 67.120.10
X 22

团 体 标 准

T/NMSP.MZB 02.3—2019

“蒙”字标畜产品认证要求 呼伦贝尔牛肉

“Nei Meng Gu Brand” certification requirements of livestock products
—Hulunbuir beef

2019-10-16 发布　　2019-11-01 实施

内蒙古标准化促进会　发布

前　言

本标准按照 GB/T 1.1—2009 给出的规则起草。

本标准由内蒙古标准发展促进会提出并归口。

本标准主要起草单位：内蒙古自治区标准化院、呼伦贝尔肉业（集团）股份有限公司、阿荣旗农牧局、阿荣旗兽医局、呼伦贝尔农垦集团、阿荣旗霍尔奇镇畜牧兽医站、海拉尔区动物疫病预防控制中心、阿荣旗畜牧工作站、阿荣旗农牧业产业化发展中心、呼伦贝尔学院、呼伦贝尔市畜牧科学研究所、内蒙古扎兰屯职业学院、内蒙古三河种马场、呼伦贝尔市绿色食品发展中心、呼伦贝尔市牛羊产业技术研究院有限公司。

本标准主要起草人：朱晓春、程学新、籍凤英、贾向春、刘树文、牛琳、侯敏、刘洋、毕超、沈为明、崔久辉、杨佳慧、王帅、李宏亮、刘连发、贾义、李胜超、管延江、刘世栋、韩绪言、李洋、李天乐、罗旭、董淑霞、李明、刘及东、宋彬。

引　言

本标准是“蒙”字标产品认证标准之一。

本标准相关条款采用标准如下：

——第3章“产地环境”主要技术指标采纳内蒙古自治区地方标准《“呼伦贝尔牛肉”产地环境要求》；

——第5章“品种选择”主要技术指标采纳内蒙古自治区地方标准《“呼伦贝尔牛肉”品种选择要求》；

——第6章“饲养”主要技术指标采纳内蒙古自治区地方标准《“呼伦贝尔牛肉”育肥牛养殖规范》；

——第7章~第15章主要技术指标采纳内蒙古自治区地方标准《呼伦贝尔牛肉》。

"蒙"字标畜产品认证要求 呼伦贝尔牛肉

1 范围

本标准规定了呼伦贝尔牛肉"蒙"字标认证的产地环境、生产过程管理、品种选择、饲养、屠宰加工、废弃物处理、产品质量、检验规则、包装、标识、贮存、冷链物流、销售和追溯要求。

本标准适用于呼伦贝尔牛肉"蒙"字标认证。

2 规范性引用文件

下列文件对于本文件的应用是必不可少的。凡是注日期的引用文件，仅注日期的版本适用于本文件。凡是不注日期的引用文件，其最新版本（包括所有的修改单）适用于本文件。

GB 5009.11 食品安全国家标准 食品中总砷及无机砷的测定

GB 5009.12 食品安全国家标准 食品中铅的测定

GB 5009.13 食品安全国家标准 食品中铜的测定

GB 5009.15 食品安全国家标准 食品中镉的测定

GB 5009.17 食品安全国家标准 食品中总汞及有机汞的测定

GB/T 5009.19 食品中有机氯农药多组分残留量的测定

GB 5009.33 食品安全国家标准 食品中亚硝酸盐与硝酸盐的测定

GB/T 5009.116 畜禽肉中土霉素、四环素、金霉素残留量的测定（高效液相色谱法）

GB 5009.123 食品安全国家标准 食品中铬的测定

GB 5009.228 食品安全国家标准 食品中挥发性盐基氮的测定

GB 5749 生活饮用水卫生标准

GB/T 5750.4 生活饮用水标准检验方法 感官性状和物理指标

GB/T 5750.5 生活饮用水标准检验方法 无机非金属指标

GB/T 5750.6 生活饮用水标准检验方法 金属指标

GB/T 5750.12 生活饮用水标准检验方法 微生物指标

GB/T 5946 三河牛

GB/T 15432　环境空气　总悬浮颗粒物的测定　重量法

GB/T 17141　土壤质量　铅、镉的测定　石墨炉原子吸收分光光度法

GB/T 17238　鲜、冻分割牛肉

GB/T 19166—2013　中国西门塔尔牛

GB/T 19477　畜禽屠宰操作规程　牛

GB/T 20755　畜禽肉中九种青霉素类药物残留量的测定　液相色谱-串联质谱法

GB/T 20756　可食动物肌肉、肝脏和水产品中氯霉素、甲砜霉素和氟苯尼考残留量的测定　液相色谱-串联质谱法

GB/T 20766　牛猪肝肾和肌肉组织中玉米赤霉醇、玉米赤霉酮、己烯雌酚、己烷雌酚、双烯雌酚残留量的测定　液相色谱-串联质谱法

GB/T 21312　动物源性食品中 14 种喹诺酮药物残留检测方法　液相色谱-质谱/质谱法

GB/T 21311　动物源性食品中硝基呋喃类药物代谢物残留量检测方法　高效液相色谱/串联质谱法

GB/T 21316　动物源性食品中磺胺类药物残留量的测定　液相色谱-质谱/质谱法

GB/T 21981　动物源食品中激素多残留检测方法　液相色谱-质谱/质谱法

GB/T 22105. 1　土壤质量　总汞、总砷、总铅的测定　原子荧光法　第 1 部分：土壤中总汞的测定

GB/T 22105. 2　土壤质量　总汞、总砷、总铅的测定　原子荧光法　第 2 部分：土壤中总砷的测定

GB 23200. 94　食品安全国家标准　动物源性食品中敌百虫、敌敌畏、蝇毒磷残留量的测定　液相色谱-质谱/质谱法

HJ 479　环境空气　氮氧化物（一氧化氮和二氧化氮）的测定　盐酸萘乙二胺分光光度法

HJ 482　环境空气　二氧化硫的测定　甲醛吸收-副玫瑰苯胺分光光度法

HJ 491　土壤和沉积物　铜、锌、铅、镍、铬的测定　火焰原子吸收分光光度法

HJ 955　环境空气　氟化物的测定　滤膜采样/氟离子选择电极法

JJF 1070　定量包装商品净含量计量检验规则

NY/T 471　绿色食品　饲料及饲料添加剂使用准则

NY/T 472　绿色食品　兽药使用准则

NY/T 473　绿色食品　畜禽卫生防疫准则

NY/T 676　牛肉等级规格

NY/T 815　肉牛饲养标准

NY/T 1377　土壤 pH 的测定

NY/T 1764　农产品质量安全追溯操作规程　畜肉

NY/T 1955　口蹄疫免疫接种技术规范

NY/T 2663　标准化养殖场　肉牛

NY/T 2799　绿色食品　畜肉

NY/T 3383　畜禽产品包装与标识

NY/T 3407　畜禽产品流通卫生操作技术规范

DB15/T 642　基于射频识别的肉牛育肥环节关键控制点追溯信息采集指南

DB15/T 1715　"科尔沁牛"布鲁氏菌病防控技术规范

定量包装商品计量监督管理办法（国家质量监督检验检疫总局令 2005 年第 75 号）

畜禽标识和养殖档案管理办法（中华人民共和国农业部令 2006 年第 67 号）

3　产地环境

3.1　地域要求

内蒙古自治区呼伦贝尔市肉牛养殖区域。

3.2　空气质量要求

空气质量要求应符合表 1 的规定。

表 1　空气质量要求

项目	指标		检测方法
	日平均	小时平均	
总悬浮颗粒物/（mg/m^3）	≤0.20	—	GB/T 15432
二氧化硫/（mg/m^3）	≤0.1	≤0.40	HJ 482
二氧化氮/（mg/m^3）	≤0.07	≤0.10	HJ 479
氟化物/（$\mu g/m^3$）	≤6	≤15	HJ 955

3.3　水质要求

3.3.1　养殖用水

3.3.1.1　草原放牧补饲持续育肥养殖用水要求应符合表 2 的规定。

表2 草原放牧补饲持续育肥养殖用水要求

项目	指标	检测方法
臭和味	不应有异臭、异味	GB/T 5750.4
pH	6.5~8.5	GB/T 5750.4
氟化物/(mg/L)	≤0.9	GB/T 5750.5
氰化物/(mg/L)	≤0.04	GB/T 5750.5
总砷/(mg/L)	≤0.04	GB/T 5750.6
总汞/(mg/L)	≤0.001	GB/T 5750.6
总镉/(mg/L)	≤0.005	GB/T 5750.6
六价铬/(mg/L)	≤0.04	GB/T 5750.6
总铅/(mg/L)	≤0.04	GB/T 5750.6
总大肠菌数/(MPN/100mL)	不得检出	GB/T 5750.12

3.3.1.2 草原放牧舍饲阶段育肥养殖用水应符合 GB 5749 的规定。

3.3.2 屠宰加工用水要求

屠宰加工用水应符合表3的规定。

表3 屠宰加工用水要求

项目	指标	检测方法
pH	6.5~8.5	GB/T 5750.4
总汞/(mg/L)	≤0.0005	GB/T 5750.6
总砷/(mg/L)	≤0.005	GB/T 5750.6
总镉/(mg/L)	≤0.001	GB/T 5750.6
总铅/(mg/L)	≤0.005	GB/T 5750.6
六价铬/(mg/L)	≤0.001	GB/T 5750.6
氰化物/(mg/L)	≤0.001	GB/T 5750.5
氟化物/(mg/L)	≤1.0	GB/T 5750.5
菌落总数/(CFU/mL)	≤50	GB/T 5750.12
总大肠菌数/(MPN/100mL)	不得检出	GB/T 5750.12

3.4 土壤质量要求

土壤质量要求应符合表4的规定。

表4　土壤质量要求

项目	指标	检测方法
pH	≥6.5	NY/T 1377
总镉/(mg/kg)	≤0.20	GB/T 17141
总汞/(mg/kg)	≤0.20	GB/T 22105.1
总砷/(mg/kg)	≤15	GB/T 22105.2
总铅/(mg/kg)	≤25	GB/T 17141
总铬/(mg/kg)	≤60	HJ 491
总铜/(mg/kg)	≤25	HJ 491
总镍/(mg/kg)	≤190	HJ 491
总锌/(mg/kg)	≤300	HJ 491

3.5　放牧草原区要求

放牧草原区应为无污染、水草丰美的草原，草原植被有禾本科牧草（如羊草、贝加尔针茅）、菊科牧草（如线叶菊）、豆科牧草（如蒙古黄芪、山野豌豆、草木樨、黄花苜蓿）、百合科牧草（如野韭菜、野葱）。

4　生产过程管理

4.1　总体要求

4.1.1　应通过危害分析方法明确呼伦贝尔牛肉生产过程的食品安全关键环节的控制措施。在关键环节所在区域应配备相关的文件以落实控制措施，如岗位操作规程、饲料表、兽药使用记录等。

4.1.2　鼓励企业采用危害分析与关键控制点（HACCP）体系对生产过程进行食品安全控制。

4.1.3　应采取必要措施，防止呼伦贝尔牛肉与非呼伦贝尔牛肉混合或被禁用物质污染。

4.2　生产操作规程

4.2.1　企业应制定《生产操作规程》。

4.2.2　《生产操作规程》应包括如下内容：

a）生产作业程序；

b）生产管理制度，包括生产作业流程、管理对象、监控项目、监控限值、监控标准及注意事项等；

c）饲料和架子牛等采购程序和要求；

d）机器设备操作与维护程序和要求。

4.3 生产过程

4.3.1 生产操作应符合安全、卫生原则，应严格控制生产条件，避免呼伦贝尔牛肉污染。

4.3.2 应采取有效措施，防止在生产过程或贮存时产生二次污染。

4.3.3 输送、装载和贮存的设备、设施、容器具应避免在加工、运输或贮存过程中造成污染。

4.3.4 应采取有效措施防止微生物和其他外来杂质污染呼伦贝尔牛肉。

4.3.5 不应在生产过程中进行生产设备的维修。

4.3.6 不应在生产过程中进行除蚊、虫、鼠害的工作。

4.3.7 在生产时，包装车间不应打开窗户。

4.3.8 所有养殖场所和生产场所，应建立日常维护和卫生制度，做好记录。

4.3.9 所有生产设备应建立日常维护和保养制度，定期进行检修并做好维修记录。应保持设备清洁卫生。生产前应检查设备是否处于正常状态，出现故障应及时排除，防止影响产品质量。

4.4 生产过程的食品安全控制

4.4.1 严格执行生产操作规程，其养殖规程及屠宰加工工艺流程不经过批准不应随意更改。生产中如发现质量问题应迅速追查并纠正。

4.4.2 企业应在生产过程控制点抽检在制品，并做好质量记录，掌握生产过程的质量情况及便于事后追溯。

4.4.3 不合格在制品不应进入下一道工序，应予以适当处理，并做好处理记录。

4.4.4 每批成品入库前应有检验记录，不合格的产品应予以适当处理，并做好处理记录。

4.5 质量手册

应编制呼伦贝尔牛肉生产、加工、经营质量管理手册，应至少包含下列内容：

a）生产、加工、经营者简介；

b）管理方针和目标；

c）组织机构图及其相关岗位的责任和权限；

d）标识管理；

e）可追溯体系与产品召回制度；

f）内部检查；

g）文件和记录管理；

h）客户投诉处理；

i）持续改进体系。

5 品种选择

5.1 品种

选择在内蒙古自治区呼伦贝尔市行政区域内养殖的三河牛纯繁及其与西门塔尔牛和安格斯牛为父本的杂交后代。应来自非疫区、身体健康、被毛光亮、精神状态好、无残疾的公牛和阉牛。

5.2 品种特征

5.2.1 三河牛

三河牛品种选择应符合 GB/T 5946 的规定。

5.2.2 西门塔尔牛

西门塔尔牛品种应符合 GB/T 19166—2013 中公牛的规定。

5.2.3 安格斯牛

5.2.3.1 外貌特征

安格斯牛以被毛黑色和无角为其重要特征。该牛体躯低翻、结实、头小而方，额宽，体躯宽深，呈圆筒形，四肢短而直，前后裆较宽，全身肌肉丰满，具有现代肉牛的典型体型。安格斯牛成年公牛平均活重 700kg~900kg，母牛 500kg~600kg，犊牛平均初生重 25kg~32kg。

5.2.3.2 生产性能

安格斯牛具有良好的肉用性能。早熟，胴体品质高，出肉多。屠宰率一般为 60%~65%，哺乳期日增重 0.9kg~1kg；育肥期日增重（18 月龄以内）1.4kg~1.6kg。该牛适应性强，耐寒抗病。

6 饲养

6.1 育肥模式

6.1.1 草原放牧补饲持续育肥

犊牛断奶后直接转入生长育肥阶段，在草原放牧条件下，利用精饲料补充料进行适当补饲，促进肉牛肌肉和脂肪沉积，使其一直保持高日增重，在 12 月龄~15 月龄体重达到 400kg 以上进行屠宰。

6.1.2 草原放牧舍饲阶段育肥

选择经草原放牧或放牧补饲后的 6 月龄~15 月龄、体重在 150kg~350kg 的育成牛，转场到符合呼伦贝尔牛肉产地环境要求条件下的呼伦贝尔农区，经 6~8 个月集中育肥，肉牛体重达到 400kg~680kg 进行屠宰。

6.2　育肥牛饲喂

6.2.1　牛舍要求

应符合 NY/T 2663 的规定。

6.2.2　饲喂要求

应符合 NY/T 815 的规定。

6.2.3　饲料原料

6.2.3.1　粗饲料原料主要由天然草原刈割青干草、苜蓿草、燕麦草和其他杂类草及经过微生物处理的农作物秸秆饲料及二次利用饲料组成。

6.2.3.2　精饲料原料主要由原粮（玉米、小麦、大麦、高粱等）和加工副产品（麸皮、豆粕、油菜粕、甜菜粕、玉米蛋白粉等）组成。

6.2.3.3　全混合日粮应根据不同阶段肉牛营养需要，利用粗饲料原料、精饲料原料、精料补充料为主要原料，在特定设备内进行搅拌，充分混合而得到精粗比例稳定、营养浓度一致、供应肉牛自由采食的营养平衡日粮。

6.2.3.4　饲料原料选择应符合 NY/T 471 的规定。

6.2.4　卫生要求

应符合 GB 13078 的规定。

6.2.5　管理

6.2.5.1　草原放牧补饲持续育肥牛管理：犊牛 6 个月断奶后，经过驱虫健胃转入放牧育肥期。

6.2.5.2　草原放牧舍饲阶段育肥牛管理：购入育肥的架子牛在隔离区进行检疫，驱虫，按体重分群，隔离饲养保持圈舍清洁，观察牛群觅食、排粪和精神状况，发现问题及时处理。冬季保温，夏季防暑，防蚊、虫、鼠害，做好记录。

6.3　疾病防控

6.3.1　免疫

应符合 NY/T 1955 和相关法律、法规的规定。

6.3.2　防疫

应符合 NY/T 473 和 DB15/T 1715 的规定。

6.3.3　检疫

应符合 NY/T 473 的规定。

6.4　兽药使用

6.4.1　应符合 NY/T 472 的规定。

6.4.2　有完整的兽药使用记录，包括药品来源、使用对象、使用时间和用量。

6.5 从业人员管理

有 1 名及以上畜牧兽医专业技术人员或有专业技术人员提供稳定的技术服务。

6.6 档案管理

按照《畜禽标识和养殖档案管理办法》的规定建立养殖档案进行管理。

7 屠宰加工

7.1 屠宰环境

屠宰场应选在常年主导风向的下风侧，远离水源保护和饮用水取水口，距居民住宅区、公共场所以及畜禽饲养场不少于 500m。场区应位于交通运输方便、电源稳定、水源充足（水质符合 GB 5749 的规定）、环境卫生条件良好（符合 GB 12694 的规定）、无有害气体、粉尘、污浊水及其他污染源的地区。

7.2 车间设置

应设置验收间、隔离间、待宰间、屠宰加工间、副产品整理间、冷藏库、冷却间、分割肉加工间、包装间、冻结间和发货间。

7.3 车间环境温度

分割间环境温度控制在 12℃以下；冷却间环境温度控制在 0℃～4℃；冻结间环境温度控制在-35℃以下；冷冻库环境温度控制在-18℃以下。

7.4 非清洁区设置

应设置非清洁区，分设产品和人员出入口，要求原料、产品走专用通道，杜绝交叉污染。

7.5 车间照明

屠宰和分割车间工作场所照度不宜小于 200lx；屠宰和分割剔骨操作面照度不宜小于 300lx；生产线上检验位置处照度不宜小于 500lx；检验检疫岗位及旋毛虫检验室操作台面上的照度不宜小于 750lx。

7.6 产品分类

分为鲜分割牛肉、冻分割牛肉，包括草原牛排、上脑、眼肉、西冷、外脊、牛力骨、带骨腹肉、牛净排、肩肉、牛腱子等，参见附录 B。

7.7 加工要求

7.7.1 原料

同 5。

7.7.2　加工

应符合 GB/T 19477 的规定。

7.7.3　卫生

应符合 GB 12694 的规定。

7.7.4　工艺流程

应符合 GB/T 19477、GB/T 27643 和附录 A 的规定。

8　废弃物处理

8.1　饲养产生的废弃物排放应符合 GB 18596 的规定。

8.2　屠宰加工产生的废弃物排放应符合 GB 13457 的规定。

9　产品质量

9.1　质量分级

应符合 NY/T 676 的规定。

9.2　感官指标

感官指标应符合表 5 的规定。

表 5　感官指标

项目	鲜牛肉	冻牛肉（解冻后）	检测方法
色泽	肌肉有光泽，色鲜红或深红；脂肪呈乳白色或淡黄色	肌肉色鲜红，有光泽；脂肪呈乳白色或淡黄色	目测
黏度	外表微干或有风干膜，不黏手	肌肉外表微干，或有风干膜，或外表湿润，不黏手	手触
弹性（组织状态）	肌肉有弹性，指压后有凹陷可立即恢复	肌肉结构紧密，有坚实感，肌纤维韧性强	手触
气味	具有鲜牛肉正常的气味	具有牛肉正常的气味	嗅觉
肉眼可见异物	不得带伤斑、血瘀、血污、碎骨、病变组织、淋巴结、脓包、浮毛或其他杂质		目测、手触

9.3　理化指标

理化指标应符合表 6 的规定。

表6 理化指标

项目	指标	检测方法
挥发性盐基氮/(mg/100g)	≤13	GB 5009.228
铅/(mg/kg)	≤0.1	GB 5009.12
无机砷/(mg/kg)	≤0.05	GB 5009.11
镉/(mg/kg)	≤0.1	GB 5009.15
总汞（以 Hg 计)/(mg/kg)	≤0.05	GB 5009.17
铬/(mg/kg)	≤0.5	GB 5009.123
铜/(mg/kg)	≤8	GB 5009.13
亚硝酸盐（以 $NaNO_2$ 计)/(mg/kg)	≤3	GB 5009.33

9.4 水分要求

应符合 GB 18394 的规定。

9.5 农药、兽药及非法添加物质残留限量

农药、兽药及非法添加物质残留限量应符合表 7 的规定。

表7 农药、兽药及非法添加物质残留限量指标

序号	项目	最高限量/(mg/kg)	检测方法
1	六六六	≤0.05	GB/T 5009.19
2	滴滴涕	≤0.05	GB/T 5009.19
3	蝇毒磷	≤0.5	GB 23200.94
4	敌敌畏	≤0.02	GB 23200.94
5	青霉素	<0.05	GB/T 20755
6	伊维菌素（肌肉中）	≤0.01	农业部 781 号公告
7	恩诺沙星	<0.1	GB/T 21312
8	阿莫西林	<0.05	GB/T 20755
9	磺胺二甲嘧啶	不得检出（检出限<0.05)	GB/T 21316
10	磺胺二甲氧嘧啶	不得检出（检出限<0.05)	GB/T 21316
11	磺胺间甲氧嘧啶	不得检出（检出限<0.05)	GB/T 21316
12	磺胺甲噁唑	不得检出（检出限<0.05)	GB/T 21316
13	磺胺喹噁啉	不得检出（检出限<0.1)	GB/T 21316
14	四环素	不得检出（检出限<0.1)	GB/T 5009.116
15	金霉素	不得检出（检出限<0.1)	GB/T 5009.116

表7（续）

序号	项目	最高限量/(mg/kg)	检测方法
16	土霉素	不得检出（检出限<0.1）	GB/T 5009.116
17	玉米赤霉醇	不得检出（检出限<0.005）	GB/T 20766
18	己烯雌酚	不得检出（检出限<0.05）	GB/T 20766
19	呋喃唑酮	不得检出（检出限<0.01）	GB/T 21311
20	氯霉素	不得检出（检出限<0.001）	GB/T 20756
21	群勃龙	不得检出（检出限<0.001）	GB/T 21981
22	盐酸克伦特罗	不得检出（检出限<0.0005）	GB/T 22286
23	莱克多巴胺	不得检出（检出限<0.0005）	GB/T 22286
24	沙丁胺醇	不得检出（检出限<0.0005）	GB/T 22286

9.6　微生物指标

应符合 NY/T 2799 的规定。

9.7　净含量

应符合《定量包装商品计量监督管理办法》的规定，检验方法按 JJF 1070 的规定执行。

10　检验规则

10.1　出厂检验

产品出厂前由本厂技术检验部门按本标准逐批检验，并出具《质量合格证》方可出厂。

10.2　型式检验

10.2.1　一般情况下，型式检验每半年进行 1 次，有下列情况之一的应进行型式检验：

a）产品投产时；

b）停产 3 个月以上恢复生产时；

c）出厂检验结果与上次型式检验有较大差异时；

d）国家市场监督管理部门提出要求时。

10.2.2　型式检验项目为 9.2~9.7 规定的项目。

11　包装、标识

应符合 NY/T 3383 的规定。

12 贮存

应符合 GB/T 17238 的规定。

13 冷链物流

应符合 GB/T 28640 和 NY/T 3407 的规定。

14 销售

应符合 GB 20799 的规定。

15 追溯

应符合 DB15/T 642 和 NY/T 1764 的规定。

附录 A
（规范性附录）
屠宰加工工艺流程图

屠宰加工工艺流程图 A. 1

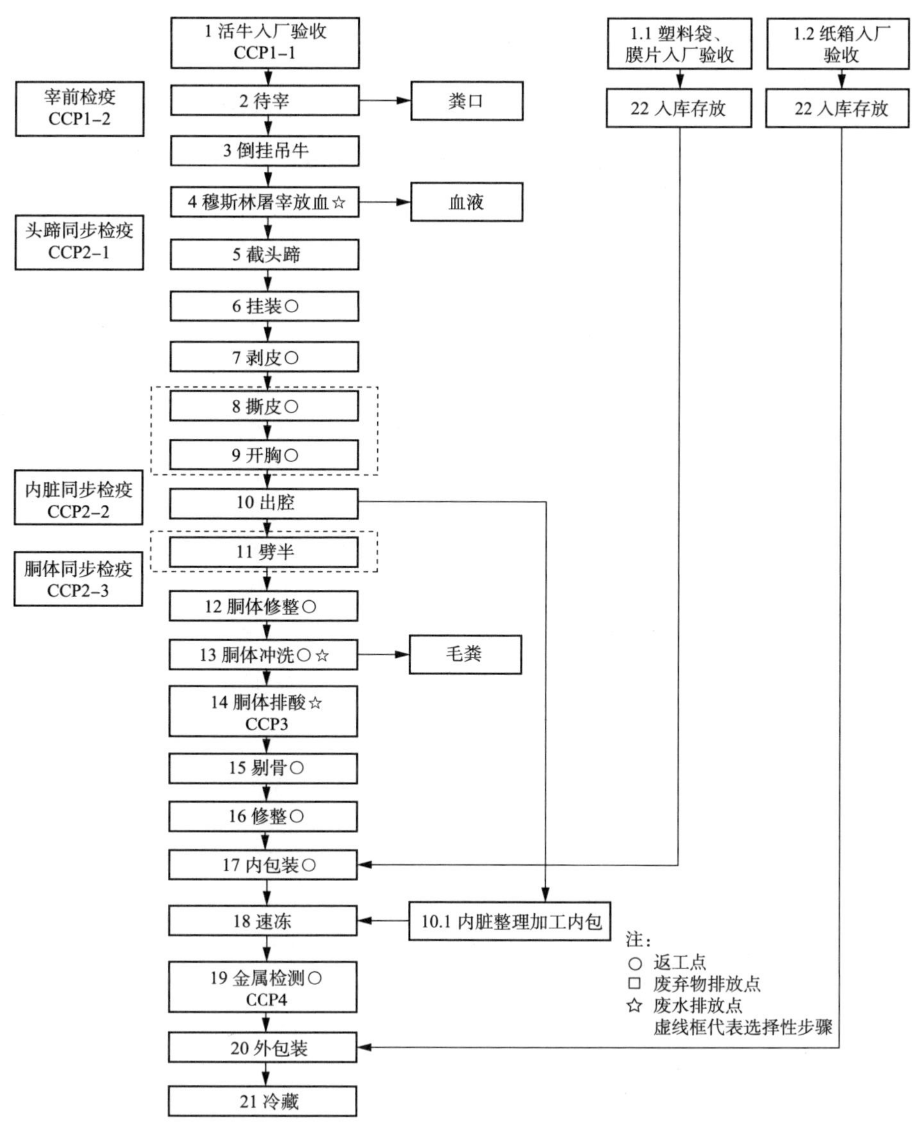

图 A. 1　屠宰加工工艺流程图

附录 B
(资料性附录)
牛肉产品品种

各部位牛肉产品品种见表 B. 1；高档牛肉产品品种见表 B. 2；带骨牛肉产品品种见表 B. 3。

表 B. 1　各部位牛肉产品品种

序号	品种	图片	说明
1	针扒		沿缝匠肌前缘连接间膜处割下的净肉，包括骨弯肌及缝匠肌和半膜肌
2	牛霖		沿缝匠肌前缘连接间膜处割下的净肉，包括骨弯肌及缝匠肌和半膜肌
3	小黄瓜条		取自后腿部沿与外后腿肉之自然膜割下的整条半腱肌
4	牛前展		前展取自牛前腿肘关节至腕关节处割下得净肉，包括腕桡侧伸肌
5	牛后展		后展从牛后膝关节至跟腱处割下的净肉，包括腓肠肌、趾伸肌、趾伸屈肌
6	牛胸肉		从胸骨、软骨、剑骨、和胸部内肋条割下的净肉
7	牛腩		从前 13 肋骨断体处，沿股四头肌肉前缘割下的全部腹部净肉
8	尾龙扒		沿半腱肌上端至髋骨结节处与脊椎平直割下的上部净肉，包括半肌腱和骨二头肌
9	肩肉		从肩胛骨上下两侧剔下得净肉，冈下肌
10	辣椒肉		从肩胛骨外侧取下形状似辣椒的肉
11	板腱		取自牛的前腿岗下肌肉
12	烩扒		沿半腱肌上端至腕骨结节处，与脊椎平直割下的下部净肉，包括半腱肌和股二头肌

表 B.2 高档牛肉产品品种

序号	品种	图片	说明
1	牛柳		取自牛腰内侧割下的带有完整里脊头的净肉
2	上脑		由脊背肉（胸椎 1~6 平面截开）上分割下的整条肋眼肉，包括背最长肌、背棘肌、复合肌和背裂肌
3	外脊		取自牛胴体胸椎第 13 根肋骨和第 6 根腰椎骨对应的腰椎脊肉
4	肉眼		取自牛胴体胸椎第 6~11 节对应的腰脊肉，并去掉眼肉上面覆盖的皮盖和肋条肉部分
5	B 眼肉		取自牛胴体胸椎第 6~11 节肋条，平面截开
6	腹肉条		从肋条割下的净肉（第 1~13 根肋骨）
注 1：特级羔羊肉选自胴体重 14kg 以上的当年羔羊，所选取部位的肉富有形似大理石花纹的外观 注 2：表中 1、2、3、4、6 项均可加工为肉卷或肉坯 注 3：以上所有去骨羊肉均应剔除软骨、板筋、淋巴结及血污			

表 B.3 带骨牛肉产品品种

序号	品种	图片	说明
1	全排		取第 1~13 肋条骨，修净皮盖肉、修去油脂和结缔组织
2	TT 骨切片		取自脊椎第 5.5 根脊骨带有完整外脊、里脊肉的部位，速冻后切片
3	带骨眼肉切片		取自牛胴体胸椎第 6~11 节肋条，带骨平面截开，速冻后切片
4	带骨眼肉切片		取自牛胴体胸椎第 6~11 节肋条，带骨平面截开，速冻后切片
5	战斧牛排		取自牛胴体胸椎第 6~11 节肋条，带骨平面截开。第 6~11 节肋条延长 12cm 修清
6	牛仔骨切片		取第 3~7 肋条骨，以第 3 根骨的长度为限，宽约 26cm~28cm，厚度最少在 3cm~6cm 形成正方形，修净皮盖肉，修去油脂和结缔组织

表 B. 3（续）

序号	品种	图片	说明
7	战斧牛排切片		取自牛胴体胸椎第 6~11 节肋条，带骨平面截开。第 6~11 节肋骨条延长 12cm 修清，速冻后切片
8	带骨西冷切片		取自牛胴体胸椎第 13 根肋骨和 6 根腰椎骨对应的腰椎脊肉速冻后切片

第三节　呼伦贝尔牛肉品质分析研究

一、国内先进标准比对分析情况

（一）产地环境

1. 空气质量要求

在空气质量要求方面，T/NMSP. MZB 02. 3—2019《“蒙”字标畜产品认证要求　呼伦贝尔牛肉》与 GB 3095—2012《环境空气质量标准》、NY/T 391—2013《绿色食品　产地环境质量》各项指标比对情况见表 7-1、表7-2。

表 7-1　呼伦贝尔牛养殖产地环境空气质量要求日平均指标比对

项目	GB 3095—2012	NY/T 391—2013	T/NMSP. MZB 02. 3—2019	质量指标比对结果
总悬浮颗粒物/(mg/m^3)	≤0. 30	≤0. 30	≤0. 20	领先水平
二氧化硫/(mg/m^3)	≤0. 15	≤0. 15	≤0. 1	领先水平
二氧化氮/(mg/m^3)	≤0. 08	≤0. 08	≤0. 07	领先水平
氟化物/(μg/m^3)	≤7	≤6	≤6	达到绿色食品标准

由表 7-1 可知，T/NMSP. MZB 02. 3 中总悬浮颗粒物、二氧化硫和二氧化氮指标均领先于 NY/T 391；氟化物指标达到绿色食品标准。

表 7-2 呼伦贝尔牛养殖产地环境空气质量要求小时平均指标比对

项目	GB 3095—2012	NY/T 391—2013	T/NMSP. MZB 02. 3—2019	质量指标比对结果
总悬浮颗粒物/(mg/m^3)	—	—	—	—
二氧化硫/(mg/m^3)	≤0. 50	≤0. 50	≤0. 40	领先水平
二氧化氮/(mg/m^3)	≤0. 20	≤0. 20	≤0. 10	领先水平
氟化物/($\mu g/m^3$)	≤20	≤20	≤15	领先水平

由表 7-2 可知，T/NMSP. MZB 02. 3 中二氧化硫、二氧化氮和氟化物指标领先于 NY/T 391。

2. 水质要求

（1）草原放牧补饲持续育肥养殖用水要求

在草原放牧补饲持续育肥养殖用水要求方面，T/NMSP. MZB 02. 3—2019《“蒙”字标畜产品认证要求 呼伦贝尔牛肉》与 GB 3838—2002《地表水环境质量标准》、NY/T 391—2013《绿色食品 产地环境质量》各项指标比对情况见表 7-3。

表 7-3 呼伦贝尔牛养殖产地环境草原放牧补饲持续育肥养殖用水要求指标比对

项目	GB 3838—2002	NY/T 391—2013	T/NMSP. MZB 02. 3—2019	质量指标比对结果
pH	6~9	6. 5~8. 5	≥6. 5	
臭和味	—	—	无异臭、异味	—
氟化物/(mg/L)	≤1. 5	≤1. 0	≤0. 9	领先水平
氰化物/(mg/L)	≤0. 2	≤0. 05	≤0. 04	领先水平
总砷/(mg/L)	≤0. 1	≤0. 05	≤0. 04	领先水平
总汞/(mg/L)	≤0. 001	≤0. 001	≤0. 001	达到绿色食品标准
总镉/(mg/L)	≤0. 01	≤0. 01	≤0. 005	领先水平
六价铬/(mg/L)	≤0. 1	≤0. 05	≤0. 04	领先水平
总铅/(mg/L)	≤0. 1	≤0. 05	≤0. 04	领先水平
总大肠菌数/(MPN/100mL)	—	不得检出	不得检出	达到绿色食品标准

由表 7-3 可知，T/NMSP. MZB 02. 3 对呼伦贝尔牛在草原放牧补饲持续育肥养殖

过程中用水水质的10项成分规定了限量。在这10项指标比对中，氟化物、氰化物、总砷、总镉、六价铬和总铅6项指标均领先于NY/T 391；总汞、总大肠菌数2项指标均达到绿色食品标准。其中，臭和味在NY/T 391中没有涉及内容，无法进行比对。

（2）屠宰用水要求

在屠宰用水要求方面，T/NMSP. MZB 02. 3—2019《“蒙”字标畜产品认证要求　呼伦贝尔牛肉》与GB 5749—2006《生活饮用水卫生标准》、NY/T 391—2013《绿色食品　产地环境质量》各项指标比对情况见表7-4。

表7-4　呼伦贝尔牛养殖产地环境屠宰用水要求指标比对

项目	GB 5749—2006	NY/T 391—2013	T/NMSP. MZB 02. 3—2019	质量指标比对结果
pH	6. 5～8. 5	6. 5～8. 5	6. 5～8. 5	达到绿色食品标准
总汞/(mg/L)	0. 001	≤0. 001	≤0. 0005	领先水平
总砷/(mg/L)	0. 01	≤0. 01	≤0. 005	领先水平
总镉/(mg/L)	0. 005	≤0. 005	≤0. 001	领先水平
总铅/(mg/L)	0. 01	≤0. 01	≤0. 005	领先水平
六价铬/(mg/L)	0. 05	≤0. 05	≤0. 001	领先水平
氰化物/(mg/L)	0. 05	≤0. 05	≤0. 001	领先水平
氟化物/(mg/L)	1. 0	≤1. 0	≤1. 0	达到绿色食品标准
菌落总数/(CFU/mL)	100	≤100	≤50	领先水平
总大肠菌数/(MPN/100mL)	不得检出	不得检出	不得检出	达到绿色食品标准

由表7-4可知，T/NMSP. MZB 02. 3中总汞、总砷、总镉、总铅、六价铬、氰化物和菌落总数7项指标均领先于NY/T 391；pH、氟化物和总大肠菌数3项指标均达到绿色食品标准。

3. 土壤环境质量要求

在土壤环境质量要求方面，T/NMSP. MZB 02. 3—2019《“蒙”字标畜产品认证要求　呼伦贝尔牛肉》与GB 15618—2018《土壤环境质量　农用地土壤污染风险管控标准（试行）》、NY/T 391—2013《绿色食品　产地环境质量》各项指标比对情况见表7-5。

表7-5　呼伦贝尔牛养殖产地环境土壤环境质量要求指标比对

项目	GB 15618—2018	NY/T 391—2013	T/NMSP. MZB 02. 3—2019	质量指标比对结果
pH	≥7. 5	≥6. 5	≥6. 5	
总镉/(mg/kg)	0. 60	≤0. 30	≤0. 20	领先水平
总汞/(mg/kg)	3. 4	≤0. 25	≤0. 20	领先水平
总砷/(mg/kg)	25	≤25	≤15	领先水平
总铅/(mg/kg)	170	≤50	≤25	领先水平
总铬/(mg/kg)	250	≤120	≤60	领先水平
总铜/(mg/kg)	100	≤50	≤25	领先水平
总镍/(mg/kg)	190	—	≤190	—
总锌/(mg/kg)	300	—	≤300	—

由表7-5可知，T/NMSP. MZB 02. 3中总镉、总汞、总砷、总铅、总铬和总铜6项指标均领先于NY/T 391。

（二）产品质量要求

在产品理化要求方面，T/NMSP. MZB 02. 3—2019《“蒙”字标畜产品认证要求　呼伦贝尔牛肉》与GB 2762—2017《食品安全国家标准　食品中污染物限量》、NY/T 2799—2015《绿色食品　畜肉》各项指标比对情况见表7-6。

表7-6　产品理化要求指标比对

项目	GB 2762—2017	NY/T 2799—2015	T/NMSP. MZB 02. 3—2019	质量指标比对结果
挥发性盐基氮/(mg/100g)	—	≤15	≤13	领先水平
铅/(mg/kg)	0. 2	≤0. 2	≤0. 1	领先水平
无机砷/(mg/kg)	—	—	≤0. 05	—
镉/(mg/kg)	0. 1	≤0. 1	≤0. 1	达到绿色食品标准
总汞（以Hg计）/(mg/kg)	0. 05	≤0. 05	≤0. 05	达到绿色食品标准

表 7-6（续）

项目	GB 2762—2017	NY/T 2799—2015	T/NMSP. MZB 02. 3—2019	质量指标比对结果
铬/(mg/kg)	1	≤1	≤0. 5	领先水平
铜/(mg/kg)	—	—	≤8	—
亚硝酸盐（以 $NaNO_2$）/(mg/kg)	—	—	≤3	—

由表 7-6 可知，T/NMSP. MZB 02. 3 中挥发性盐基氮、铅和铬 3 项指标均领先于 NY/T 2799；镉和总汞 2 项指标均达到绿色食品标准。其中，无机砷、铜和亚硝酸盐 3 项指标在 NY/T 2799 中没有涉及内容，无法进行比对。

第四节　呼伦贝尔牛肉团体标准实施与应用

一、标准认证内容

（一）检查计划（表 7-7）

表 7-7　检查计划

检查内容	对应标准条款
了解管理体系运行、持续改进情况。检查支持管理体系运行过程，涉及部门及岗位职责和权限、目标及措施、基础设施，涉及支持过程及部门的风险和机遇识别及措施的实施情况等；支持管理体系运行过程，涉及部门及岗位职责和权限、目标及措施、人员能力、基础设施，涉及支持过程及部门的风险和机遇识别及措施的实施情况、产品和服务要求、顾客满意及管理控制、内审等控制过程	DB15/T 1700. 1—2019 中 4、5、6、8、9、10、11、12；“蒙”字标认证实施规则（试行）中 7. 6
资质核实、记录检查，种植和加工资质以及种植记录，养殖资质以及养殖记求	DB15/T 1700. 1—2019；T/NMSP. MZB 02. 3—2019 中 15；“蒙”字标认证实施规则（试行）中 7. 6

表7-7（续）

检查内容	对应标准条款
牛屠宰加工、废弃物处理、检验、贮存、运输、销售等加工及后续全过程以及记录	DB15/T 1700. 1—2019 中 7、9； T/NMSP. MZB 02. 3—2019 中 7、8、9、10、11、12、13、14、15； “蒙”字标认证实施规则（试行）中 7. 6
牛养殖全过程检查（含牧场检查）；平行生产和平行所有权、牛的引入、饲料、饲养条件、疾病防治、繁殖、运输和屠宰、环境影响、放牧草原区环境、边界、草原利用情况等。主要检查放牧草原区环境、边界、草原利用情况	DB15/T 1700. 1—2019 中 7、9； T/NMSP. MZB 02. 3—2019 中 3、4、5、6、15； “蒙”字标认证实施规则（试行）中 7. 6

二、标准应用效益

通过对 T/NMSP. MZB 02. 3—2019《“蒙”字标畜产品认证要求　呼伦贝尔牛肉》的建设，“呼伦贝尔牛肉”将会取得良好的经济效益、社会效益和品牌效益。经济效益方面，广大牧民标准化养殖水平将大幅提高，牛肉总产量与总产值将不断提升，牧民生活条件不断改善，生活质量逐步提高。企业可以根据顾客的需求，结合产品标准，生产出质量合格、迎合顾客欢迎的产品；社会效益方面，由于牛肉产业链的不断延伸和发展，有力推动了农业、工业和服务业等相关产业的发展，进一步优化了农村经济结构、壮大了工业经济、促进了商贸流通、繁荣了市场经济、刺激了消费增长，拉动了第三产业的快速发展，加快了新牧区建设的步伐，培育了有文化、懂技术的新型牧民。自然资源得到合理的开发利用，同时又能消除不必要的或者重复的资源浪费，节约原材料，有助于构建节约型社会与和谐社会；品牌效益方面，近年来，在呼伦贝尔市委、市政府的因势利导下，以优质健康为标签的“呼伦贝尔牛肉”，已成功置身国家地理标志产品行列，T/NMSP. MZB 02. 3—2019《“蒙”字标畜产品认证要求　呼伦贝尔牛肉》的制定，将“呼伦贝尔牛肉”走向绿色、知名、高端的行列，为打造“呼伦贝尔牛肉”品牌打下坚实基础。

第八章 呼伦贝尔羊肉

第一节 呼伦贝尔羊肉概述

呼伦贝尔草原地处亚洲中部的蒙古高原，是世界著名的高原牧场。草原上均为多年生草本优质牧草，无污染且营养丰富，呼伦贝尔羊繁衍于此。呼伦贝尔羊主要分布于呼伦贝尔牧区草原。呼伦贝尔羊由巴尔虎品系（半椭圆状尾）和短尾品系（小桃状尾）两个品种构成。经过长期的自然选择和人工选育，呼伦贝尔羊形成了耐寒、耐粗饲、善于行走采食、能够抵御恶劣环境、抓膘速度快、保育性强、羔羊成活率高、肉质好且无膻味等特点。呼伦贝尔羊肉具有色泽鲜艳、高蛋白、低脂肪、瘦肉率高、肉质鲜美、口感细嫩、无膻味的特点，是著名的天然绿色食品。2018 年，呼伦贝尔市肉羊出栏量 638.5 万只，羊肉总产量 11.35 万吨，其中，呼伦贝尔草原肉羊出栏 247.5 万只。牧区有各级种羊场 49 处，年可培育优质种羊 1.3 万只。全市规模以上肉羊加工企业 28 家，年加工量 4.58 万吨，年销售额29.6 亿元。肉类加工企业冷藏能力 13.2 万吨，羊肉产品形成 6 大系列、200 多个品种，精深产品加工能力和市场竞争能力逐步提高，呈现了较好的发展态势。呼伦贝尔羊在品种选育、产地环境、饲养方式方面有别于其他地区饲养的羊，呼伦贝尔羊具有以下特点：

1. 生存空间好

“呼伦贝尔羊”生长在无污染的呼伦贝尔大草原，采用自然放牧的养殖方式，饲草饲料纯天然、无添加剂成分。呼伦贝尔市天然草场总面积 1.49 亿亩，占全市草场总面积的 81.3% 以上。呼伦贝尔草原多为天然草场，多年生草本植物是组成呼伦贝尔草原植物群落的基本生态特征。饲用野生植物主要包括羊草、披碱草、老芒麦、黄花苜蓿、冰草、无芒雀麦、山野豌豆、野火球、蒙古葱、野韭等优良牧草。

2. 自然条件好

呼伦贝尔草原植物资源约 1448 种、102 个变种，隶属 117 个科 560 属。每平方米牧草 20 余种，其中，野生药用植物 540 余种。呼伦贝尔草原水资源丰富，有上千条河流，500 余个湖泊，数以千计的泉水，其泉水中含有多种矿物质元素。

3. 放牧饲养方式不同

呼伦贝尔羊的放牧方式不同于内地，羊群在纯天然的草场放牧，只吃草尖，不吃根，不吃人工饲料。羊按不同季节的体内需要采食不同的牧草，每天都不在一个地方放牧。牧民不让羊空跑路而吃不饱。春季风大，要顶风出、顺风归，并照顾经冬后体弱的“乏羊”。夏季，牧民选择凉爽、通风的地方放牧，注意太阳和风向，一般上午顺风出、顶风归，下午顶风出、顺风归。要保证羊一天饮一次水，还要让羊适当舔食一些盐和碱。要适时抓羊上膘，夏抓肉膘，秋抓油膘，让羊吃饱吃足，少跑路。冬季做好保膘保胎，照顾孕畜，不饮冰水，注意保温保暖。呼伦贝尔羊肉不膻的一个重要原因就是春、夏、秋季草原上的羊群不圈养，而是在“羊盘”上散卧，这就避免了因羊粪便异味通过羊的皮肤毛孔进入体内而产生膻味的现象。

肉羊产业是呼伦贝尔市最具竞争力的产业之一，在纯天然的牧养方式、自然放牧状态下，呼伦贝尔肉羊的肉品质优于舍饲育肥羊。在绿色有机草原肉羊的品种、品质、品牌及生产优势十分突出的形势下，呼伦贝尔市形成了一批具有一定规模的加工企业和相对稳定的原料生产基地。良好的环境、优惠的政策和得天独厚的资源禀赋，呼伦贝尔市吸引国内著名肉类加工企业进驻，带动了畜产品加工业和饲料加工业及第三产业发展壮大，使育种区产业结构更趋合理，形成了“肉羊龙头带基地”的产业化发展格局，给传统肉羊产业增添了新的发展活力和产业内涵，为肉羊产业化发展奠定了坚实的基础。

羊肉作为内蒙古自治区的支柱产业之一和特色标签，建立和健全羊肉相关标准，对树立内蒙古自治区特色羊肉的品牌影响力具有积极的作用。目前，内蒙古自治区已经建立了“呼伦贝尔羊肉标准体系”，该标准体系收集了肉羊和羊肉方面的国家标准和行业标准，并规划和提出了内蒙古自治区呼伦贝尔地区肉羊在繁育、饲养、屠宰加工等方面急需制定的标准。根据标准体系规划制定了 DB15/T 1766—2019《呼伦贝尔羊肉》、DB15/T 1763—2019《“呼伦贝尔羊”产地环境要求》、DB15/T 1765—2019《“呼伦贝尔羊肉”加工技术规范》和 DB15/T 1764—2019《“呼伦贝尔羊”饲养管理技术规程》等 4 项地方标准。通过标准化的方式，规范了呼伦贝尔羊的品种选育、产地环境和饲养方式等内容，对于提高呼伦贝尔羊肉品质起到了关键的作用。在 4 项地方标准的基础上制定了 T/NMSP. MZB 02. 4—2019《“蒙”字标畜产品认证要求　呼伦贝尔羊肉》，该团体标准的制定为“蒙”字标认证提供了指导依据，对树立呼伦贝尔羊肉的品牌影响力具有积极的作用。

第二节　T/NMSP. MZB 02. 4—2019《“蒙”字标畜产品认证要求　呼伦贝尔羊肉》

通过广泛调研分析、研讨及与专家咨询、广泛征求意见完成了 T/NMSP. MZB 02. 4—2019《“蒙”字标畜产品认证要求　呼伦贝尔羊肉》的制定工作，确保标准制定的规范性，适应产业发展。T/NMSP. MZB 02. 4—2019《“蒙”字标畜产品认证要求　呼伦贝尔羊肉》的制定旨在对“蒙”字标产品的认证，进一步提高呼伦贝尔羊肉品质和市场竞争力，促进呼伦贝尔羊肉产业经济稳定持续增长，提高企业产品质量，使内蒙古自治区的优势特色产品经过“蒙”字标认证走向全国、走向国际。

ICS 67.120.10
X 22

团 体 标 准

T/NMSP.MZB 02.4—2019

“蒙”字标畜产品认证要求 呼伦贝尔羊肉

“Nei Meng Gu Brand” certification requirements of livestock products—Hulunbuir mutton

2019-10-16 发布　　2019-11-01 实施

内蒙古标准发展促进会　发布

前　言

本标准按照 GB/T 1.1—2009 给出的规则起草。

本标准由内蒙古标准发展促进会提出并归口。

本标准主要起草单位：内蒙古自治区标准化院、呼伦贝尔学院、内蒙古伊赫塔拉牧业股份有限公司、呼伦贝尔市畜牧工作站、呼伦贝尔市草原工作站、呼伦贝尔职业技术学院、呼伦贝尔市动物疫病预防控制中心。

本标准主要起草人：贾双文、朱晓春、蒋柠、张铎、吕燕卿、籍江波、侯帆、宋晓蕾、刘及东、闫山林、吕绪清、李晟、张丽梅、穆子龙、董淑霞、尤金成、杨立宏、杨德良。

引　言

本标准是“蒙”字标产品认证标准之一。

本标准相关条款采用标准如下：

——第 3 章“产地环境”主要技术指标采纳内蒙古自治区地方标准《“呼伦贝尔羊”产地环境要求》；

——第 4 章“生产要求”主要技术指标采纳及内蒙古自治区地方标准《“呼伦贝尔羊肉”加工技术规程》；

——第 5 章“品质要求”主要技术指标采纳内蒙古自治区地方标准《呼伦贝尔羊肉》；

——附录 A“饲养要求”主要技术指标采纳内蒙古自治区地方标准《“呼伦贝尔羊”饲养管理技术规程》。

“蒙”字标畜产品认证要求
呼伦贝尔羊肉

1 范围

本标准规定了呼伦贝尔羊肉“蒙”字标认证的产地环境、生产、品质、检验规则、包装、标识、仓储、运输、销售及追溯。

本标准适用于呼伦贝尔羊肉“蒙”字标认证。

2 规范性引用文件

下列文件对于本文件的应用是必不可少的。凡是注日期的引用文件，仅注日期的版本适用于本文件。凡是不注日期的引用文件，其最新版本（包括所有的修改单）适用于本文件。

GB 2762 食品安全国家标准 食品中污染物限量

GB 5009.3 食品安全国家标准 食品中水分的测定

GB 5009.5 食品安全国家标准 食品中蛋白质的测定

GB 5009.44 食品安全国家标准 食品中氯化物的测定

GB 5009.228 食品安全国家标准 食品中挥发性盐基氮的测定

GB 5749 生活饮用水卫生标准

GB/T 5750.4 生活饮用水标准检验方法 感官性状和物理指标

GB/T 5750.5 生活饮用水标准检验方法 无机非金属指标

GB/T 5750.6 生活饮用水标准检验方法 金属指标

GB/T 5750.12 生活饮用水标准检验方法 微生物指标

GB 7718 食品安全国家标准 预包装食品标签通则

GB/T 9695.19 肉与肉制品 取样方法

GB 14881 食品安全国家标准 食品生产通用卫生规范

GB/T 15432 环境空气 总悬浮颗粒物的测定 重量法

GB/T 17141 土壤质量 铅、镉的测定 石墨炉原子吸收分光光度法

GB/T 17237 畜类屠宰加工通用技术条件

GB 20799 食品安全国家标准 肉和肉制品经营卫生规范

GB/T 22105.1 土壤质量 总汞、总砷、总铅的测定 原子荧光法 第1部分：

土壤中总汞的测定

GB/T 22105.2　土壤质量　总汞、总砷、总铅的测定　原子荧光法　第1部分：土壤中总砷的测定

GB/T 26613　呼伦贝尔羊

HJ 479　环境空气　氮氧化物（一氧化氮和二氧化氮）的测定　盐酸萘乙二胺分光光度法

HJ 482　环境空气　二氧化硫的测定　甲醛吸收-副玫瑰苯胺分光光度法

HJ 491　土壤和沉积物　铜、锌、铅、镍、铬的测定　火焰原子吸收分光光度法

HJ 955　环境空气　氟化物的测定　滤膜采样/氟离子选择电极法

NY/T 388　畜禽场环境质量标准

NY/T 391—2013　绿色食品　产地环境质量

NY/T 472　绿色食品　兽药使用准则

NY/T 473　绿色食品　畜禽卫生防疫准则

NY/T 1054　绿色食品　产地环境调查、监测与评价规范

NY/T 1056—2006　绿色食品　贮藏运输准则

NY/T 1168　畜禽粪便无害化处理技术规范

NY/T 1169　畜禽场环境污染控制技术规范

NY/T 1377　土壤 pH 的测定

NY/T 1764　农产品质量安全追溯操作规程　畜肉

NY/T 1892　绿色食品　畜禽饲养防疫准则

NY/T 2799　绿色食品　畜肉

NY/T 3383　畜禽产品包装与标识

NY/T 3408　鲜（冻）畜禽产品专卖店管理规范

SB/T 10730　易腐食品冷藏链技术要求　禽畜肉

SB/T 10731　易腐食品冷藏链操作规范　畜禽肉

SB/T 10888　畜禽肉批发交易规程

JJF 1070　定量包装商品净含量计量检验规则

DB15/T 852.1　蒙古羊高效繁育技术规程　第1部分：蒙古羊人工授精技术规程

DB15/T 852.2　蒙古羊高效繁育技术规程　第2部分：蒙古羊同期发情处理技术规程

DB15/T 975　畜产品牛羊肉中碳、氮同位素丰度比检测方法

DB15/T 1466　草原短尾羊

定量包装商品计量监督管理办法（国家质量监督检验检疫总局令 2005 年第 75 号）

畜禽标识和养殖档案管理办法（中华人民共和国农业部令 2006 年第 67 号）

3　产地环境

3.1　生态环境要求

3.1.1　呼伦贝尔羊养殖区域应选择在呼伦贝尔市行政区域内生态环境良好、无污染的草原牧场。草地类型包括温性草甸草原类、温性典型草原类、山地草甸类、低平地草甸类。

3.1.2　饲用野生植物主要包括羊草、披碱草、老芒麦、黄花苜蓿、冰草、无芒雀麦、山野豌豆、野火球、蒙古葱、野韭等。

3.1.3　草原牧场应具有可持续发展能力，不对草原环境产生影响。

3.2　空气质量要求

空气质量要求应符合表 1 的规定。

表 1　空气质量要求

项目	指标		检测方法
	日平均	小时平均	
总悬浮颗粒物/(mg/m^3)	≤0.20	—	GB/T 15432
二氧化硫/(mg/m^3)	≤0.1	≤0.40	HJ 482
二氧化氮/(mg/m^3)	≤0.07	≤0.10	HJ 479
氟化物/($\mu g/m^3$)	≤6	≤15	HJ 955

3.3　牲畜养殖用水要求

牲畜养殖用水要求应符合表 2 的规定。

表 2　牲畜养殖用水要求

项目	指标	检测方法
臭和味	不应有异臭、异味	GB/T 5750.4
pH	≥6.5	GB/T 5750.4
氟化物/(mg/L)	≤0.9	GB/T 5750.5
氰化物/(mg/L)	≤0.04	GB/T 5750.5

表2（续）

项目	指标	检测方法
总砷/（mg/L）	≤0.04	GB/T 5750.6
总汞/（mg/L）	≤0.001	GB/T 5750.6
总镉/（mg/L）	≤0.005	GB/T 5750.6
六价铬/（mg/L）	≤0.04	GB/T 5750.6
总铅/（mg/L）	≤0.04	GB/T 5750.6
总大肠菌数/（MPN/100mL）	不得检出	GB/T 5750.12

3.4　土壤环境要求

土壤环境质量要求应符合表3的规定。

表3　土壤环境质量要求

项目	指标	检测方法
pH	≥6.5	NY/T 1377
总镉/（mg/kg）	≤0.2	GB/T 17141
总汞/（mg/kg）	≤0.2	GB/T 22105.1
总砷/（mg/kg）	≤15	GB/T 22105.2
总铅/（mg/kg）	≤25	GB/T 17141
总铬/（mg/kg）	≤60	HJ 491
总铜/（mg/kg）	≤25	HJ 491
总镍/（mg/kg）	≤190	HJ 491
总锌/（mg/kg）	≤300	HJ 491

3.5　土壤肥力要求

土壤肥力要求应达到NY/T 391—2013中2级以上的要求。

3.6　采样方法

环境空气、养殖用水、土壤采样按照NY/T 1054的规定执行。

4　生产要求

4.1　品种要求

应符合GB/T 26613、DB15/T 1466的规定。

4.2 繁育技术

应符合 DB15/T 852.1、DB15/T 852.2 的规定。

4.3 饲养要求

应按附录 A 的规定。

4.4 疾病防控

4.4.1 疫病防治

应符合 NY/T 472、NY/T 473、NY/T 1892 的规定。

4.4.2 废弃物处理

应符合 NY/T 388、NY/T 1168、NY/T 1169 的规定。

4.5 档案管理

按照《畜禽标识和养殖档案管理办法》的规定建立养殖档案，并进行管理。

4.6 加工要求

4.6.1 基本要求

4.6.1.1 加工过程应尽可能保持产品的营养成分和原有属性。

4.6.1.2 羊肉加工厂应符合 GB 14881 的规定。

4.6.1.3 加工用水应符合 GB 5749 的规定。

4.6.1.4 在加工和贮藏过程中不应采用辐照处理。

4.6.2 质量手册

应编制呼伦贝尔羊肉生产、加工、经营质量管理手册，应至少包含下列内容：

a） 生产、加工、经营者简介；

b） 管理方针和目标；

c） 组织机构图及其相关岗位的责任和权限；

d） 标识管理；

e） 可追溯体系与产品召回制度；

f） 内部检查；

g） 文件和记录管理；

h） 客户投诉处理；

i） 持续改进体系。

4.6.3 产品加工

4.6.3.1 屠宰

4.6.3.1.1 屠宰前准备

4.6.3.1.1.1 待宰活羊应来自非疫区，并具有产地动物检疫合格证明书。进厂后由检疫员观察活羊外观，初步确认是否健康，若有异常，应拒收。

4.6.3.1.1.2 待宰活羊宰前应静养观察，停食24h，宰前2h~3h停止饮水。

4.6.3.1.2 宰杀放血

采用吊挂断三管或电击致昏后剥离颈动脉放血方式，放血完全，无淤血。

4.6.3.1.3 剥皮

沿放血刀口处将头割下，将食管扎紧，防止内容物流出；沿后腿内侧中线向下挑开羊皮左右两侧，剥离至尾根部割掉左后蹄；沿前腿内侧中线向上挑开羊皮左右两侧，剥离至胸部去掉左右前蹄，羊皮及右后蹄剥掉。皮应不带膘、不带肉，皮张不破。

4.6.3.1.4 出腔

从胸软骨处下刀，沿胸中线向下贴着气管和食管边缘将胸腔切开，将取出的白脏肚、胃肠、脾挂到同步检验轨道；心、肝、肺和肾挂到同步检验轨道进入内脏间。

4.6.3.1.5 胴体修整

取出腰油放入容器内，修去胴体表面的淤血、淋巴、污物和浮毛等不洁物，保持肌膜和胴体的完整。用温水由上到下冲洗整个胴体内侧及锯口、刀口处。

4.6.3.2 冷却排酸

羊胴体经清洗、冷却后进入排酸间，进入前，排酸间温度应先降到-2℃~0℃，推入胴体，胴体间距保持不少于10cm。启动冷风机使排酸间温度保持在0℃~4℃，相对湿度保持在85%~90%，时间应控制在不少于18h。

4.6.4 分割羊肉品种

参见附录B。

4.6.5 速冻

将包装成型的羊肉品种置于-30℃~-38℃的速冻库中，速冻24h后肉体中心温度应在-18℃以下。

5 品质要求

5.1 感官要求

感官指标应符合表4的规定。

表4　感官要求

项目	鲜羊肉	冻羊肉
色泽	肌肉色泽鲜红或有光泽；脂肪呈乳白色	肌肉有光泽，色鲜艳；脂肪呈乳白色
弹性（组织状态）	肌纤维致密、坚实、有弹性，指压后的凹陷立即恢复	肉质紧密，有坚实感，肌纤维韧性强
黏度	外表微干或有风干膜，不黏手	外表微干或有风干膜，或湿润不黏手
滋味、气味	具有新鲜羊肉正常气味。煮沸后肉汤透明澄清，脂肪团聚于液面，肉质口感鲜嫩	具有羊肉正常气味。煮沸后肉汤透明澄清，脂肪团聚于液面，具有香气，肉质口感鲜嫩
杂质	不得检出	不得检出

5.2　理化指标

羊肉理化指标应符合表5的规定。

表5　羊肉理化指标

项目	鲜、冻羊肉	检验方法
水分/%	≤77	GB 5009.3
蛋白质/(g/100g)	≥18	GB 5009.5
挥发性盐基氮/(mg/100g)	≤15	GB 5009.228

5.3　稳定同位素丰度值

稳定同位素丰度值应符合表6的规定。

表6　稳定同位素丰度值

项目	鲜、冻羊肉	检验方法
$\delta^{13}C$（干燥脱脂）	−19.80～−29.70	DB15/T 975
$\delta^{15}N$（干燥脱脂）	3.85～13.20	DB15/T 975

5.4　卫生要求

5.4.1　微生物限量

微生物限量应符合NY/T 2799的规定。

5.4.2　污染物限量

污染物限量应符合GB 2762的规定。

5.4.3　兽药残留限量

兽药残留量应符合 NY/T 2799 的规定。

5.5　检验方法

5.5.1　色泽：目测。

5.5.2　黏度、弹性（组织状态）：手触、目测。

5.5.3　滋味、气味：感官检验。

5.5.4　煮沸后的肉汤：按 GB 5009.44 的规定检验。

5.5.5　杂质：将被检样品置于白瓷盘中，凭目测检验其是否有肉眼可见杂质。

5.6　净含量

应符合《定量包装商品计量监督管理办法》的规定，检验方法按照 JJF 1070 的规定执行。

6　检验规则

6.1　组批

同一班次、同一规格的产品为一批。

6.2　抽样

按 GB/T 9695.19 的规定执行。

6.3　产品检验

6.3.1　型式检验

6.3.1.1　每年至少进行 1 次。有下列情况之一的应进行型式检验：

a）长期停产再恢复生产时；

b）出厂检验结果与上次型式检验有较大差异时；

c）国家市场监督管理部门提出型式检验要求时。

6.3.1.2　型式检验项目为本标准规定的全部项目。

6.3.2　出厂检验

6.3.2.1　每批出厂产品应检验合格，出具《检验合格证》方能出厂。

6.3.2.2　出厂检验项目为感官指标、标签和包装。

6.3.2.3　判定规则：检验项目结果全部符合本标准，判为合格品。若有 1 项或 1 项以上指标（微生物指标除外）不符合本标准要求时，可在同批产品中加倍抽样进行复验。复验结果合格，则判为合格品；如若复验结果中仍有 1 项或 1 项以上指标不符合本标准，则判该批次为不合格品。

7　包装、标识

7.1　包装

应符合 NY/T 3383 的规定。

7.2　标识

7.2.1　标识标签应符合 GB 7718 的规定。

7.2.2　包装上有关认证标志和商标等的印刷、加贴应符合有关法规及要求。

7.2.3　获得"蒙"字标认证的企业可在其产品外包装上使用"蒙"字标产品专用标识；标识的使用应符合"蒙"字标认证的相关规定。

8　仓储

应符合 GB/T 17237、NY/T 1056—2006 中 3.1 的规定。

9　运输

应符合 SB/T 10730、SB/T 10731 的规定。

10　销售

应符合 GB 20799、NY/T 3408、SB/T 10888 的规定。

11　追溯

应符合 NY/T 1764 的规定。

附录 A
（规范性附录）
饲养要求

A.1　放牧管理

A.1.1　一般要求

A.1.1.1　草场安排

根据不同季节及羊的不同性别和年龄合理安排草场，草场安排的原则是春放阴坡、沟谷；夏放岗；秋放平原；冬放阳。公、母羊及成年羊和幼龄羊群要实行分群、分区放牧。

A.1.1.2　放牧时间

根据牧草长势来掌握，5 月中下旬至 10 月中旬，要确保放牧 10h 以上；12 月至翌年 3 月，放牧时间应不少于 6h；4 月和 11 月为放牧过渡期，放牧时间应不少于 8h。

A.1.2　放牧方法

A.1.2.1　一条鞭队形

利用羊只都愿意吃头排草的特点，把羊排在一条横线上，让羊群形成齐头并进吃草的队形。一般在刚出牧后采用该队形，有利于控制好羊群，避免羊群乱跑。

A.1.2.2　满天星队形

在宽敞的草地上，让羊群均匀地分散、自由采食的一种队形。在牧草茂盛的草场或在早晚天气凉爽的时候多采用这种队形。

A.2　四季放牧要求

A.2.1　春季放牧

A.2.1.1　在早春牧草萌发返青时，应控制好羊群，挡住强羊，看好弱羊。

A.2.1.2　为避免发生跑青现象和保护草原，先选择牧草萌发晚的阴坡或沟谷地放牧，当阳坡或沿河阶地牧草长到 7cm 以上后，再转场到该草场放牧。有补饲条件的可通过补草补料，停牧 15d~20d，以避开牧草返青敏感期，也可以选择在有水源的打草场进行早春放牧，在 6 月初后再转场到放牧场放牧。

A.2.1.3　晚春时应勤换牧地（一般 2d~3d）。瘦弱的羊只春季可单独组群，带羔母羊应在近处草场放牧。

A.2.1.4　繁殖母羊在冬春季产羔时应以舍饲为主，减少放牧时间。

A.2.2　夏季放牧

A.2.2.1　夏季放牧应尽量做到早出牧、晚归牧，延长放牧时间，中午羊群在凉爽处休息。

A. 2. 2. 2　当有露水和雨水时，应尽量避免早出牧，以防羊蹄被牧草划伤。

A. 2. 2. 3　放牧时应避开蚊蝇多的低洼牧场，迎风放牧。

A. 2. 2. 4　中午气温高时在背阴处放牧。

A. 2. 2. 5　如在高山草原上放牧，可上午在阳坡放牧，下午在阴坡放牧；上午顺风放牧，下午逆风放牧。

A. 2. 2. 6　夏季应保证羊群的饮水充足，如营盘距放牧地较远时，创造条件，使羊能在放牧地休息和饮水，盐砖放在饮水处或营盘处，保证羊能摄入充分的矿质元素。

A. 2. 2. 7　放牧时控制羊群行走速度，缓慢移动，不宜行走太远。

A. 2. 3　秋季放牧

A. 2. 3. 1　秋季放牧应避开早晨露水，尽量延长时间，中午不休息，让羊群多采食，少走路，时间应保证不低于10h。

A. 2. 3. 2　遇有霜、露天气，要延迟出牧或采取出牧时快走、只走牧道不走草地，防止羊吃带霜牧草。

A. 2. 3. 3　秋季放牧时，上午在前1d放牧过的草地放牧，下午在新的草地上放牧。羊只抓油膘期间，应有充足的饮水。

A. 2. 3. 4　配种前45d~30d，应选择较好的牧场放牧繁殖母羊，抓好膘，针茅为主的草地要在结籽前放牧利用。

A. 2. 4　冬季放牧

A. 2. 4. 1　应选择避风向阳和水源较好的山谷、低凹草地或打草场放牧。

A. 2. 4. 2　出牧时，逆风把羊群赶到草场，顺风赶回营盘。

A. 2. 4. 3　妊娠前期（妊娠1d~90d）一般放牧即可；妊娠后期（妊娠90d~分娩）应加强营养，除选优质牧场放牧外，要做好补饲。遇大风雪天，应停牧，补草补料。

A. 2. 4. 4　应根据草场状况及气候情况确定放牧时间及持续时间，避免长距离放牧消耗。

A. 3　放牧加补饲

A. 3. 1　母羊的饲养管理

A. 3. 1. 1　空怀期饲养管理

A. 3. 1. 1. 1　对于空怀期成年母羊和后备母羊，在配种前45d~30d，应安排在较好的草地放牧，促进抓膘，使母羊在繁殖季节能正常的发情配种。

A. 3. 1. 1. 2　对于膘情较差的母羊，给予短期补饲。

A. 3. 1. 1. 3　春季羊只大多膘情差、体质弱，应重视加强营养，适当进行补饲。

A.3.1.2 妊娠期饲养管理

A.3.1.2.1 妊娠前期基础母羊（妊娠 0d~90d）所需营养基本与空怀期母羊相同。管理同 A.3.1.1。

A.3.1.2.2 妊娠后期（妊娠 90d~分娩）进行补饲精补料，母羊精补料配方见表 A.1。

表 A.1 母羊精补料配方

原料	豆粕	玉米	DDG	玉米纤维	燕麦	预混料	磷酸氢钙	食盐
比例/%	10	25	35	19	5	3	1.5	1.5

A.3.1.2.3 不得饲喂发霉、变质、冰冻或其他异常饲料，禁止羊只空腹饮冰水。在放牧中避免惊吓、急跑、跳沟，出入圈舍门时应防止互相挤压，以防流产。

A.3.1.3 哺乳期饲养管理

A.3.1.3.1 根据羔羊出生期的早晚、发育情况及哺乳母羊下一次配种时间来确定哺乳期的长短，哺乳期一般为 90d。

A.3.1.3.2 哺乳前期约为 45d，需对母羊进行补饲。

A.3.1.3.3 哺乳后期应安排在较好的草地放牧，加速母羊体质恢复，哺乳期结束后应及时断奶。

A.3.2 种公羊的饲养管理

A.3.2.1 分群管理

种公羊应单独分群，以放牧为主，配种前 30d 开始进行补饲。

A.3.2.2 膘情管理

种公羊应加强运动，使其体质结实，体况适中，常年保持中上等膘情。

A.3.2.3 饲养管理

A.3.2.3.1 非配种期的饲养管理

非配种期的种公羊，除放牧采食外，冬春季节每日可补给精补料 0.4kg~0.6kg、胡萝卜 0.5kg、优质干草 3.0kg、食盐 5g~10g，种公羊精补料配方见表 A.2。夏秋季节应以放牧为主，不补青粗饲料，每天只补精补料 0.5kg~0.6kg，自由饮水。

表 A.2 种公羊精补料配方

原料	豆粕	玉米	DDG	燕麦	豆油	预混料	磷酸氢钙	食盐
比例/%	15	40	15	20	1.5	5	1.5	2

A. 3. 2. 3. 2　配种期的饲养管理

A. 3. 2. 3. 2. 1　配种期种羊管理包括配种预备期（配种前 30d~45d）、配种期和复壮期（配种后 30d~45d）。

A. 3. 2. 3. 2. 2　配种预备期，除放牧外，精料喂量从配种期精料标准的 60% ~70% 的比重，逐渐增加到配期的标准。

A. 3. 2. 3. 2. 3　配种期，公羊要加强运动，增加日粮中的动物性蛋白质的含量，每天饲料补饲量为精补料 0. 8kg~1. 2kg、胡萝卜 0. 5kg~1kg、鸡蛋 1~2 枚、青干草 2kg、食盐 15g~20g。草料分 2~3 次饲喂，自由饮水。

A. 3. 2. 3. 2. 4　复壮期，公羊的饲养水平应逐渐降低，开始时应与配种期的饲养水平相同，使公羊迅速恢复体重，并根据公羊体况恢复情况逐渐减少精补料和多汁饲料的饲喂，直至过渡到非配种期的饲养标准。同时，要加强放牧运动，锻炼公羊的体质，使之逐渐适应非配种期的饲养和管理。

A. 3. 3　羔羊的饲养管理

A. 3. 3. 1　接羔管理

A. 3. 3. 1. 1　初生羔羊要防冻、防饿、防潮和勤配奶、勤治疗、勤消毒，接羔室和护理分娩栏内要勤换垫草，保持干燥。

A. 3. 3. 1. 2　让羔羊尽早吃到初乳或代乳粉。

A. 3. 3. 1. 3　如果因母羊产后死亡、母羊患乳房炎或产羔多母乳不足时，要优先选择保姆羊代为哺乳，如缺少合适保姆羊时可人工哺乳，人工乳可用鲜牛奶、冻牛奶、羊奶、奶粉等代替。用奶粉喂羔羊时，应该先用少量温开水把奶粉溶解，然后加入热水，以利于奶粉充分溶解。不可使用未煮开的凉水溶解奶粉喂羊。

A. 3. 3. 1. 4　为避免母羊不认羔羊，发生丢羔现象，羔羊出生时，可在母羊和羔羊身体同一侧（单羔在左，双羔在右）用油漆进行临时编号，编号一般为 1~100，当编号编满后，可另换一种颜色油漆，继续从 1~100 编号。

A. 3. 3. 2　补饲管理

A. 3. 3. 2. 1　羔羊出生后 7d 左右开始在圈舍中放置开食料，羔羊开食料配方见表 A. 3，任其自由采食。15d 左右，一般羔羊学习采食，应给予一些优质青干草并将日补精料增加到 0. 05kg~0. 075kg。待羔羊习惯采食草料后，可将优质青干草放在草架上，任羔羊自由采食。

表 A. 3　羔羊开食料配方

原料	豆粕	玉米	DDG	燕麦	预混料	磷酸氢钙	食盐
比例/%	19	40	25	10	3	1. 5	1. 5

A. 3. 3. 2. 2　羔羊出生 7d 后，在无风、温暖、晴天的中午把羔羊赶到运动场，进行运动和日光浴。运动场应清扫干净，无羊毛，无异常食物等。

A. 3. 3. 2. 3　母羊的泌乳量在羔羊出生后 30d 左右时达到高峰，以后逐渐下降，羔羊出生 60d 后，进行补饲。羔羊出生 60d~90d，每只羔羊每天补饲精补料 0. 2kg，羔羊精补料配方见表 A. 4；90d~120d，每只羔羊每天补饲精补料 0. 25kg~0. 3kg。自由饮水，自由舔食盐砖。

表 A. 4　羔羊精补料配方

原料	豆粕	玉米	DDG	玉米纤维	燕麦	预混料	磷酸氢钙	食盐
比例/%	12	30	30	15	7	3	1	2

A. 3. 3. 2. 4　羔羊一般单独组群舍饲，不随母羊放牧，晚上母羊归牧后合群让羔羊吃足母乳。当羔羊出生 30d 后，如果草场已返青且条件较好，可上午单独饲养，下午随母羊放牧饲养。

A. 3. 3. 3　**断奶管理**

A. 3. 3. 3. 1　羔羊一般在出生后 90d 左右断奶，过早会增大羔羊的死亡率，过晚既不利于羔羊的生长发育，又不利于母羊的发情和繁殖。

A. 3. 3. 3. 2　羔羊断奶后应尽量保持羔羊原有的环境，尽量不改变原有的补饲料配比，避免羔羊出现应激反应。

A. 3. 4　**育成羊的饲养管理**

A. 3. 4. 1　公母育成羊在发育近成熟时应分群饲养。

A. 3. 4. 2　进入冬季时，育成羊应以补饲为主，放牧为辅。每只羊每日补青干草 0. 5kg、精补料 0. 3kg。

A. 3. 4. 3　对育成羊要定期称重，检查饲养管理情况和个体生长发育情况，可根据检查情况，重新调整日粮配比和饲喂量。

附录 B
(资料性附录)
分割羊肉品种

B.1 带骨羊肉

带骨羊肉品种见表 B.1。

表 B.1 带骨羊肉品种

序号	品种	图片	说明
1	羊胴体		活羊屠宰放血后，去掉毛、头、蹄、尾和内脏的带皮或去皮躯体
2	羊前腿		包括肩胛骨、肩胛软骨、肱骨、尺骨、桡骨、腕骨及其相关联的肌肉群
3	羊后腿		包括跟骨管、跗骨、胫骨、膝关节、膝盖骨、股骨及其相关联的肌肉群
4	羊前腿腱		包括桡骨及其相关联的肌肉群
5	羊后腿腱		包括胫骨及其相关联的肌肉群
6	去腱羊前腿		包括肩胛骨、肩胛脊、肩胛软骨、肱骨及其相关联的肌肉群
7	去腱羊后腿		包括膝关节、膝盖骨、股骨及其相关联的肌肉群
8	羊尾芯		去除羊尾脂的带肉尾椎
9	草原羊排		不含胸骨及脊椎骨的肋骨及其相关联的肌肉群
10	龙骨（羊蝎子）		去除里脊、外脊后的胸椎、腰椎
11	颈肉（羊脖子）		第 1 节~第 7 节颈椎及其相关联的肌肉群
12	方肩		包括肩胛骨、肋骨、肱骨、颈椎、胸椎、部分桡尺骨和部分腱子肉
13	鞍背		包括第 1 节~第 6 节腰椎及其肉群以及从肋骨弓外援最高点至膝关节连线上部的腹肉

B.2 去骨羊肉

去骨羊肉品种见表 B.2。

表 B.2　去骨羊肉品种

序号	品种	图片	说明
1	去骨肋排		剔除肋骨的羊排肉
2	去骨羊前腿肉		去掉前腿腱、肩胛骨、肩胛软骨、肱骨、尺骨、桡骨和腕骨的腿肉
3	去骨羊后腿肉		去掉后腿腱、跟骨管、跗骨、胫骨、膝关节、膝盖骨和股骨的腿肉
4	腰窝肉		包括背腰最长肌（眼肌），由腰肉剔骨而成。分割时沿腰荐结合处向前切割至第 1 腰椎，除去脊排和肋排
5	里脊		主要位于腰椎腹侧面和髂骨外侧的腰大肌
6	外脊		主要由沿颈椎棘突和横突、胸椎和腰椎分布的肌肉组成
7	特级羔羊肉		第 6 节~第 10 节胸椎的外脊眼肉
8	一级羔羊肉		取自当年羔羊脖颈后、脊骨两侧、肋条前的肉
注 1：特级羔羊肉选自胴体重 14kg 以上的当年羔羊，所选取部位的肉富有形似大理石花纹的外观。 **注 2**：表中序号 1、2、3、4、8 均可加工为肉卷或肉坯。 **注 3**：以上所有去骨羊肉均应剔除软骨、板筋、淋巴结及血污。			

B.3　精加工羊肉

精加工羊肉品种见表 B.3。

表 B.3　精加工羊肉品种

序号	品种	图片	说明
1	蝴蝶排		包括第 1 节~第 6 节腰椎及其肉群以及从肋骨弓外援最高点至膝关节连线上部的腹肉，腹肉向腰椎内侧盘卷，冷冻后切成 15mm~20mm 的切片
2	颈片		带骨颈肉经速冻后，切成 15mm~20mm 的切片
3	寸排		将单根肋骨的排骨切成 35mm~45mm 的排段
4	法式肋排		包括肋骨、升胸肌等，由胸腹腩第 2 肋骨与胸骨结合处直切至第 10 肋骨，除去腹肋肉并进行修整而成
5	法式后腿		在羊后腿的基础上去除跟骨管、跗骨及部分胫骨上的肉，露出部分胫骨
6	法式腿腱		将羊前腿腱、羊后腿腱去除部分肌肉，露出桡骨、胫骨

第三节　呼伦贝尔羊肉品质分析研究

一、技术指标采用情况

T/NMSP. MZB 02. 4—2019《"蒙"字标畜产品认证要求　呼伦贝尔羊肉》规定了"呼伦贝尔羊"的产地环境、加工技术、品种标准、饲养管理要求，该标准作为"蒙"字标产品认证系列标准之一。标准相关条款采用标准如下：

——第 3 章"产地环境"主要技术指标采纳内蒙古自治区地方标准《"呼伦贝尔羊"产地环境要求》；

——第 4 章"生产要求"主要技术指标采纳及内蒙古自治区地方标准《"呼伦贝

尔羊肉"加工技术规程》；

——第5章"品质要求"主要技术指标采纳内蒙古自治区地方标准《呼伦贝尔羊肉》。

二、国内先进标准比对分析情况

（一）水质要求

在水质要求方面，T/NMSP. MZB 02.4—2019《"蒙"字标畜产品认证要求　呼伦贝尔羊肉》和GB 5749—2006《生活饮用水卫生标准》、NY/T 391—2013《绿色食品　产地环境质量》各项指标比对情况见表8-1。

表8-1　呼伦贝尔羊养殖产地环境水质要求指标比对

项目	GB 5749—2006	NY/T 391—2013	T/NMSP. MZB 02.4—2019	质量指标比对结果
臭和味	无异臭、异味	不应有异臭、异味	不应有异臭、异味	达到绿色食品标准
氟化物/(mg/L)	≤1.0	≤1.0	≤0.9	领先水平
氰化物/(mg/L)	≤0.05	≤0.05	≤0.04	领先水平
总砷/(mg/L)	≤0.01	≤0.05	≤0.04	领先水平
总汞/(mg/L)	≤0.001	≤0.001	≤0.001	达到绿色食品标准
总镉/(mg/L)	≤0.005	≤0.01	≤0.005	领先水平
六价铬/(mg/L)	≤0.05	≤0.05	≤0.04	领先水平
总铅/(mg/L)	≤0.01	≤0.05	≤0.04	领先水平
总大肠菌数/(MPN/100mL)	不得检出	不得检出	不得检出	达到绿色食品标准

由表8-1可知，T/NMSP. MZB 02.4中臭和味、总汞、总大肠菌数3项指标均达到绿色食品标准，氟化物、氰化物、总砷、总镉、六价铬、总铅6项指标均领先于NY/T 391。故建议将T/NMSP. MZB 02.4中氟化物、氰化物、总砷、总汞、总镉、六价铬、总铅7项指标列为呼伦贝尔地区牲畜养殖用水限定指标，即氟化物≤0.9mg/L、氰化物≤0.04mg/L、总砷≤0.04mg/L、总汞≤0.001mg/L、总镉≤0.005mg/L、六价铬≤0.04mg/L、总铅≤0.04mg/L，以突出呼伦贝尔地区优越的农田灌溉用水水质。

（二）土壤环境质量要求

在土壤环境质量要求方面，T/NMSP. MZB 02. 4—2019《“蒙”字标畜产品认证要求 呼伦贝尔羊肉》和 GB 15618—2018《土壤环境质量 农用地土壤污染风险管控标准（试行）》、NY/T 391—2013《绿色食品 产地环境质量》各项指标比对情况见表 8-2。

表 8-2 呼伦贝尔羊养殖产地环境土壤环境质量要求指标比对

项目	GB 15618—2018	NY/T 391—2013	T/NMSP. MZB 02. 4—2019	质量指标比对结果
pH	6. 5~7. 5	—	≥6. 5	—
总镉/(mg/kg)	0. 3	≤0. 3	≤0. 2	领先水平
总汞/(mg/kg)	2. 4	≤0. 3	≤0. 2	领先水平
总砷/(mg/kg)	30	≤20	≤15	领先水平
总铅/(mg/kg)	120	≤50	≤25	领先水平
总铬/(mg/kg)	200	≤120	≤60	领先水平
总铜/(mg/kg)	100	≤60	≤25	领先水平
总镍/(mg/kg)	100	—	≤190	—
总锌/(mg/kg)	250	—	≤300	—

由表 8-2 可知，T/NMSP. MZB 02. 4 中除 pH、总镍、总锌 3 项指标与 NY/T 391 无法比对外，总镉、总汞、总砷、总铅、总铬、总铜 6 项指标均领先于 NY/T 391。建议将 T/NMSP. MZB 02. 4 中总镉、总汞、总砷、总铅、总铬、总铜 6 项指标列为呼伦贝尔地区牲畜养殖土壤环境质量限定指标，即总镉≤0. 2mg/kg、总汞≤0. 2mg/kg、总砷≤15mg/kg、总铅≤25mg/kg、总铬≤60mg/kg、总铜≤25mg/kg，以突出呼伦贝尔地区优越的土壤环境。

（三）空气质量要求

在空气质量要求方面，T/NMSP. MZB 02. 4—2019《“蒙”字标畜产品认证要求 呼伦贝尔羊肉》和 GB 3095—2012《环境空气质量标准》、NY/T 391—2013《绿色食品 产地环境质量》各项指标比对情况见表 8-3。

表 8-3　呼伦贝尔羊养殖产地环境空气质量要求指标比对

项目	GB 3095—2012		NY/T 391—2013		T/NMSP. MZB 02. 4—2019		质量指标比对结果
	日平均	小时平均	日平均	小时平均	日平均	小时平均	
总悬浮颗粒物/(mg/m^3)	≤0. 30	—	≤0. 30	—	≤0. 20	—	领先水平
二氧化硫/(mg/m^3)	≤0. 15	≤0. 50	≤0. 15	≤0. 50	≤0. 1	≤0. 40	领先水平
二氧化氮/(mg/m^3)	≤0. 08	≤0. 20	≤0. 08	≤0. 20	≤0. 07	≤0. 10	领先水平
氟化物/(μg/m^3)	≤7	≤20	≤7	≤20	≤6	≤15	领先水平

由表 8-3 可知，T/NMSP. MZB 02. 4 中总悬浮颗粒物日平均值、二氧化硫日平均值和小时平均值、二氧化氮日平均值和小时平均值、氟化物日平均值和小时平均值指标均领先于 NY/T 391；总悬浮颗粒物质小时平均值没有数据，无法比较。故建议将 T/NMSP. MZB 02. 4中各项指标列为呼伦贝尔地区牲畜养殖空气质量限定指标，即总悬浮颗粒物日平均值≤0. 20mg/m^3、二氧化硫日平均值≤0. 1mg/m^3、二氧化硫小时平均值≤0. 40mg/m^3、二氧化氮日平均值≤0. 07mg/m^3、二氧化氮小时平均值≤0. 10mg/m^3、氟化物日平均值≤6μg/m^3、氟化物小时平均值≤15μg/m^3，以突出呼伦贝尔地区优越的空气质量。

（四）理化要求

在理化要求方面，T/NMSP. MZB 02. 4—2019《“蒙”字标畜产品认证要求　呼伦贝尔羊肉》和 NY/T 1165—2006《羔羊肉》各项指标比对情况见表 8-4。

表 8-4　理化要求指标比对

项目	NY/T 1165—2006	T/NMSP. MZB 02. 4—2019	质量指标比对结果
水分/%	≤78	≤77	领先水平
蛋白质/(g/100g)	—	≥18	—
挥发性盐基氮/(mg/100g)	≤15	≤15	达到绿色食品标准

由表 8-4 可知，T/NMSP. MZB 02. 4 中水分指标领先于 NY/T 1165，蛋白质指标无法对比，挥发性盐基氮指标达到绿色食品标准。故建议将 T/NMSP. MZB 02. 4 中水分、蛋白质和挥发性盐基氮指标作为呼伦贝尔地区“呼伦贝尔羊”羊肉理化限定指标，即水分≤77%、蛋白质≥18g/100g、挥发性盐基氮≤15mg/100g，以突出呼伦贝尔地区“呼伦贝尔羊”的羊肉理化指标的优越性。

第四节　呼伦贝尔羊肉团体标准实施与应用

一、标准认证内容

（一）检查范围

1. 产品生产、加工及销售过程和相关管理活动所涉及的全部场所和区域。

2. 主要涉及过程：羊饲养条件、疾病防治、繁殖、运输和屠宰、环境影响、放牧草原区环境、边界、草原利用情况等。

3. 羊屠宰加工、废弃物处理、检验、贮存、运输、销售等。

4. 生产设备、体系运行有效性、资质核查等。

5. 主要涉及场所：办公场所、养殖场、草场、加工厂等。

6. 主要涉及产品：羊肉。

（二）检查内容（表8-5）

表8-5　检查内容

检查内容	参与部门	对应标准条款
羊养殖全过程检查（含牧场检查）；羊的引入、饲料、饲养条件、疾病防治、繁殖、运输和屠宰、环境影响、放牧草原区环境、边界、草原利用情况等；平行生产和平行所有权	生产部、采购部	DBI5/T 1700. 1—2019 中 7. 9；T/NMSP. MZB 02. 4—2019 中 3. 4；“蒙”字标认证实施规则（试行）中 7. 6
检查管理体系运行、持续改进情况及管理体系运行过程，涉及部门及岗位职责和权限、目标及措施、基础设施，涉及支持过程及部门的风险管理及措施的实旅情况等；社会责任、产品和服务要求、产品交付及管理控制、内审、管理评审等控制过程	领导层、采购部、人力资源部、行政办公室、后勤部、生产部	DB15/T 1700. 1—2019 中 4、5、6、8、9、10、11、12；“蒙”字标认证实施规则（试行）中 7. 6

表8-5（续）

检查内容	参与部门	对应标准条款
羊屠宰加工、废弃物处理、检验、贮存、运输、销售等加工及后续全过程以及加工过程体系文件及相关记录	生产部、采购部、质量监督部	T/NMSP. MZB 02. 4—2019 中 4、6、7、8、9、10、11； “蒙”字标认证实施规则（试行）中 7. 6

二、标准应用效益

T/NMSP. MZB 02. 4—2019《“蒙”字标畜产品认证要求　呼伦贝尔羊肉》已于2019 年底发布实施。团体标准的发布实施，取得了良好的经济效益、社会效益和品牌效益。

经济效益方面，畜牧业的发展，对增加牧民收入、推动畜牧养殖经济发展起到了关键作用。“呼伦贝尔羊肉”作为呼伦贝尔地区畜牧产业的主要产品，对推动当地经济起到了关键作用。长期以来，在“呼伦贝尔羊”养殖方面，呼伦贝尔地区还是牧民散养，没有形成规模化饲养。对于羊的饲养和加工主要依据牧民的日常经验，没有相应的依据，缺乏统一的规范。T/NMSP. MZB 02. 4—2019《“蒙”字标畜产品认证要求　呼伦贝尔羊肉》的发布实施，为当地畜牧养殖户和羊肉加工企业提供了有效依据。该标准规范了“呼伦贝尔羊肉”的技术指标，技术指标科学合理，直接增加了“呼伦贝尔羊肉”品质保证，间接提高了羊肉产品附加值，从而带动了当地牧户的养殖积极性，极大地提高了养殖户的经济收入，真正实现了牧养殖户、加工企业的经济效益的最大化。

社会效益方面，羊肉作为畜牧产业的主要产品，肉质的好坏直接关系到消费者对产品的信赖程度。“呼伦贝尔羊肉”作为全国销量全国名列前茅的羊肉产品，其羊肉品质的高低直接影响着全国的羊肉消费市场。目前，市场上“掺假羊肉”事件的接连发生，严重扰乱了羊肉销售市场秩序，直接破坏了羊肉消费市场。T/NMSP. MZB 02. 4—2019《“蒙”字标畜产品认证要求　呼伦贝尔羊肉》的发布实施，规范了羊肉的品质要求，极大地提高了消费者满意度，取得了良好的社会效益。

品牌效益方面，“呼伦贝尔羊肉”作为呼伦贝尔地区生产的主打产品，品牌众多。如何发挥企业优势，提高品牌知名度成为羊肉加工企业的努力目标。对于生产高品质“呼伦贝尔羊肉”的企业没有相关认证依据的情况，“蒙”字标认证正是产品高品质、高质量的保障。T/NMSP. MZB 02. 4—2019《“蒙”字标畜产品认证要求　呼伦贝尔羊肉》的发布实施，为企业对“呼伦贝尔羊肉”的“蒙”字标认证提供了有效依据，极大地提高了消费者对企业品牌的认可度，对于提高羊肉生产和加工企业的品牌效益起到了关键作用。

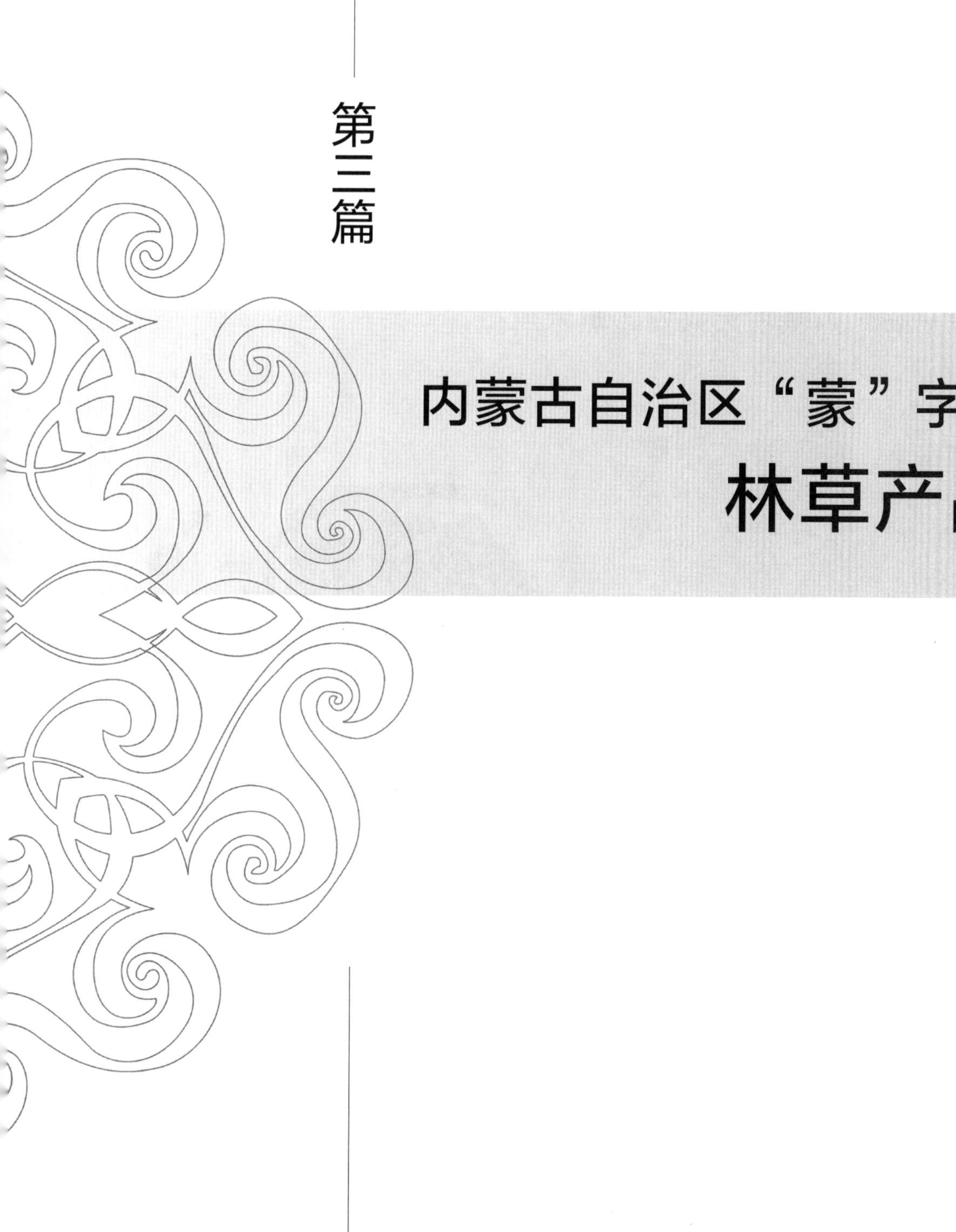

第三篇

内蒙古自治区“蒙”字标林草产品

第九章 内蒙古大兴安岭黑木耳

第一节 内蒙古大兴安岭黑木耳概述

当前，我国社会主要矛盾已经转化为人民日益增长的美好生活需要和不平衡、不充分的发展之间的矛盾。人们的生活从追求“有”向“优”转变，而转变的根本矛盾在于供给侧，高质量的产品供应成为供给侧改革的具体要求。为响应国家政策，内蒙古自治区市场监督管理局构建“蒙”字标认证标准体系、制度体系、产业体系、质量链体系、推广体系等5大体系，让“蒙”字标品牌成为内蒙古自治区品牌建设中的领头雁。“蒙”字标认证是认证制度的创新，是立足内蒙古自治区资源禀赋，体现内蒙古自治区产业、产品优势等特点。内蒙古自治区将在今后的品牌发展中引导企业采用先进标准组织生产，树立内蒙古自治区产品和服务高品质形象，提高产品和服务核心竞争力，提高市场认同度，凸显内蒙古自治区品牌价值和影响力，助推内蒙古自治区经济高质量发展。

内蒙古大兴安岭黑木耳产自内蒙古自治区大兴安岭生态功能区，凭其独特的口感、丰富的营养、特殊的生长环境而成为内蒙古自治区林草产业的优质产品。黑木耳栽培基地所在的生态功能区是我国集中连片的针叶明亮林带，是重要的碳库、水库、基因库、绿色宝库，生物多样性丰富，资源集聚禀赋，春秋温度低，昼夜温差大，不易感染杂菌，且雨量充沛、空气清新，适宜黑木耳生长和黑木耳蛋白质的积累。黑木耳基质以蒙古栎、桦木林业生产剩余物粉碎物为主，原料充足、环境清洁、绿色无污染，为发展黑木耳产业提供了得天独厚条件。黑木耳中蛋白质含有多种氨基酸，包括赖氨酸、亮氨酸等人体所必需的氨基酸，黑木耳有较高的生物效价。内蒙古大兴安岭黑木耳口感佳、无污染、品质优，其营养成分——总糖、粗蛋白、粗纤维、粗脂肪等营养指标均高于普通黑木耳。此外，内蒙古大兴安岭黑木耳产品中检测到一种对人体有益的特色元素——锶，其含量为0.001mg/kg～0.04mg/kg，经研究表明，锶元素可有效预防心血管疾病，并有美容功效。

内蒙古大兴安岭黑木耳产业优势和挑战是并存的，发展黑木耳产业是当地优良生态条件和生产传统的要求，但在整体行业内虽优势明显但效益较差，在培育和发展黑木耳产业中政府应采用积极引导、针对性政策鼓励、增加科研力度、强化品牌推广等措施服务于黑木耳产业。高标准决定高质量，在转变经济发展方式的大局中，只有高质量的标准才能更好地引导和服务于高质量发展需求，用标准规范黑木耳生产和产品质量，通过科技提高产业整体水平，从而推动内蒙古自治区黑木耳产业走出去。

第二节　T/NMSP. MZB 03.1—2019《“蒙”字标林草产品认证要求　内蒙古大兴安岭黑木耳》

通过广泛调研分析、研讨及与专家咨询、广泛征求意见完成了T/NMSP. MZB 03.1—2019《“蒙”字标林草产品认证要求　内蒙古大兴安岭黑木耳》的制定工作，确保标准制定的规范性，适应产业发展。T/NMSP. MZB 03.1—2019《“蒙”字标林草产品认证要求　内蒙古大兴安岭黑木耳》的制定旨在对“蒙”字标产品的认证，进一步提高内蒙古大兴安岭黑木耳品质和市场竞争力，促进内蒙古大兴安岭黑木耳产业经济稳定持续增长，提高企业产品质量，使内蒙古自治区的优势特色产品经过“蒙”字标认证走向全国、走向国际。

ICS 67.080.20
B 31

团 体 标 准

T/NMSP.MZB 03.1—2019

"蒙"字标林草产品认证要求 内蒙古大兴安岭黑木耳

"Nei Meng Gu Brand" certification requirements of forest and grass products—Auricularia auricula of greater hinggan mountains in inner mongolia

2019-10-16 发布 2019-11-01 实施

内蒙古标准化发展促进会 发布

前　言

本标准按照 GB/T 1.1—2009 给出的规则起草。

本标准由内蒙古标准发展促进会提出并归口。

本标准主要起草单位：内蒙古自治区标准化院、内蒙古大兴安岭林业科学技术研究所、根河市满归森华食用菌种植农民专业合作社、克一河林业局、阿里河林业局、大兴安岭诺敏绿业有限公司、呼伦贝尔市市场监督管理局、呼伦贝尔市奥谱检测技术服务有限公司。

本标准主要起草人：李世繁、胡彩虹、王秋霞、王嘉夫、赵学双、张福禄、陈世杰、陈爱国、刘秀霞、李秀梅、陈静、岳永祥、张博尧、贺鑫、张珂睿。

引　言

本标准是“蒙”字标产品认证标准之一。

本标准相关条款采用标准如下：

——第 4 章“产地环境”主要技术指标采纳内蒙古自治区地方标准《“内蒙古大兴安岭黑木耳”产地环境要求》。

——第 5 章“生产要求”主要技术指标采纳内蒙古自治区地方标准《“内蒙古大兴安岭黑木耳”菌种生产技术规程》。

——第 6 章“贮存和运输”主要技术指标采纳内蒙古自治区地方标准《“内蒙古大兴安岭黑木耳”菌种贮存运输技术要求》。

——第 7 章“出耳管理”主要技术指标采纳内蒙古自治区地方标准《“内蒙古大兴安岭黑木耳”出耳管理技术规程》。

——第 8 章“加工要求”主要技术指标采纳内蒙古自治区地方标准《“内蒙古大兴安岭黑木耳”加工技术规程》。

——第 10 章“品质要求”、第 11 章“取样方法”、第 12 章“检测方法”、第 13 章“检验规则”和第 14 章“包装、标志、标识标签、运输和贮存”主要技术指标均采纳内蒙古自治区地方标准《内蒙古大兴安岭黑木耳》。

“蒙”字标林草产品认证要求
内蒙古大兴安岭黑木耳

1　范围

本标准规定了内蒙古大兴安岭黑木耳“蒙”字标认证的产地环境、生产要求、贮存和运输、出耳管理、加工要求、过程管控、品质要求、取样方法、检测方法、检验规则及包装、标志、标识标签、运输和贮存。

本标准适用于内蒙古大兴安岭黑木耳的“蒙”字标认证。

2　规范性引用文件

下列文件对于本文件的应用是必不可少的。凡是注日期的引用文件，仅注日期的版本适用于本文件。凡是不注日期的引用文件，其最新版本（包括所有的修改单）适用于本文件。

GB 5009.3　食品安全国家标准　食品中水分的测定

GB 5009.4　食品安全国家标准　食品中灰分的测定

GB 5009.5　食品安全国家标准　食品中蛋白质的测定

GB 5009.6　食品安全国家标准　食品中脂肪的测定

GB/T 5009.10　植物类食品中粗纤维的测定

GB 5009.11　食品安全国家标准　食品中总砷及无机砷的测定

GB 5009.12　食品安全国家标准　食品中铅的测定

GB 5009.15　食品安全国家标准　食品中镉的测定

GB 5009.17　食品安全国家标准　食品中总汞及有机汞的测定

GB/T 5009.19　食品中有机氯农药多组分残留量的测定

GB 5009.34　食品安全国家标准　食品中二氧化硫的测定

GB/T 5750.4　生活饮用水标准检验方法　感官性状和物理指标

GB/T 5750.6　生活饮用水标准检验方法　金属指标

GB/T 6192　黑木耳

GB 8538　食品安全国家标准　饮用天然矿泉水检验方法

GB 14883.3　食品安全国家标准　食品中放射性物质锶-89 和锶-90 的测定

GB/T 15432　环境空气　总悬浮颗粒物的测定　重量法

GB/T 15672　食用菌中总糖含量的测定

GB 19169—2003　黑木耳菌种

HJ 479　环境空气　氮氧化物（一氧化氮和二氧化氮）的测定　盐酸萘乙二胺分光光度法

HJ 482　环境空气　二氧化硫的测定　甲醛吸收-副玫瑰苯胺分光光度法

HJ 955　环境空气　氟化物的测定　滤膜采样/氟离子选择电极法

JJF 1070　定量包装商品净含量计量检验规则

NY/T 391　绿色食品　产地环境质量

NY/T 658　绿色食品　包装通用准则

NY/T 1056　绿色食品　贮藏运输准则

定量包装商品计量监督管理办法（国家质量监督检验检疫总局令 2005 年第 75 号）

3　术语和定义

GB/T 6192 中界定的术语和定义适用于本文件。

4　产地环境

4.1　地域要求

内蒙古大兴安岭生态功能区（东经 119°36′30″~125°24′00″，北纬 47°03′40″~53°20′00″）。

4.2　环境要求

4.2.1　温度

≥10℃以上的年平均积温 1800℃~2200℃，年平均温度-5℃~-3℃，昼夜温差达到 8℃~15℃。

4.2.2　日照

年平均日照时数为 2100h~2700h。

4.2.3　降水

年平均降水量为 340mm~550mm，7 月~9 月的降水量占全年降水量的 75%左右。黑木耳生长期降水充足。

4.2.4　水质要求

4.2.4.1　水源选择

生产用水为内蒙古自治区大兴安岭生态功能区地下水。

4.2.4.2　水质要求

水质应符合表 1 的规定。

表 1　水质要求

序号	项目	指标值	检测方法
1	pH	6.0~8.5	GB/T 5750.4
2	浑浊度/NTU	≤1	GB/T 5750.4
3	汞/(mg/L)	≤0.001	GB/T 5750.6
4	锰/(mg/L)	≤0.1	GB/T 5750.6
5	砷/(mg/L)	≤0.005	GB/T 5750.6
6	铅/(mg/L)	≤0.005	GB/T 5750.6
7	锶/(mg/L)	≤0.5	GB 8538

4.2.5　空气质量要求

空气质量应符合表 2 的规定。

表 2　空气质量要求

序号	项目	指标值		检测方法
		日平均[a]	一小时[b]	
1	总悬浮颗粒物/(μg/m³)	≤200	—	GB/T 15432
2	二氧化硫/(μg/m³)	≤10	≤50	HJ 482
3	二氧化氮/(μg/m³)	≤10	≤50	HJ 479
4	氟化物/(μg/m³)	≤6	≤15	HJ 955
[a]日平均指任何一日的平均指标； [b]一小时指任何一小时的指标。				

4.3　选址

生产场地选择应符合 NY/T 391 的规定。

5　生产要求

5.1　一级菌种

5.1.1　常用配方

水 1000mL、麦麸 50g、去皮马铃薯 200g、蛋白胨 2g、维生素 $B_2$10mg、磷酸二氢钾 2g、葡萄糖 20g、硫酸镁 0.5g~1g、琼脂 10g~20g。

5.1.2 灭菌

压力升至0.11MPa~0.13MPa，稳定25min~30min，温度降至80℃以下，取出试管摆斜面。

5.1.3 接种培养

在无菌环境下进行操作，25℃恒温暗培养10d~15d。

5.2 液态菌种

5.2.1 摇瓶制作

5.2.1.1 常用配方

水1000mL、麦麸50g、去皮马铃薯200g、蛋白胨2g、维生素$B_2$10mg、磷酸二氢钾2g、葡萄糖10g、硫酸镁2g、赤砂糖15g、消泡剂1滴。

5.2.1.2 灭菌

压力升至0.11MPa~0.13MPa，稳定25min~30min，温度降至90℃以下，取出三角瓶。

5.2.1.3 接种培养

在无菌环境下进行，每100mL摇瓶中加入2mm~3mm一级菌种块7~10块，120r/min~150r/min，25℃恒温暗摇7d。

5.2.2 液态菌罐

5.2.2.1 常用配方（罐容量600L，接菌数25000袋~30000袋）

菌罐加水2/3，面粉0.67%、豆粉2650g、赤砂糖4000g、消泡剂100mL、磷酸二氢钾0.1%、硫酸镁0.05%。

5.2.2.2 制作过程

按下列步骤完成：

a） 菌罐内注水2/3，加温至40℃时适当放出水与培养基一起用搅拌机搅拌均匀；

b） 水温到90℃后倒入搅拌均匀的培养基、消泡剂，菌罐盖封紧，加热至121℃~123℃后保持50min；

c） 菌罐夹层里注入凉水降温，罐内温度降到28℃时开始接菌，接菌前房间应净化杀菌；

d） 菌罐的注料口处用酒精棉圈套好点燃棉圈，在燃烧状态下快速倒入两瓶三角瓶菌种，封闭注料口熄灭火焰；

e） 菌罐温度24℃~26℃，洁净培养4d~6d；

f） 每天观察菌球的生长状态是否正常，正常的继续培养，不正常的终止培养。

5.3　三级菌种

5.3.1　常用配方

柞、桦木屑79%、麦麸16%、豆粉3%、白灰1%、石膏1%。

5.3.2　制作

培养基选料和配制上应把握好以下两方面：

a）　边搅拌边加水，搅拌均匀后含水量60%~62%，pH7.5~8.5，装袋灭菌；

b）　菌包要装实，上下松紧一致，料面平整无散料，袋料紧贴，料袋无褶皱。

5.3.3　灭菌

高温蒸汽灭菌要求包括以下方面：

a）　常压蒸汽灭菌：温度100℃保持8h~10h，焖锅2h~3h；移入冷却室冷却；

b）　高压灭菌：温度121℃~123℃保持2.5h~3h；自然降温至80℃以下，出锅冷却。

5.3.4　接菌

5.3.4.1　基本要求

5.3.4.1.1　接菌室的基本要求：接菌室设在灭菌室与培养室之间，高2.5m，接菌室外设缓冲间，供工作人员换衣、帽、鞋等；接菌室墙壁、屋顶、地面应平整、光滑、密封，便于彻底消毒；接菌室与缓冲室上方各装一只30W的紫外线灯，接种前后照射30min~60min。

5.3.4.1.2　接种人员卫生要求：工作人员取得《健康证》后方可上岗；进入接菌室时应穿戴整洁的工作服，帽、鞋戴胶套，不得化妆、佩戴饰品、喷洒香水。

5.3.4.2　接菌前准备

按以下步骤完成：

a）　接菌室清扫卫生后，将菌种、消毒棉、丁腈手套、海绵塞、接种工具等所用物品全部拿入室内，打开紫外线灯后人员退出；

b）　1h后，关闭紫外线灯，打开排气设备10min后，工作人员进行接菌。

5.3.4.3　接菌

按以下步骤完成：

a）　先用酒精浸泡后的消毒棉擦拭接菌枪头，接菌枪头在酒精灯火焰上均匀烧片刻，开始接菌，每段菌袋注入液态菌量准确控制在15mL~20mL；

b）　在接菌过程中，每完成一筐，应在酒精灯火焰上消毒接菌枪，避免菌枪被杂菌污染；

c）接菌枪头探进袋底，准确注入 15mL~20mL 液态菌后，快速收回，塞好棉塞，操作人员做到相互配合、动作连贯。

5.3.5 培养环境要求

培养环境应符合以下要求：

a）接菌后的三级菌袋要迅速移入培养车间，车间上、下方设有通风口、换气窗；

b）三级菌袋整齐的摆放在培养架上，保证菌袋间通气均匀；

c）培养初期菌袋间温度控制在 25℃~28℃；

d）培养中期（11d~20d）袋温应该控制在 23℃；

e）培养后期（菌丝长满 2/3 袋）袋温应该控制在 20℃左右；

f）培养过程中，发现有杂菌感染的菌袋应取出，另行处理；

g）每天上午打开换气窗通风 30min，保证发菌均匀；

h）三级菌袋培养过程中保证黑暗保温、定时通风。

5.3.6 优质菌种判定

判定优质菌种应符合以下要求：

a）菌丝洁白无杂菌，棉塞纸盖均无霉点，菌丝长满袋后，表面分泌茶色液滴，有少数原基形成，可视为正常；

b）打开海绵塞有黑木耳独特的香味，无霉味和酸臭味；

c）从菌袋中随机挖取一块菌种，成块而有韧性、不松散；

d）菌种块接于新的培养基上，在 25℃下培养 24h~28h，菌种块萌发正常。

6 贮存和运输

6.1 贮存

按照 GB 19169—2003 中 8.4 的规定执行。

6.2 运输

6.2.1 运输工具

6.2.1.1 应根据菌种的类型、特性、运输季节、距离及贮存要求，选择不同的运输工具。

6.2.1.2 运输工具提前进行杀菌灭虫处理。

6.2.2 运输管理

6.2.2.1 不得与有毒、有害、有异味物品混装、混运。

6.2.2.2 防雨淋、防日晒、防高温（低于 25℃以下运输），不可裸露运输。

6.2.2.3　运输时轻装、轻卸，避免挤压及机械损伤。

7　出耳管理

7.1　出耳场地要求

地势平坦、排水通畅、通风良好、水电齐全、水源洁净、交通便利、远离污染源。

7.2　出耳环境要求

7.2.1　空气

空气清新、通风良好。

7.2.2　温度

最适温度 18℃~22℃，最低温度不低于 5℃，最高温度不超过 28℃。

7.2.3　湿度

出耳场地空气相对湿度保持在 75% 以上，子实体原基诱导期空气相对湿度保持在 80%。

7.2.4　光照

自然全光照，光照强度以 400lx~1000lx 为宜。

7.3　出耳阶段管理

7.3.1　子实体分化期

7.3.1.1　空气相对湿度 80%~90%，保持木耳原基表面不干燥。

7.3.1.2　保持空气流通，利于子实体的分化。

7.3.2　子实体生长期

7.3.2.1　相对湿度 80%~90%，保持通风。

7.3.2.2　干湿交替：每天早晚浇透水，做到“干长菌丝，湿长木耳”。

7.3.2.3　白天气温高于 25℃时不浇水，并加强通风，避免高温、高湿条件下出现流耳或黑木耳受到霉菌污染。

7.3.2.4　子实体生长阶段要有足够的光照，满足对光线的要求。

7.3.3　成熟期

7.3.3.1　当耳片展开、边缘由硬变软、耳根收缩、出现白色粉状物（孢子）前，即时采摘。

7.3.3.2　在耳片即将成熟阶段，应加大通风，防止霉菌或细菌侵染造成流耳。

7.4 采摘

7.4.1 采收要求

耳片直径达到3cm~5cm，到成熟期及时采摘。

7.4.2 采收方法

7.4.2.1 用手指将整朵耳片连同基部一起捏住，稍扭动，将耳片完整采下。

7.4.2.2 耳根采摘干净，以免残根溃烂，引起病虫害。

7.5 晾晒管理

使用具有防雨设施的晾晒棚，木耳采收后，及时摊放在晾晒网上，厚度不大于3cm。上下翻动耳片，耳片全部达到半干时，收集成小堆，用手轻揉成形，当含水量降到13%以下装袋入库。

7.6 菌糠处理

7.6.1 菌糠通过菌包分离粉碎一体机分离粉碎后，用于苗圃培育幼苗肥料。

7.6.2 代替燃煤取暖。

7.6.3 用作下一年种植菇类原料。

8 加工要求

8.1 加工车间

8.1.1 全封闭或相对独立的加工区域，人员进入清洁区需走专用通道。

8.1.2 加工品通过流槽、传送带、管道等机械方式或者由人工通过物料窗口传递到清洁区加工。

8.1.3 生产器具、环境清洁与消毒应符合清洁卫生管理要求。

8.1.4 制定相关管理制度和操作规程。

8.1.5 设有清洁、卫生的盥洗间。

8.2 库房

8.2.1 库房设计设施结构和质量应符合相应食品类别的储藏设施设计规范。

8.2.2 安全、卫生、通风、避光、干燥。

8.2.3 金属或塑料货架，应具备防鼠防虫措施。

8.3 人员

8.3.1 从业人员应身体健康，无传染病，每年进行定期体检，持有《健康证》方能上岗。

8.3.2 从业人员需经培训考核合格上岗，每年进行定期培训，并保存培训记录。

8.3.3　从业人员应具有必备的知识、技能和经验。

8.4　设施设备

8.4.1　加工设施包括质检室、工作间、贮藏间、更衣室、库房等。

8.4.2　加工设备包括挑选台、筛选机、烘干机、真空包装机、全自动封口机、打码机等。

8.5　加工流程

8.5.1　原料准备

耳片完整均匀、有光泽，具有黑木耳应有的气味。

8.5.2　分级

8.5.2.1　人工剔除虫蛀、霉烂耳片、杂质，摘除残留耳根，按照表3的规定对干品进行分级。

表3　干品分级要求

项目	指标		
	一级	二级	三级
形态大小	耳片完整均匀，耳瓣舒展或自然卷曲，能通过直径2.0cm、不能通过直径1.0cm的筛眼	耳片较完整均匀，耳瓣自然卷曲，能通过直径3.0cm、不能通过直径0.8cm的筛眼	耳片较完整均匀，能通过直径4.0cm、不能通过直径0.4cm的筛眼
色泽	耳片正面为黑色或黑褐色，有光泽。背面略呈暗灰色，有绒毛，正背面分明	耳片正面为黑色或黑褐色，有光泽，背面灰色	耳片灰色或浅棕色至褐色
气味	具有黑木耳应有的气味，无异味		
耳片厚度/mm	≥1.2	≥0.8	—
最大直径/cm	$0.8 \leq \phi_{max} \leq 2.5$	$0.8 \leq \phi_{max} \leq 3.5$	$0.5 \leq \phi_{max} \leq 4.5$
霉烂耳	不允许		
虫蛀耳	不允许		
杂质/%	≤0.2	≤0.4	≤0.6
	不应出现毛发、金属碎屑、玻璃		

8.5.2.2　等级的允许误差范围包括以下方面：

a）一级允许有2%的产品不符合该等级的要求，但应符合二级的要求；

b）二级允许有2%的产品不符合该等级的要求，但应符合三级的要求；

c）三级最大直径允许有2%的产品不符合该等级的要求。

8.5.3 烘干杀菌

利用微波烘干杀菌工艺，使含水率达到11%以下。

8.5.4 包装入库

同14。

9 过程管控

9.1 生产过程

9.1.1 应建立内部检查制度，对经营生产各个环节进行监督检查，并做好记录。

9.1.2 应建立生产过程记录制度，记录应真实完整。

9.1.3 应严格执行生产操作要求，其配方及其工艺不得随意更改。

9.1.4 应建立抽检制度，并做好记录。

9.1.5 应建立生产设备日常维护和保养制度，定期检修并做好记录。

9.1.6 不合格品应按相关要求处理，不得进入下一道工序。

9.2 质量手册

应编制内蒙古大兴安岭黑木耳生产、加工、经营质量管理手册，应至少包含下列内容：

a） 生产、加工、经营者简介；

b） 管理方针和目标；

c） 组织机构图及其相关岗位的责任和权限；

d） 标识管理；

e） 可追溯体系与产品召回制度；

f） 内部检查；

g） 文件和记录管理；

h） 客户投诉处理；

i） 持续改进体系。

10 品质要求

10.1 感官指标

内蒙古大兴安岭黑木耳“蒙”字标认证的感官指标应达到表3中“二级”以上要求。

10.2　理化指标

理化指标应符合表 4 的规定。

表 4　理化指标

项目	指标	检测方法
干湿比	≥1：12	GB/T 6192
水分/%	≤11	GB 5009.3
灰分/%	≤4.5	GB 5009.4
总糖（以转化糖计）/%	≥25	GB/T 15672
粗蛋白/%	≥10	GB 5009.5
粗纤维/%	3.0~6.0	GB/T 5009.10
粗脂肪/%	≥1	GB 5009.6
锶/(mg/kg)	0.001~0.04	GB 14883.3

10.3　卫生指标

卫生指标应符合表 5 的规定。

表 5　卫生指标

项目	指标	检测方法
总砷/(mg/kg)	≤0.5	GB 5009.11
铅/(mg/kg)	≤1.0	GB 5009.12
总汞/(mg/kg)	≤0.1	GB 5009.17
镉/(mg/kg)	≤0.5	GB 5009.15
二氧化硫/(g/kg)	≤0.04	GB 5009.34
六六六/(mg/kg)	≤0.05	GB/T 5009.19
滴滴涕/(mg/kg)	≤0.05	GB/T 5009.19
注：如食品安全国家标准及相关国家规定中对上述项目或未尽指标有调整，且严于本标准规定，则按照最新国家标准及相关规定执行。		

10.4　净含量

应符合《定量包装商品计量监督管理办法》的规定。

11 取样方法

11.1 包装产品取样

在整批货物中，包装产品以同类货物的小包装袋（盒、箱等）为基数，按下列整批货物件数随机取样：

a） 整批货物≤100 件，取 2 件；

b） 整批货物 101~500 件，取 3 件；

c） 整批货物 1000 件，每增加 100 件（不足 100 件者按 100 件计）增取 1 件。

注：小包装质量不足检验所需质量时，适当增大取样量。

11.2 散装产品取样

散装产品以同类货物的质量（kg）为基数，从不同位置随机取样，取样 3~5 份，每份 0.5kg~1kg。

11.3 实验室产品取样

将样品均匀地平铺成方形，用对角线定位取样法，每次随机抽取至少 0.5kg，平均分成 2 份，1 份为检样，1 份为存样。

12 检测方法

12.1 感官指标

12.1.1 形态大小、色泽、霉烂耳、虫蛀耳；气味

肉眼观察形态、色泽、霉烂耳、虫蛀耳；鼻嗅判断气味。

12.1.2 耳片厚度

随机抽取不少于 10 片黑木耳，用游标卡尺测量每片黑木耳厚度，计算平均值。

12.1.3 最大直径

随机抽取不少于 10 片黑木耳，用游标卡尺测量每片黑木耳最大直径，计算平均值。

12.1.4 杂质

按照 GB/T 6192 规定的方法测定。

12.2 净含量

按照 JJF 1070 规定的方法测定。

13　检验规则

13.1　组批规则

同一产地、同一批次作为一个检验批次。

13.2　检验分类

13.2.1　型式检验

型式检验应包含第 9 章规定的全部项目。有下列情形之一的应进行型式检验：

a）国家市场监管机构或行业主管部门提出型式检验要求；

b）前后两次抽样检验结果差异较大；

c）因人为或自然因素使生产技术和生产环境发生较大变化。

13.2.2　出厂检验

13.2.2.1　每批产品出厂时，应由企业质量检验部门检验合格并签发合格证。

13.2.2.2　出厂检验项目包括：杂质、灰分、色泽、气味。

13.3　判定规则

13.3.1　形态、色泽、最大直径、耳片厚度、杂质感官指标规定确定受检批次产品的等级。

13.3.2　气味、霉烂耳、干湿比指标中任何一项不符合要求的，即判定该批产品不合格。其他指标如有不合格的，允许在同批次产品中加倍抽样，对不合格项目进行复检，若仍有一项不合格，则判定该批产品为不合格。

13.3.3　批次样品的标志、包装、净含量不合格时，允许生产者进行整改后再申请复检 1 次；复检仍按原要求，以复检结果作为最终判定依据。

14　包装、标志、标识标签、运输和贮存

14.1　包装

应符合 NY/T 658 的规定。

14.2　标志、标识标签

14.2.1　包装上有关认证标志（有机食品、绿色食品等）和商标等的印刷、加贴应符合有关法规及要求。

14.2.2　“蒙”字标产品专用标识的使用应符合“蒙”字标认证的规定。

14.2.3 获得批准的企业可在其产品外包装上使用"蒙"字标产品专用标识。

14.3 运输和贮存

运输和贮存应符合 NY/T 1056 的规定。

第三节 内蒙古大兴安岭黑木耳品质分析研究

一、国内先进标准比对分析情况

（一）水质要求

在水质要求方面，T/NMSP. MZB 03.1—2019《"蒙"字标林草产品认证要求 内蒙古大兴安岭黑木耳》与 GB 5749—2006《生活饮用水卫生标准》、NY/T 391—2013《绿色食品 产地环境质量》各项指标比对情况见表 9-1。

表 9-1 内蒙古大兴安岭黑木耳产地环境水质要求指标比对

项目	GB 5749—2006	NY/T 391—2013	T/NMSP. MZB 03.1—2019	质量指标比对结果
pH	6.5~8.5	6.5~8.5	6.5~8.5	达到绿色食品标准
砷/(mg/L)	0.01	≤0.01	≤0.005	领先水平
铅/(mg/L)	0.01	≤0.01	≤0.005	领先水平
锰/(mg/L)	0.1	—	≤0.1	达到绿色食品标准
锶/(mg/L)	—	—	≤0.5	—
浑浊度/NTU	1	—	≤1	达到绿色食品标准

由表 9-1 可知，T/NMSP. MZB 03.1 中砷、铅 2 项指标均领先于 GB 5749，锰、浑浊度 2 项指标均达到绿色食品标准。T/NMSP. MZB 03.1 对锶做出要求。

（二）空气质量要求

在空气质量要求方面，T/NMSP. MZB 03.1—2019《"蒙"字标林草产品认证

要求　内蒙古大兴安岭黑木耳》与 GB 3095—2012《环境空气质量标准》、NY/T 391—2013《绿色食品　产地环境质量》各项指标比对情况见表 9-2。

表 9-2　内蒙古大兴安岭黑木耳产地环境空气质量要求指标比对

项目	GB 3095—2012		NY/T 391—2013		T/NMSP. MZB 03. 1—2019		质量指标比对结果
	日平均[a]	一小时[b]	日平均[a]	一小时[b]	日平均[a]	一小时[b]	
总悬浮颗粒物/（mg/m³）	≤0. 3（二级）	—	≤0. 30	—	≤0. 20	—	领先水平
二氧化硫/（mg/m³）	≤0. 05（一级）	≤0. 15（一级）	≤0. 15	≤0. 5	≤0. 01	≤0. 05	领先水平
二氧化氮/（mg/m³）	≤0. 08（一级）	≤0. 2（一级）	≤0. 08	≤0. 20	≤0. 01	≤0. 05	领先水平
氟化物/（μg/m³）	—	—	≤7	≤20	≤6	≤15	领先水平

[a] 日平均指任何一日的平均指标；
[b] 一小时的平均指标。

由表 9-2 可知，T/NMSP. MZB 03. 1 中总悬浮颗粒物日平均指标领先于 GB 3095 中二级要求；二氧化硫、二氧化氮日平均和一小时指标均领先于 GB 3095 中一级要求。

（三）理化要求

在理化要求方面，T/NMSP. MZB 03. 1—2019《“蒙”字标林草产品认证要求　内蒙古大兴安岭黑木耳》与 GB/T 6192—2019《黑木耳》、DB22/T 1787—2013《地理标志产品　黄松甸黑木耳》各项指标比对情况见表 9-3。

表 9-3　理化要求指标比对

项目	GB/T 6192—2019	DB22/T 1787—2013	T/NMSP. MZB 03. 1—2019	质量指标比对结果
水分/%	≤12. 0	≤14. 0	≤11. 0	领先水平
总糖（以转化糖计）/%	≥22. 0	≥22. 0	≥25. 0	领先水平
粗纤维/%	3. 0~6. 0	—	3. 0~6. 0	达到绿色食品标准
粗脂肪/%	≥0. 4	≥0. 4	≥1. 0	领先水平
锶/（mg/kg）	—	—	0. 01~0. 04	—

由表 9-3 可知，T/NMSP. MZB 03. 1 中水分、总糖、粗脂肪 3 项指标均领先于

DB22/T 1787；粗纤维指标达到绿色食品标准。此外，T/NMSP. MZB 03.1 还限定了特色元素锶的范围。

（四）卫生要求

在卫生要求方面，T/NMSP. MZB 03.1—2019《“蒙”字标林草产品认证要求　内蒙古大兴安岭黑木耳》与 GB 2762—2017《食品安全国家标准　食品中污染物限量》、GB 2763—2019《食品安全国家标准　食品中农药最大残留限量》各项指标比对情况见表 9-4、表 9-5；与 NY/T 749—2018《绿色食品　食用菌》各项指标比对情况见表 9-6。

表 9-4　卫生要求指标比对（一）

项目	GB 2762—2017	T/NMSP. MZB 03.1—2019	质量指标比对结果
总砷/(mg/kg)	≤0.5	≤0.5	达到绿色食品标准
铅/(mg/kg)	≤1.0	≤1.0	达到绿色食品标准
总汞/(mg/kg)	≤0.1	≤0.1	达到绿色食品标准
镉/(mg/kg)	≤0.5	≤0.5	达到绿色食品标准

表 9-5　卫生要求指标比对（二）

项目	GB 2763—2019	T/NMSP. MZB 03.1—2019	质量指标比对结果
六六六/(mg/kg)	≤0.05	≤0.05	达到绿色食品标准

表 9-6　卫生要求指标比对（三）

项目	NY/T 749—2018	T/NMSP. MZB 03.1—2019	质量指标比对结果
二氧化硫/(g/kg)	≤0.05	≤0.04	领先水平

由表 9-4、表 9-5、表 9-6 可知，T/NMSP. MZB 03.1 中二氧化硫指标领先于 NY/T 749，其他指标均达到绿色食品标准。

（五）感官要求

在感官要求方面，T/NMSP. MZB 03.1—2019《“蒙”字标林草产品认证要求　内蒙古大兴安岭黑木耳》与 GB/T 6192—2019《黑木耳》各项指标比对中最突出的指标为耳片厚度，T/NMSP. MZB 03.1 中对一级木耳耳片后度的要求为≥1.2mm，比 GB/T 6192 指标高 0.2mm。

第四节　内蒙古大兴安岭黑木耳团体标准实施与应用

一、标准认证内容

（一）检查计划（表 9-7）

表 9-7　检查计划

检查部门/场所/人员/活动	工厂检查要求条款
领导层	DB15/T 1700. 1—2019 中 5、6、8、10、11、12
生产技术部及各林场； 现场检查、人员访谈及记录检查等	DB15/T 1700. 1—2019 中 7、8、9、11、12； T/NMSP. MZB 03. 1—2019 中 4、5、6、7、8、9
质检部	DB15/T 1700. 1—2019 中 9、12； T/NMSP. MZB 03. 1—2019 中 10、11、12、13、14
销售部	DB15/T 1700. 1—2019 中 6. 6、8、9； T/NMSP. MZB 03. 1—2019 中 14
人力资源及后勤部	DB15/T 1700. 1—2019 中 6、10

二、标准实施效益

内蒙古自治区大兴安岭地区有“高寒禁区”之称的独特气候，适宜黑木耳生长和黑木耳蛋白质的积累，加之空气清新、水源优质且无工业污染，大兴安岭地区在黑木耳生产上具有得天独厚的优势。“蒙”字标认证活动中，大兴安岭地区企业构建了覆盖整个黑木耳产业链的生产标准体系，对于提高内蒙古大兴安岭黑木耳质量、效益和竞争力具有重要作用。T/NMSP. MZB 03. 1—2019《“蒙”字标林草产品认证要求　内蒙古大兴安岭黑木耳》的发布实施，对黑木耳生产要求、关键技术指标和操作程序进行规范和管理，使企业进行标准化生产，确保了流程规范、操作一致，从而保证生产环境不受影响，提高产品的质量、增强产品知名度。利于展现林区生态、绿色及品质上乘的产品形象，同时借助"蒙"字标这张金字招牌，解决了地方中小企业普遍面临的品牌发展瓶颈问题，提升了内蒙古大兴安岭黑木耳品牌价值，提高了产品附加值，促进了黑木耳产业结构调整和产品结构升级。同时，内蒙古大兴安岭黑木耳的品牌发展，将会为其他行业产业标准化发展起到引导示范作用，使更多的林区优质产品推向消费者，为林区人民谋取最大福利。

附件

主要政策性文件

国家认证认可监督管理委员会

国认监函〔2019〕8 号

认监委关于以联盟认证形式开展“蒙字标”工作的复函

内蒙古自治区人民政府：

你区《关于商请开展“蒙字标”认证工作的函》（内政函〔2019〕51 号）收悉。经研究，现函复如下：

一、认监委支持你区利用认证手段，促进区域特色农畜产品质量提升，以联盟认证形式打造“蒙字标”品牌，提高产品核心竞争力。

二、你区在以联盟认证形式打造“蒙字标”品牌工作中应遵循以下原则：

（一）应制定“蒙字标”标识管理规定，明确标识的内涵、使用要求和监督管理措施，对“蒙字标”标识的使用进行监督管理。

（二）认证应坚持企业自愿原则，不增加企业负担。认证标准与实施规则应具协调性，避免形成区域壁垒，积极推动认证结果的采信和成效宣传。

（三）参与联盟认证的相关认证机构及其从事的认证活动应符合相关法律法规及认监委有关政策要求，按照《国家认监委关于认证规则备案的公告》（认监委 2015 年第 18 号公告）等要求，向认监委备案。获证企业和产品应由认证机构颁发认证证书，认证机构对认证质量负责。

（四）市场监管部门应依法履行对认证活动的监督管理职责，工作中相关问题及时报告我委。

认监委

2019 年 6 月 2 日

（此件依申请公开）

内蒙古自治区民政厅

内民政许准字〔2019〕第60号

准予行政许可决定书

内蒙古标准发展促进会：

你会向本机关提出的成立申请，经审查，符合法律规定的条件。根据《中华人民共和国行政许可法》第二十八条和国务院《社会团体登记管理条例》的规定，决定准予登记成立。

内蒙古标准发展促进会登记后，应当严格遵守国家宪法、法律、法规和有关政策，依照核准的章程开展活动，自觉接受业务主管单位、登记管理机关以及有关部门的指导和监督管理，充分发挥服务国家、服务社会、服务群众、服务会员的作用。业务主管单位为内蒙古自治区市场监督管理局。

促进会应于每年5月31日前向我厅报送上一年度工作报告，接受年度检查。

促进会的印章式样、银行账号及税务登记证件复印件，应及时报登记机关备案。

内蒙古自治区民政厅

2019 年 10 月 18 日

内蒙古自治区市场监督管理局文件

内市监认检字〔2020〕50号

关于印发《内蒙古自治区市场监督管理局“蒙”字标认证管理办法（试行）》的通知

各盟市及满洲里、二连浩特市市场监督管理局，各有关单位：

按照《认监委关于以联盟认证形式开展“蒙”字标工作的复函》(国认监函〔2019〕8号）和《认证机构管理办法》要求，为深入贯彻《内蒙古自治区党委关于贯彻落实习近平总书记考察内蒙古重要讲话精神的决定》，探索以生态优先、绿色发展为导向的高质量发展新路子，实施“蒙”字标认证，提升内蒙古品牌影响力，助力经济高质量发展，特制定《“蒙”字标认证管理办法（试行）》，现予印发，请遵照执行。

在执行过程中发现问题和提出意见建议，请及时反馈。

认检处联系人：丁文艺　6385867　13848189166

赵　韩　5986670　15047832686

内蒙古自治区市场监督管理局

2020年3月8日

（此件主动公开）

内蒙古自治区市场监督管理局
“蒙”字标认证管理办法（试行）

第一章 总 则

第一条 为深入贯彻《内蒙古自治区党委关于贯彻落实习近平总书记考察内蒙古重要讲话精神的决定》，实施“蒙”字标认证，按照《认监委关于以联盟认证形式开展“蒙”字标工作的复函》（国认监函〔2019〕8号）和《认证机构管理办法》要求，制定本办法。

第二条 在内蒙古自治区境内开展“蒙”字标认证及其监督管理活动，适用本办法。

第三条 “蒙”字标认证是自愿性产品认证，是联盟认证机构（以下简称认证机构）采用国际通行的合格评定方式，运用认证手段对源于内蒙古的农畜产品开展的第三方评价。

第四条 “蒙”字标认证坚持标准引领、企业自愿、严格监管、分步推进的原则。

第五条 内蒙古自治区市场监督管理局负责“蒙”字标认证的总体规划、推动实施和监督管理等工作。

第六条 内蒙古自治区市场监督管理局发起成立“蒙”字标认证联盟（以下简称认证联盟），负责指导认证体系建设和组织实施，秘书处设在内蒙古自治区标准化院。

具备农畜产品领域认证资质的机构，且遵守认证联盟章程规定的，可以自愿参加认证联盟。

第二章 “蒙”字标认证标准

第七条 建立由“蒙”字标认证通用要求、“蒙”字标产品认证系列技术标准等组成的“蒙”字标认证标准体系，作为认证的依据。

第八条 “蒙”字标认证通用要求规定申请“蒙”字标认证的组织应具备的条件、管理等通用要求，以内蒙古自治区地方标准形式发布实施。

第九条 “蒙”字标产品认证技术标准由内蒙古标准发展促进会依照《中华人民共和国标准化法》相关规定，以团体标准形式发布实施。

第十条　鼓励自治区有关行业协会和有广泛社会知名度与影响力的标杆企业主导和参与“蒙”字标产品认证技术标准的制定。

第三章　“蒙”字标认证

第十一条　从事“蒙”字标认证的认证机构根据认证联盟《章程》有关要求及约定开展“蒙”字标认证，并将认证结果报内蒙古自治区市场监督管理局。

第十二条　认证联盟组织认证机构制定相关产品认证实施规则，对认证程序、认证依据、现场检查、检查人员、服务管理能力审核要求等作出规定。

第十三条　认证机构依照“蒙”字标认证通用要求和相关产品认证技术标准，对申请企业的产品进行认证。

第十四条　对通过认证的产品，认证机构应当在约定的时限内向认证申请人出具“蒙”字标认证证书，并通过其网站或者其他形式，向公众提供查询认证证书有效性的方式。

第十五条　“蒙”字标认证证书一般包括以下内容：

（一）获得认证的组织名称、地址；

（二）获得认证的产品名称，以及对产品功能、特征的必要描述；

（三）认证依据的标准、技术要求；

（四）认证证书编号；

（五）发证机构、发证日期和有效期；

（六）证书信息查询网址；

（七）其他需要说明的内容。

第十六条　获得“蒙”字标认证证书的企业，应当在其认证的范围内正确使用认证证书和认证标识，不得利用其产品认证证书、认证标志和相关文字、符号，误导公众认为其管理体系或服务已通过认证。

第十七条　鼓励认证联盟推动“蒙”字标认证国际互认。

第十八条　认证机构在认证活动中应当遵守国家法律、法规和规章的相关规定。

第四章　监督管理

第十九条　认证机构应当对其实施的“蒙”字标认证组织和产品实施有效的跟踪调查，对于获证组织的产品不能持续符合认证要求的，应当及时要求其改正、暂停或者撤销认证证书。

认证机构未对其认证的产品实施有效的跟踪调查，未发现其认证的产品不能持续符合认证要求；不及时暂停或者撤销认证证书并要求其停止使用认证标志，给消费者造成的损失的，与生产者、销售者承担连带责任。

第二十条 认证联盟应当在每年的3月底前向内蒙古自治区市场监督管理局提交报告，报告应当对其从事“蒙”字标认证、检验检测活动等情况作出说明，并对其真实、有效性负责。

第二十一条 各盟市、旗县（市、区）市场监督管理部门对获得“蒙”字标认证的产品进行监督检查时发现存在问题的，应及时上报内蒙古自治区市场监督管理局，并通报认证联盟及其成员单位。

获证企业、认证机构违反《中华人民共和国认证认可条例》《认证机构管理办法》和本办法的，依法予以查处。认证机构未按照认证联盟章程等规定开展认证活动的，认证联盟应当依据章程和合同约定及时进行处理。

第二十二条 对“蒙”字标认证活动中的违法行为，任何单位和个人有权向本级或上级市场监督管理部门投诉或者举报，接到并受理投诉或者举报的市场监督管理部门应当依照职责及时调查处理。

第五章　附　则

第二十三条 本办法自发布之日起试行。